李·斯莫林

LEE SMOLIN

TIME REBORN

FROM THE CRISIS IN PHYSICS TO THE FUTURE OF THE UNIVERSE

新时代的爱因斯坦

EINSTEIN OF NEW ERA

TIME REBORN

LEE SMOLIN

湛庐文化
Cheers Publishing
a mindstyle business
与 思 想 有 关

从高中辍学生到加拿大圆周理论物理研究所创始人

李·斯莫林 1955 年出生于美国纽约市的一个高级知识分子家庭，他的父亲迈克·斯莫林（Michael Smolin）是一位环境工程师，母亲波林·斯莫林（Pauline Smolin）是一位剧作家，李·斯莫林也因此对戏剧保持着一贯的热情。李·斯莫林虽然智力超群，却不是传统意义上的书呆子，有时他甚至有点儿离经叛道，所以高中时就从沃纳特山中学辍学了。17 岁时，李·斯莫林偶然对物理学萌生了兴趣，大学时在罕布什尔学院（Hampshire College）攻读了学士学位，之后，他先后在哈佛大学攻读了物理学博士学位，在普林斯顿高等研究院、芝加哥大学做博士后。毕业后，李·斯莫林曾任教于耶鲁大学、雪城大学（Syracuse University）和宾夕法尼亚州立大学。如今，李·斯莫林是世界顶级研究机构——加拿大圆周理论物理研究所的创始人之一，并任滑铁卢大学物理系客座教授、多伦多大学哲学系研究生导师。李·斯莫林著有 140 余篇科学论文，对量子引力理论作出了巨大的贡献，尤其是在圈量子引力论（Loop Quantum Gravity）领域，成就卓越。也因为这些工作，李·斯莫林被誉为“现今最具原创力的理论学家之一”，很多媒体更是将其誉为“新时代的爱因斯坦”。

E I N S T E I N O F N E W E R A

被霍金、德维特邀请一同工作的物理学家

在格林威治村的表哥家中，李·斯莫林度过了进入罕布什尔学院后的第一个寒假。有一天，他的物理学教授赫伯·伯恩斯坦（Herb Bernstein）建议他，去参加第六届得克萨斯相对论天体物理学研讨会。在一个分会上，李·斯莫林坐到了过道的旁边。这时，一个人坐着电动轮椅，经过他的座位。那个人，就是史蒂芬·霍金。那一年，霍金早已因为广义相对论方面的工作名满天下（一年之后，他提出，黑洞具有温度，这一理论震惊了物理学界）。接着，一个举止优雅、蓄着大胡子的高大男人来到了霍金面前，与他攀谈一会儿后，应邀上了讲台。这个男人正是物理学大师布莱斯·德维特（Bryce DeWitt）。虽然那天，李·斯莫林没有鼓起勇气与霍金或德维特交谈，但他怎么也没有想到，7 年之后，在他完成博士学位之时，这两位科学巨人会邀请他与他们一起工作，以进行量子宇宙学以及试图融合广义相对论与量子力学等方面的研究。

与弦论齐名的圈量子引力论奠基人

爱因斯坦的相对论描绘了宏观世界，量子力学描绘了微观世界——统一量子力学与广义相对论一直是物理学界的主要议题。然而，至今没有人能将两者统一起来，爱因斯坦曾经尝试过，但失败了。弦论是目前很有希望将自然界的基本粒子和四种相互作用力统一起来的理论；圈量子引力论也是目前为止将引力论量子化最成功的理论，而李·斯莫林正是这一理论的主要奠基人之一。“我越来越倾向于认为，量子力学与广义相对论都没有正确地理解时间的本质。这也正是两者无法结合的症结所在。我觉得这其中的问题其实更为深远，追根溯源的话，我们需要回到物理学的起点。”这位年过六十的智者这样说道。时至今日，李·斯莫林仍是这一道路上的深度思想家，他坚信，如果今日之科学想要实现下一个巨大的突破，那么学者们要做的就是：把时间还回来。

新时代的爱因斯坦

李 · 斯莫林 颠覆世界之作

TIME REBORN

From the Crisis in Physics to the Future of the Universe

时间重生

从物理学危机到宇宙的未来

[美] 李 · 斯莫林（Lee Smolin）◎ 著

钟益鸣 ◎ 译

Lee Smolin

SCIENTIFIC LITERACY SERIES

湛庐文化“科学素养”专家委员会寄语

科学伴光与电前行，引领你我展翅翱翔

欧阳自远

天体化学与地球化学家，中国月球探测工程首任首席科学家，中国科学院院士，
发展中国家科学院院士，国际宇航科学院院士

当雷电第一次掠过富兰克林的风筝到达他的指尖；

当电流第一次流入爱迪生的钨丝电灯照亮整个房间；

当我们第一次从显微镜下观察到美丽的生命；

当我们第一次将望远镜指向苍茫闪耀的星空；

当我们第一次登上月球回望自己的蓝色星球；

当我们第一次用史上最大型的实验装置 LHC 对撞出“上帝粒子”；

……

回溯科学的整个历程，今时今日的我们，仍旧激情澎湃。

对科学家来说，几个世纪的求索，注定是一条充斥着寂寥、抗争、坚持与荣耀的道路：

我们走过迷茫与谬误，才踟蹰地进入欢呼雀跃的人群；

我们历经挑战与质疑，才渐渐寻获万物的部分答案；

我们失败过、落魄过，才在偶然的一瞬体会到峰回路转的惊喜。

在这泰山般的宇宙中，我们注定如愚公般地“挖山不止”。所以，

不是每一刻，我们都在获得新发现。

但是，我们继续。

不是每一秒，我们都能洞悉万物的本质。

但是，我们继续。

我们日日夜夜地战斗在科学的第一线，在你们日常所不熟悉的粒子世界与茫茫大宇宙中上下求索。但是我们越来越发现，虽这一切与你们相距甚远，但却息息相关。所以，今时今日，我们愿把自己的所知、所感、所想、所为，传递给你们。

我们必须这样做。

所以，我们成立了这个“科学素养”专家委员会。我们有的来自中国科学院国家天文台，有的来自中国科学院高能物理研究所，有的来自国内物理学界知名学府清华大学、北京师范大学与中山大学，有的来自大洋彼岸的顶尖名校加州理工学院。我们汇集到一起，只愿把最前沿的科学成果传递给你们，将科学家真实的科研世界展现在你们面前。

不是每个人都能成为大人物，但是每个人都可以因为科学而成为圈子中最有趣的人。

不是每个人都能够成就恢宏伟业，但是每个人都可以成为孩子眼中最博学的父亲、母亲。

不是每个人都能身兼历史的重任，但是每个人都可以去了解自身被赋予的最伟大的天赋与奇迹。

科学是我们探求真理的向导，也是你们与下一代进步的天梯。

科学，将给予你们无限的未来。这是科学沉淀几个世纪以来，对人类最伟大的回馈。也是我们，这些科学共同体里的成员，今时今日想要告诉你们的故事。

我们期待，

每一个人都因这套书系，成为有趣而博学的人，成为明灯般指引着孩子前行的父母，成为了解自己，了解物质、生命和宇宙的智者。

同时，我们也期待，

更多的科学家加入我们的队伍，为中国的科普事业共同贡献力量。

同时，我们真诚地祝愿，

科技创新与科学普及双翼齐飞！中华必将腾飞！

SCIENTIFIC LITERACY SERIES

湛庐文化“科学素养”书系
专家委员会

万物相生相灭

皆依自然之必需

有赖时间之秩序

《论自然》（*On Nature*）

阿那克西曼德（Anaximander），古希腊唯物主义哲学家

Time
Reborn

From the Crisis in Physics
to the Future of the Universe

时间是什么

这个问题看似简单，却又无比重要，在我们进一步探索宇宙奥秘的过程中，它首当其冲。从宇宙大爆炸到宇宙的未来，从量子物理学的困惑到力与粒子的大统一，物理学家与宇宙学家面前的一切难题，归根结底都是在问：时间是什么。

人们常常认为，科学的历史就是破除假象的历史：表面看似光滑的物质其实由一个个原子构成；看似无法再分割的原子其实由质子、中子及电子构成，其中的质子和中子则由更基本的粒子——夸克构成；从我们的角度看，似乎是太阳绕着地球转，而事实是地球绕着太阳转，当然，若深究下去，所有的运动都是相对的。

至于时间，它已渗透到我们日常生活的方方面面。当思考、感知或行动时，我们都会感到时间的存在。**我们头脑中的世界，是一条贯穿于我们生命中每一个瞬间的河流，但是，物理学家和哲学家们不断告诫我们（我们中的许多人也深信）：时间不过是一个终极假象。**

当我问学术圈外的朋友，他们觉得时间到底是什么时，我常常会得到这样的答案：时间的流逝其实是虚假的，所有真实的东西，比如真理、正义、科学规律，都存在于时间之外。“时间不过是假象”的观点在哲学界与宗教界非

常普遍。千百年来，当试图逃避生活的艰辛、逃避命中注定的死亡时，人们往往寄希望于进入一个没有时间的世界，一个更加真实的世界。这给了人们些许宽慰。

一些杰出的思想家断言，时间并不真实，这其中包括古希腊最伟大的哲学家柏拉图和现代最伟大的物理学家爱因斯坦。两人都认为，真理不受时间影响，并且我们所感知的时间不过是发生在人类身上的一种巧合，而正是这一巧合将我们与真理相隔开来。两人都相信，为了触及世界的真实与真理，时间的假象必须被破除。

过去，我曾笃信时间并不真实。坦白地说，年轻时我之所以选择研究物理，正是由于我厌恶这个被时间所囚禁的人类世界，它在我眼中丑陋而荒芜。我渴望生活于另一个世界，那个世界由纯粹而永恒的真理构成。后来的漫漫人生让我发现了生而为人的美好，超脱时间、逃离世界的想法渐渐被我淡忘。

更为重要的是，我不再相信时间并非真实之说。事实上，我选择站在这个观点的对立面：**时间不但是真实的，而且是最为真实的。它的真实性如此贴近大自然的核心，我们所知、所感的一切事物与概念都无出其右。我立场的改变基于科学的发展，特别是物理学与宇宙学的最新发展。在量子力学的诠释之中，在量子力学与时空、引力及宇宙学的终极大统一之中，我开始相信，时间将发挥至关重要的作用。最为关键的是，为了理解当前获得的宇宙学观测数据，我们必须以全新的视角来接受时间的真实性。这，就是我所谓的时间重生。**

本书致力于为时间的真实性提供科学上的论证。如果你相信时间仅仅是一种假象，我希望本书能改变你的这一看法；如果你已经相信时间的真实性，我仍希望它能够带给你支持这一观点的更好论证。

这是一本适合所有人阅读的书，因为所有人的世界观都会受制于自己的时间观。即使你从来没有思考过时间的意义，种种与时间相关的形而上学的理念也仍在影响着你的思维方式，以及你表达思想的语言。

当我们接受时间的真实性后，我们看待世间万物的方式也将被这一革命性的观点所改变。特别需要指出的是，我们眼中的未来也将获得全新的意义，它将生动地凸显出人类即将面临的种种危险与机遇。

本书中的一部分内容讲述了我自己重新发现时间本质时所走过的旅途。

> 最开始时，触发我思考的并非科学，而是与我小儿子的对话。每天晚上，当我把他抱上床后，我都会和他聊一会儿。一天晚上，在我给他讲故事时，他忽然问我："爸爸，当你和我一样大的时候，你是不是就已经想好了我的名字？"那一刻，这个孩子似乎忽然意识到，有一些时间在他诞生之前就已存在。他试图将自己还不是很长的人生经历与漫漫的时间长河相联系。

每一段旅程都可以使人受益良多。我的时间之旅告诉我，时间是真实的，这一简简单单的陈述背后蕴藏着革命性的能量。在我学术生涯的开端，我总是试图寻找永恒不变的公式。可是现在我相信，宇宙最深层次的奥秘在于，宇宙如何一步一步地展开每一个瞬间，正是这些相连的瞬间，组成了宇宙的时间。

永恒，不过是虚无的神话

当思考时间时，我们面临着一个藏匿着的悖论：我们觉得自己生活在时间之中，但我们又常常认为，这个世界的种种美好，以及你我身上那些美好的东西，却早已超越了时间。

我们相信，真实的东西之所以真实，是因为它的真实性不会转瞬即逝，无论过去，还是将来，真实的东西永远真实。

我们相信，道德之所以绝对，是因为无论何时、何地，道德永远普适。

我们相信，那些真正弥足珍贵的东西永远存在于时间之外。

我们渴求天长地久的爱情；我们口中的"真理"和"正义"不会因为时间的流逝而改变；我们敬仰与欣赏的一切事物，例如数学定律、自然法则，也总是存在于时间之外。我们行动于时间之中，却常常用超越时间的标准来对我们的行为作出评判。

这种时间悖论致使我们最珍视的那些东西疏离了我们的生活。这种疏离使我们心怀的种种美好走向破灭。就科学而言，科学实验、对实验结果的分析以及对大自然的观测都受制于时间，但是，我们总是假想，通过这些实验与观测，我们可以发现一些证据，用以证实独立于时间的自然规律。这一悖论也将改变我们作为个体、家庭成员以及公民的行事方式。这是因为，我们如何理解时间决定了我们如何思考未来。

在本书中，我希望通过一种全新的方式解决以上悖论。对我而言，时间以及时间的流逝是真实且根本的，而对永恒真理、永恒世界的信仰与向往，不过是虚无的神话。

接受时间的真实性意味着接受一个新的现实观：构成现实的元素只能是属于每一个瞬间的真实。这一观点相当激进。它否认了一切自认为永恒的存在与真理，无论它们关乎科学、数学、道德或是国家体制。所有的存在与真理必须融入时间，重新构思以表现它们有限的真实性。

接受时间的真实性也意味着承认一个残酷的事实：我们描述宇宙运行的基本理论并不完备。接下来的内容，当我强调时间的真实性时，其实是以下面的假设为基础的：

- 宇宙中的所有真实都是关于某一个瞬间的真实。这些瞬间的串联，构成了时间。
- 过去曾经是真实的，但已经不再真实。这并不影响我们对于过去的分析与诠释，因为我们可以于当下寻获过去留下的痕迹。
- 未来尚不存在，因而一切皆有可能。我们可以理性地作出一些推断，却不可能完全预测未来。未来可以超越一切基于经验所作出的预言，创造出全新的现象。
- 没有什么可以超脱于时间之外，自然规律也不例外。自然规律并非亘古不变，与万事万物一样，它们仅仅关乎现在，随时间的流逝而改变。

在本书的最后，我们会发现以上假设为物理学的发展指明了一条新的途径。在我眼中，这一途径可以使理论物理学和宇宙学摆脱当下陷入的泥沼。这些假设也会影响我们对生活的理解和应对人类所面临挑战的方式。

时间重生，迎接全新的可能性

无论是在科学领域还是非科学领域，时间的真实性似乎都影响深远。为了理解这一点，我会比较两种思维方式，一种是紧随时间式思维（thinking in time），另一种则是跳出时间式思维（thinking outside time）。真理超脱于时间甚至是超脱于宇宙的观点，自古以来长盛不衰。巴西哲学家罗伯托·昂格尔（Roberto M. Unger）称之为“长青哲学”（the perennial philosophy）。这一观点也是柏拉图哲学的精髓。在柏拉图所著对话录《美诺篇》（*Meno*）中，一则关于奴隶男孩与方块几何学的寓言便是一例阐释。在这则寓言中，苏格拉底指出，所有的发现都不过是对前世的回忆。

当跳出时间思考时，我们总会设想，那些我们沉思良久的问题的答案，就存在于一个由永恒真理所组成的世界中。这些问题有时是如何成为一个好爸爸或好妈妈，有时是如何成为一个好妻子或好丈夫，有时是如何成为一名好公民，有时是如何让社会以一种最佳的组织方式运行。我们总是相信，世上存在着一些始终如一的真理，等待着我们去发现。

当科学家们试图发明新的理论去解释新的现象，或是发明新的数学结构去表达新的理论时，他们的思维总是紧随于时间。而依照跳出时间式思维的观点，在我们发明这些新的理论或结构之前，它们早已存在。反之，如果我们遵循紧随时间式思维，以上假设就显得没有必要。

在人们日常的思考和行动中，跳出时间式思维和紧随时间式思维之间的反差非常明显。当遇到技术层面或社会层面的问题时，我们的思维常常会跳出时间，我们会相信世上早已存在一个绝对的真理体系，这一体系确定了各种问题的解决方案。如果有人相信正确

> 的经济学理论、政治学理论早已被几个世纪前的先哲所确立，那么他的思维就跳出了时间。反之，如果我们认为政治学的目的在于解决社会中不断浮现的新问题，那么我们的思维就是紧随时间的。紧随时间式思维也意味着，我们相信人类有能力不断对观念、战略或是社会组织结构进行创新，这些创新推动了科技、社会和自然科学不断前进。

如果我们毫无保留地接受各种社会组织的结构、习性及官僚体制，仿佛它们天生就该如此，那么我们便陷入了跳出时间式思维的陷阱；当我们意识到每一个社会组织的特征都由它的历史所决定，此时我们又重新开始紧随时间。后者使我们意识到，每一个社会组织的每一个特征都是有商榷余地的，这些特征应当被不断进行的创新所改进。

如果我们相信物理学的使命在于发现永远成立的数学公式，并以此描述宇宙的各个层面，那么这就意味着关于宇宙的真理存在于宇宙之外。对于这个想法，我们已经习以为常，以至于我们意识不到它所隐藏的荒谬之处：如果所谓宇宙是包罗万象的集合，那又怎么会有存在于宇宙之外、却可以描述宇宙运行真理的存在？而另一方面，假设我们承认时间的真实性，那么再也没有数学公式可以完美地描述这个世界的方方面面。这是因为，真实的世界始终关乎某一个瞬间，而数学公式并不具备这一特点。

达尔文的生物进化论是紧随时间式思维的典范。进化论的核心指出，自然过程可以随时间演化而产生出全新的结构，当这些新结构依赖于新理论时，进化论便演生出了新的自然法则。性选择便是一个例子。在有性别差异之前，这一法则并不存在。进化论的动力学基础并不需要囊括所有的物种、基因序列、蛋白质结构、生物学规律等庞大的数据空间。正如理论生物学家斯图亚特·考夫曼（Stuart A. Kauffman）所指出的那样，进化动力学（evolutionary dynamics）应当被理解为，生物圈在每一个瞬间对下一个瞬间的探索，此即“相邻可能”（adjacent possible）。这种相邻可能同样适用于解释科技、经济以及社会的演化与发展。

紧随时间式思维并不是相对主义（relativism），它是一种关系主义（relationalism）。关系主义认为，对于事物最真实的描述在于指明事物与其所在系统中的其他事物之间的联系。**无论事物是来自进化，还是来自人类的想象，一旦被创造，它们所代表的真理就既是客观的，又是依赖于时间的。**

就个人而言，坦然接受人生的跌宕起伏，将其视为生命必要的代价，这是紧随时间式思维。拒绝不确定性，反抗不安全感，绝不愿冒丝毫风险，幻想可以消除人生道路上的所有危险，这是跳出时间式思维。在机遇与危险夹缝中的生活，才是人类的体验。

在这个充满不确定性的世界中，我们竭尽所能地努力生存，守护我们的所爱，及时行乐于这样的人生；我们制订种种计划，却总会遭遇预料之外的危险与机遇。佛经中有火宅喻，房子已经起火，身处其中的我们却浑然不知。每时每刻，生活中的危险都可能不期而至，这在史前社会非常普遍。现代社会，各种社会组织的建立使得危险不断减少。然而，从数量巨大的潜在危险中明智地选择出真正值得担心的危险，成了我们的新挑战。同时，生活中的机遇也在不断向我们袭来，下一步到底应该做什么，这又是一个关于选择的挑战。我们总是想选择值得全身心投入的机遇，但我们已有的知识总是不足以推断出选择的可能结果。

我们可以做得更好吗？我们可以克服生活的变化无常，抵达一个充满确定性的世界吗？在那样的世界中，我们并不祈求全知全能，但我们希望看清选择所带来的一切结果。换句话说，我们可以获得一个理性且没有意外的人生吗？如果时间仅仅是一个假象，我们或许可以获得这样的生活。在那样的世界中，时间可有可无，现有的知识与未来的知识没有本质上的差别。预言未来只需要多做几步计算。总会有一些公式与参数能够帮助我们推算出我们希望知道的一切。

如果时间是真实的，仅凭现有的知识就无法断定未来，就没有任何方法能够帮助我们摆脱这一现实。很大程度上，我们对自身行动的结果一无所知，也没有任何方法可以将我们从这些无知所造成的意外中救赎。世上充斥着意外。无论我们储备了多少知识来预测未来，大自然都可以轻松地将我们带入预料之外。另一方面，在这样的世界中，新鲜事物是真实的。借助想象力，我们可以进行创新，创新的结果将超越基于现有知识所进行的一切计算。此时，时间是否真实变得与我们每个人的生活息息相关。人类自视为幸福的追求者、未知宇宙的探索者，以上问题的答案将改变我们的这些看法。在本书最后，我将回到这一主题。届时，我会探讨引入时间的真实性，看它是否能够帮助我们解决气候变化、金融危机等人类面临的种种挑战。

让我们一起穿越时间之旅

在转入本书的正文部分之前，我还有一些建议。

我希望没有数学或者物理学背景的读者也能了解本书的观点，因此，本书不涉及公式，仅包含理解观点所需要的必要知识。我会尽量用最简单明了的例子阐明最为关键的问题。当我们转入更加复杂的主题时，如果读者感到困惑，我建议读者略读或跳过相关章节，直接进入相对容易理解的部分。希望了解更多背景知识的读者可以扫描右侧二维码，获得更多相关资料；读者也可以查阅本书的参考文献部分，它们包含了本书引用的相关资料、一些有用的观点和评论，以及一些有趣的延伸讨论。

我的这段时间之旅，已经行进了 20 多年。这段旅程起源于我认识到，对自然规律的完全理解势必要与自然规律的演化相联系。在这个旅途中，我经历了与相对论、量子力学诠释以及量子引力的几番“苦战”。最终，这段旅程将我引至本书所呈现的观点。与同事、朋友的合作和对话使得我在这条崎岖道路上得以前进。相关部分中，我将引用他们的研究结果与观点。在这些交流与互动中，与罗伯托·昂格尔的合作最具挑战性，也最使我受益匪浅。在此期间，我们构思了时间重生的主要论点，以及由此演生的许多重要观点。[1]

读者们需要注意，本书并没有讨论时间、量子力学和宇宙学等主题的所有方面，而且，本书所触及的主题已经被大量有关物理学、宇宙学和哲学的著述所涵盖。我并不试图将本书装扮成一本学术著作，对于刚刚涉猎这一领域的读者，我只会给他们指明唯一一条穿越迷宫的道路，并仅会强调这一道路所关注的论点。[2] 这也就是说，举个例子，本书不会分析哲学家伊曼努尔·康德（Immanuel Kant）的时空观，尽管有关康德时空观的分析早已汗牛充栋。同样，本书也不会介绍当代哲学家的时空观。在此，我希望，我所有博学的朋友们能够原谅我的这些遗漏。对这些观点感兴趣的读者可以通过网络或者图书馆，查阅更多相关资料。

Time
Reborn
From the Crisis in Physics
to the Future of the Universe

目录

TIME REBORN

第一幕

时间之重：驱逐时间

TIME
REBOR

幕间

爱因斯坦的不满

All times

TIME REBORN

第二幕

时间之轻：
时间重生

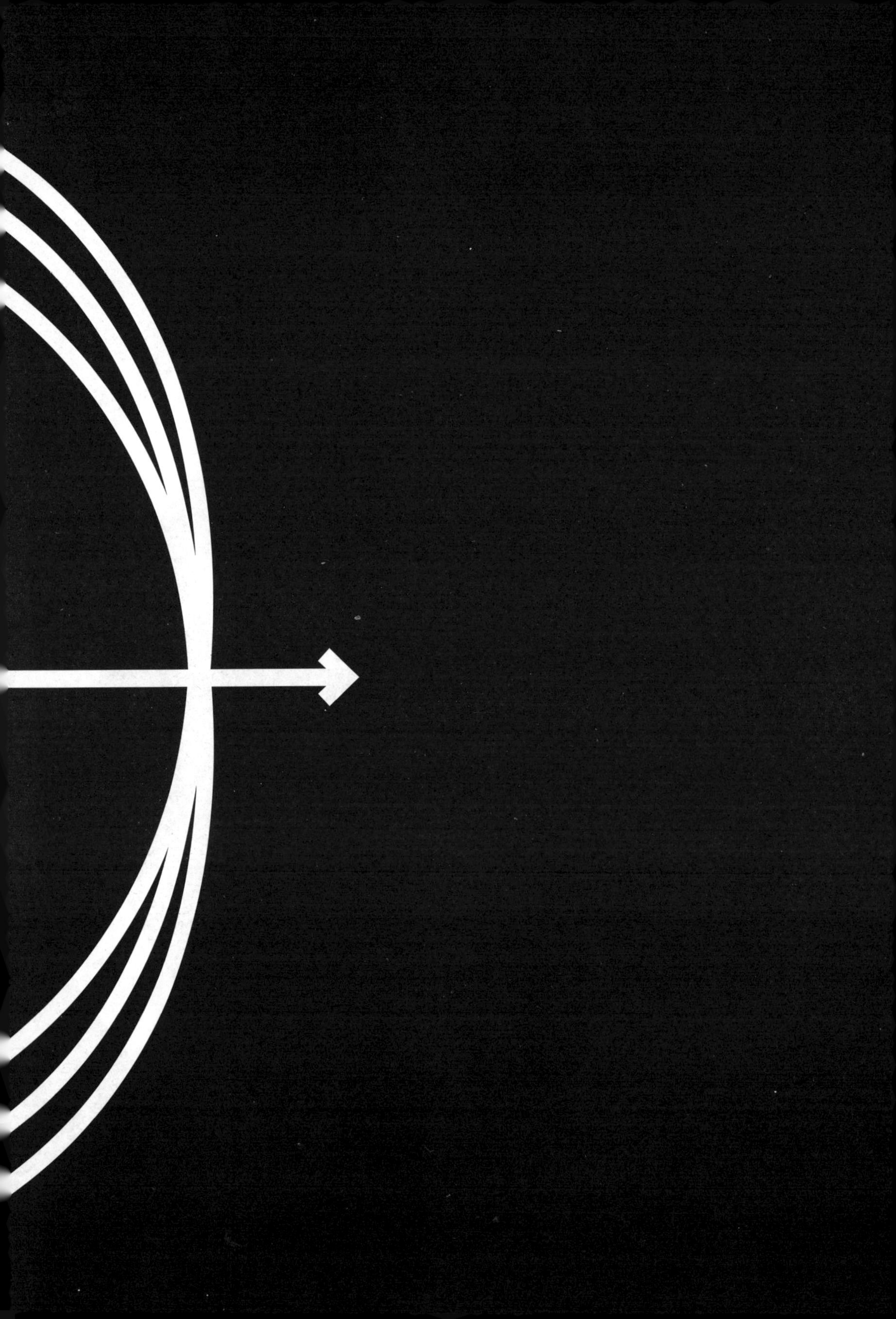

美妙的意外，皆源于时间的惊涛骇浪

在科学中，时间是一种假象的观点强大且难以撼动。反过来看，接受时间的真实性势必会引发惊涛骇浪。

作为物理学家，我们反对时间真实性的核心理由往往基于我们对物理定律的理解。根据物理学的主流观点，宇宙中所发生的一切皆有规律可循。这些规律分毫不差地决定了如何从现在演化出未来——这些规律是绝对的。关于现在的初始条件一旦给出，未来如何演化就会被唯一确定，不留任何自由度与不确定性。

> 在汤姆·斯托帕德（Tom Stoppard）的剧作《阿卡狄亚》（*Arcadia*）中，早熟的女主角托马西娜（Thomasina）对她的私塾老师这样说道："倘若你能让每一个原子停下来，记下它们的位置与行进方向，理解它们的运动，那么只要你的数学足够好，就可以写下一个公式，它能够成功地预言所有的未来。虽然现实中没人可以聪明到做到这一点，但那个公式一定存在。因为理论上，我们可以做到。"

作为一位理论物理学家，我曾经认为自己的工作就是寻找这样的全能公式。但现在我相信，这项使命与其说关乎科学，倒不如说关乎玄学。

如果斯托帕德笔下的托马西娜生活在现代社会，她一定会说，宇宙就像是一台计算机。而物理定律正是计算机的程序。你可以将宇宙中所有基本粒子的位置信息作为初始变量，输入这台巨型计算机。经过一段时间的计算，它会告诉你，未来的某一时刻，这些基本粒子会出现在何处。根据这种世界观，世间的一切就是依照永恒的自然规律而进行的一次又一次的排列组合。因为这些规律的存在，过去早已决定现在，现在早已决定未来。

这一观点在很多层面上削弱了时间的存在感。[1]那样的世界不容许意外，也不容许新鲜事物，因为那里发生的一切仅仅是原子的重新排列。而原子自身的性质是永恒的，控制原子运动的自然规律也是永恒的；两者都不会随时间而改变。凭借现在的原子结构，我们可以预测未来世界的方方面面。也就是说，时间的推移等同于一种计算，未来是现在的一种逻辑推理。

爱因斯坦的相对论更进一步指出，时间对于描述这个世界的基本理论来说，无关紧要（我将在第 6 章中对此详细讨论）。相对论强有力地证明，这个世界的全部历史是一个超脱时间的整体；抛开人们的日常生活，区分现在、过去和未来，毫无意义。时间不过是一个类似空间的维度。我们感觉中的世界似乎稍纵即逝，可惜这仅仅是一种错觉：现实不会随时间的流逝而发生变化。

时间流逝不是错觉

对于任何相信自由意志论或人类能动性的人来说，上述说法令人震惊。但是，我不会基于这些哲学观点来反驳相对论；我对时间真实性的探讨纯粹基于科学。上述未来决定论其实是错误的，我在本书中的工作就是对此进行科学论证。

在本书第一幕中我提到，为何从科学上看，我们似乎更应该相信时间是一种错觉；在第二幕，我会推翻这些时间错觉论的观点，并展示承认时间真实性对于科学来说是何等必要，它有助于克服基础物理学和宇宙学当下所面对的种种危机。

物理学家使用时间这一概念的历史源远流长。为了梳理第一幕的论证，我将追溯这段历史。从亚里士多德、托勒密[①]，到伽利略、牛顿、爱因斯坦，再到当代的量子宇宙学家，我将展示，随着物理学的发展，时间的真实性是如何被一步步削弱的。这种叙事方式也方便我一步步地引入普通读者阅读本书所需了解的背景知识。事实上，我将通过自由落体、行星运动等常见例子介绍这些背景知识的关键点。第二幕的故事更为前沿。因为正是基于科学的最新发展，我才会论证为何时间的真实性必须被视为科学的核心。

我的论证起源于我发现的一个简单不过的现象：自牛顿时代开始，任何成功的科学理论都使用了牛顿发明的一个理论框架。在这一框架中，大自然完全由一些粒子组成。这些粒子的性质，比如质量和电荷，不随时间流逝而改变；决定它们运动和相互作用的自然规律也不随时间改变。这一框架非常适合描述宇宙的局部。但当我们将其应用到整个宇宙时，它会马上分崩离析。

大部分物理学理论都着眼于宇宙的局部。这些局部可以是一台收音机，一只正在飞的皮球，一个生物细胞，我们所在的地球，乃至一个星系。当描述宇宙的这些局部时，我们会将自己以及我们的观测工具排除在局部系统之外。在挑选和准备局部系统时，我们常常不会考虑，我们自身是否参与了系统；也不去考虑建立这些局部系统所依赖的参照系。最为重要的是，我们也不会考虑该如何设置度量系统变化的时钟，而这恰恰关乎时间的本质。

将物理学延伸到宇宙学的尝试，带给我们新挑战，要求我们有新思路。一个宇宙学理论必须包罗万象，毫无遗漏。这也就是说，一个真正完备的宇宙学理论必须囊括作为观测者的我们，以及我们的观测工具。当研究宇宙时，我们不得不面对一个全新的挑战：当我们研究的系统是整个宇宙时，我们无法置身于这个系统之外。

此外，宇宙学还缺乏科学方法论的两条重要原则。一条原则是，实验必须具有可重复性，这样才能保证实验结果的正确。但是，我们无法要求宇宙做到这一点，因为宇宙只发生一次。第二条原则是，我们不能给予宇宙不同的初始状态，用以观察宇宙可能的演变。以上两点是宇宙学发展中所遇到的非常现

① 古希腊天文学家、地理学家、占星学家和光学家，“地心说”的集大成者。——编者注

实的障碍，它们使得研究宇宙整体的科研工作难上加难。

不过，这并不会打消我们通过物理学来研究宇宙的雄心壮志。我们头脑中的第一反应可能是，升级那些关于宇宙局部理论的尺度，再将其应用于整个宇宙。因为在描述宇宙局部时，这些理论非常富有成效。我将在第 8 章和第 9 章中说明，这样做行不通。**独立于时间的规律作用于独立于时间的粒子，这套牛顿范式框架中的图景并不适用于描述整个宇宙。**

颇具讽刺意味的是，这些局部理论成功的原因恰恰是它们无法描述整个宇宙的命门。我将对此给出详细的论证。

我知道，这样的说法与我很多同事的理想与实践背道而驰。但我仍希望，读者可以密切留意我在本书第二幕中给出的论证。届时，我将同时给出具体的例子与一般性的论证。我会说明，在试图将局部标准理论升级为宇宙学理论的过程中，我们将进退维谷、自相矛盾，遭遇无法回答的问题。其中之一就是如何选择早期宇宙的初始条件，以及如何选择早期宇宙演化所遵循的规律。由局部升级而来的标准理论往往对此无能为力。

许多当代宇宙学文献记录了这个时代的智者同这些艰难险阻的搏斗过程，其中一个比较流行的想法是，我们的宇宙仅仅是多重宇宙中的一个。我对这一观点的流行表示理解，因为这一想法基于一个很容易让人陷入其中的方法论上的错误：既然我们手中的理论只适用于局部，那么，只有当我们的宇宙是一个更大系统的局部时，现有理论才可能适用于整个宇宙。为此，我们虚构了一个充斥着其他宇宙的大环境。**多重宇宙论不可能引出任何真正的科学进步，因为其他宇宙与我们的宇宙之间没有任何因果联系，我们无法证实或证伪关于它们的任何假设。**[2]

多重宇宙论并非宇宙学发展的唯一途径，写作本书的目的之一就是要表明这一点。我们要和适用于宇宙局部的标准理论一刀两断，我们要从零开始，寻找一个适用于整个宇宙的新理论。这个新理论，不会产生各种混乱和矛盾，可以回答旧理论无法回答的问题，可以为宇宙学观测提供真正有物理学意义的预测。

虽然我还没有找到这样的理论，但我可以提供一套搜索新理论的指导原则，这套原则我会在第10章中详述。在随后的章节中，我将说明这些原则将如何启发新的宇宙学模型与假说，并最终指明一条通向新宇宙学理论的道路。这其中的核心原则是：**时间必须是真实的，物理定律必须随时间而演化。**

自然规律不断演化的观点并不是什么新想法，宇宙学研究势必融合这一观点也不奇怪。[3]美国哲学家查尔斯·皮尔士（Charles S. Peirce）在1891年就这样写道：

> 假定自然界的普适规律以某种人类能够理解的形式存在，但却不给出为何人类能够理解的理由，这种假定很难说是合理的。这些规律完全可以以不合人类逻辑、让人难以捉摸的形式存在。一致性正是这样一个值得我们解释的规律……规律比之其他事物，更需要我们去解释。
>
> 现在，我们仅有一个可能的答案可以用来回答自然规律为何如此、为何存在一致性，这便是假设它们是演化的结果。[4]

当代哲学家罗伯托·昂格尔声称：

> 根据宇宙现在的性质，你可以发掘出宇宙诞生之初一定会具有的性质。但是，你不能证明任何宇宙都必须具备这些性质。它们并不唯一……之前或之后的宇宙可能遵循完全不同的自然规律……描述出自然规律并不等同于能描述或解释所有可能宇宙中的所有历史。定律式的解释与历史序列的旁白之间，仅仅存在相对的区别。[5]

保罗·狄拉克（Paul Dirac）与爱因斯坦、尼尔斯·玻尔（Niels Bohr）一同被列为20世纪最具影响力的物理学家。狄拉克曾这样推测："宇宙之初的自然规律恐怕和现今的自然规律大相径庭。因此，我们需要承认，自然规律不会在所有的时空中保持唯一，它们会随时代的更迭而逐步演化"。[6]美国最伟大的物理学家约翰·惠勒（John A. Wheeler）也曾想象过自然规律的演化。他提出，宇宙大爆炸属于一个更大的事件序列，在这个事件序列中，物理学规律得到了不断再加工。他还写道：“世间没有规律——除此规律以外。”[7] 与导师一样，惠勒的学生理查德·费曼（Richard Feynman）也是美国一位伟大的物理学家。在一次采访中，费曼陷入了沉思：“好像只有物理学中不存在进化论式的问题。我们会说，‘看，这些就是自然规律’……可是它们如何随时间而来？……也许最后我们会发现，这些规律在不同时间并不完全一样，那么我们总算有了一个和历史相关、进化论式的问题。”[8]

在我 1997 年出版的著作《宇宙生命》（*The Life of the Cosmos*）中，我仿照生物进化论，提出了一套自然规律演化理论。[9] 在我的想象中，宇宙可以通过在黑洞内部形成婴儿宇宙来实现繁殖。同时我假定，每当这样的繁殖发生时，宇宙中的物理定律都将发生细微的变化。在这一理论中，物理定律相当于生物学中的基因；宇宙可被视作其形成之时物理定律的表达，正如生命可被视作其基因的表达。如同基因一样，在代代相传中，物理定律可以发生随机突变。那时，我受到了弦论最新成果的启发。我认为，对大统一理论的探索不会让我们发现唯一的万物至理，我们很有可能发现一片包含所有可能物理定律的广阔空间。我称这一空间为“理论景观”（the landscape of theories），这一术语借鉴于群体遗传学家研究的焦点“适应度景观”（fitness landscapes）。这一理论是第 11 章的主题，我在此处不再赘述。我只想再强调一点，自诞生之日起，上述宇宙自然选择理论经历了数次考验，依然没有被证伪。

过去 10 年间，许多弦论学家接受了理论景观的概念。也因此，宇宙如何选择自然规律这个问题变得非常迫切。我认为这一问题仅仅可能在一个新宇宙学框架内解决，在这一框架中，时间是真实的，物理定律也会随时间演化。

如此一来，掌管宇宙的自然规律将不会来自宇宙之外。我们再也不需要求助于宇宙之外的神或绝对的神，期盼他们在自然存在之前就制定好自然需要遵循的规律。同样，自然规律不会存在于时间之外，它不会在宇宙诞生之前便一直存在并默默等待。自然规律将从宇宙内部产生，并随着它们所描述的宇宙的演化而演化。更进一步地说，宇宙的演化将衍生出新的现象，这些现象的规律可以引导出新的物理学规律。这一过程和生物学中新规律的产生类似。

或许有人认为，对永恒自然规律的否定是一种科学精神的倒退；但我认为，这种科学精神仅仅是一种形而上学的负担，束缚了我们对真理的追求。在后文中，我将举例说明自然规律演化理论是如何产生一个更为科学的宇宙学的。这里，我所谓的“科学”指的是产生出更多可被实验观测验证的预言。

每个当下，都是真实世界的一个印记

据我所知，微积分的发明人、牛顿的竞争对手，戈特弗里德·莱布尼茨（Gottfried W. Leibniz）是欧洲科学革命以后，第一位认真思考如何构建一个适用于整个宇宙的物理理论的科学家。他在诸多方面贡献卓越，比如预见了现代逻辑学、开发了二进制数字系统，世人一直赞颂他为有史以来最聪明的人。为了构造宇宙学理论，莱布尼茨制定了一套被称作“充足理由律”（principle of sufficient reason）的指导原则。这条规律认为，在构建宇宙的过程中，每一个显而易见的选择背后必须存在一个合理的理由；每一个形如“为什么宇宙会是X而不是Y”的问题，必然存在答案。依照这个原则，即使相信神创造了这个世界，那他在设计蓝图时也没有完全自由地选择。从创始至今，莱布尼茨的原则对物理学的发展产生了深远的影响。正如我们将要看到的，作为制定宇宙理论的指导原则，它依然可靠。

在莱布尼茨的眼中，世间万物并不是单纯地罗列在空间之中，而是浸没于某种相对关系网络之中，正是这些相对关系网络定义了何为空间，而非空间决定了相对关系。如今，宇宙是个大网络的想法，在现代物理学、生物学和计算机科学中已成为潮流。

在这样一个相对关系世界中（我们指的是相对关系先于空间而存在的世界），没有空无一物的空间。牛顿的空间观于此截然相反，因为他所理解的空间是绝对的。绝对空间意味着所有的原子都可以通过它们在空间中的位置而定义，而空间永远不会因原子的运动所改变。在相对关系世界中，这种不对等关系并不存在，万事万物都被它们的相对关系所定义。个体会存在，部分自治的个体也可能存在，但相对关系网络将决定它们存在的可能性。个人通过与网络的连结，接触并感知其他个体。在这一过程中，网络保持着动态并不断发展。

在第 3 章中我将解释，莱布尼茨的伟大原则是如何否定绝对时间的存在，那种不问世间变化、一直盲目向前的时间。**时间必须是变化的结果；如果世界一成不变，就不可能存在时间。**哲学家说时间是相对的，它是某些相对关系的一个方面，例如，支配事物变化的因果关系。同样，空间也是相对的。更进一步地说，自然事物的每一个属性，必然是它与其他事物动态关系[10]的某种反映。

莱布尼茨的原则与牛顿力学的基本思路相矛盾。完全理解这两种世界观颇费时间，直至爱因斯坦的出现才得以完成。爱因斯坦继承了莱布尼茨的精神，从莱布尼茨的原则出发，推翻了牛顿力学，并以广义相对论取代了牛顿力学。这一关于时间、空间和引力的理论阐明并极大地拓展了莱布尼茨的相对时间观和空间观。同时，莱布尼茨的原则通过另一种方式，影响了与相对论几乎同时进行的量子革命。因此，我将 20 世纪物理学革命称作关系革命（the relational revolution）。

目前我们所面临的物理学大统一问题，具体来说，是如何将量子力学与相对论放进同一个理论框架的问题，归根结底，是要求我们完成这场物理学的关系革命。本书的主旨在于说明，要完成关系革命，我们必须接受时间的真实性以及物理定律随时间演化的前提。

在其他科学领域，关系革命已经在紧锣密鼓地展开。生物学中的达尔文进化论是其中的急先锋。进化论中，物种的定义取决于该物种与周围生物的相对关系，基因的功能取决于该基因在基因网络中的功能。这两点都是相对关系的体现。我们很快便认识到，生物学的本质是信息学，而信息本身恰恰与关系有关：信息依赖于位处信息通道两端的发送者和接收者的相对关系。

在社会学领域，自由主义者宣称“世界是由自主个体组成的”。哲学家约翰·洛克（John Locke）认为这种论断和他朋友牛顿的物理学观点类似，正受到一种新观点的挑战。这种新的社会观点认为，社会由个体组成，而个体仅有部分自主性；只有在社会关系中，个体的生命才是有意义的。让我们沉迷的信息革命，通过社交网络体现了关系的概念。作为社会的一份子，我们把自己视作社交网络的一个节点，节点的连接定义了我们的身份。今天，从女权主义政治哲学家到企业管理大师，人人都在谈论社交网络。这一概念在社会学理论中广泛出现。有多少 Facebook 用户会意识到，他们每一天的社交生活起源于相对关系这个强大的科学观念呢？

关系革命已经持续多年。在发展的同时，也陷入了危机，在一些方面，它停滞不前。在任何关系革命所陷入的危机之中，我们总能发现以下三个被人们热议的问题：**什么是个体？如何演生新的系统与实体？如何才能有效地将宇宙理解为一个整体？**

解答这些问题的关键在于，个体、系统，甚至整个宇宙并非简单的事物，它们都在随时间而发展的过程中产生。我们思维的盲点在于，没有将这些事物视作随时间发展的过程。看不到这一点，我们便无法回答以上问题。接下来，我会论证，**如果关系革命想要取得成功，它必须将时间以及每一个当下，视作真实世界的一个基本方面。**

在旧有的思维中，个体是组成系统的最小单元。如果你想了解一个系统的运作原理，你会将它拆解，研究它的局部到底如何运作。但是，对于那些最基本的单元，我们又该如何学习它们的性质呢？它们不可能再被分割，因此还原论（上述方法论的名称）再也不能帮助我们。原子论在此也无济于事，事实上，原子论本身也由于同样的原因停滞不前。这正是方兴未艾的关系革命可以把握也必须把握的机遇。我们需要在基本粒子的关系网络之中，寻求基本粒子性质的解释。

这一点已经包含在我们对大统一理论所作出的种种努力之中。粒子物理学标准模型是我们迄今为止所构建的最好的粒子物理学理论。在标准模型中，诸如电子质量之类的属性，由电子所参与的相互作用来动态地决定。粒子的基本属性之一在于它的质量，质量决定了改变粒子运动的难易程度。在标准模型中，所有粒子的质量起源于它们与其他粒子相互作用。其中，它们与希格斯玻色子的相互作用是决定性因素。从这种意义上来说，没有粒子是“基本”的；

在一定程度上，所有看似粒子的行为，都是相互作用网络演生的结果。

在相对关系主导的世界中，“演生”（emergence）是一个重要的概念。当我们将一个物体拆分成部件后，物体某个原有属性变得不再有意义，那么这个原有属性即为演生属性。岩石的坚硬、溪水的流动，这些都是物体的演生属性——因为，构成岩石的原子并不坚硬，构成溪水的原子也不湿润。物体的演生属性往往是一种近似描述，因为它总是涉及某种平均，抑或是某种高度概括、舍弃许多细节的描述。

随着科学的进步，我们发现一些曾经被认为是自然基本属性的性质，其实是演生的、近似的：我们曾经认为，固态、液态和气态是物体的基本状态，现在我们知道这些不过是演生属性，它们只是代表了原子的不同排列方式。许多我们曾经相信的物理学基本定律，现在看来也是演生的、近似的：温度不过是原子随机运动的平均能量，所以热力学定律中，温度是一个演生的、近似的概念。

我甚至会这样想，一切现在我们认为基本的事物，到头来都会被证明是某种演生和近似，比如引力，比如牛顿以及爱因斯坦的引力定律，比如量子力学中的定理，再比如整个空间本身。我们所追求的基本物理理论不会去描述物体在空间中的运动，它不会将引力以及电磁力视为基本相互作用；它也不会是量子力学。空间、相互作用、量子力学，这些事物都是伴随着宇宙膨胀而演生出来的某种近似。

如果空间是演生的，那么时间是不是也是演生的呢？当我们深入大自然更为基本的层面时，时间是不是会消失呢？20 世纪的物理学发展使得我的同事们倾向于认同这样一种观点：时间从某种更为基本的自然描述中演生。在那个更为基本的世界之中，时间并不存在。

我执着地相信，他们搞错了。最终，时间，将被证明是我们日常生活中唯一基本而非演生的事物。**生活中，我们会感知到瞬间，会感知到这些瞬间属于一条流淌着的时间长河，这些感知都不是假象**。这也正是指引我们通往终极现实的最佳线索。

TIME REBORN

第一幕

时间之重：驱逐时间

00:01
总是在下落的万物

在开始每一段发现之旅前，不妨让我们倾听一下古希腊哲学家赫拉克利特（Heraclitus）的忠告。虽然赫拉克利特对于波澜壮阔的科学史贡献不多，可他却道出了如下箴言："自然爱隐藏。"是的，自然喜欢"躲躲藏藏"。直到20世纪，几乎所有的基本粒子和相互作用都被自然隐藏于原子之中。虽然一些与赫拉克利特同时期的哲学家提出了原子说，但他们并不知道原子是否真的存在。并且，他们认为原子不可分割，这是一个错误的观点。事实上，直至1905年爱因斯坦发表相关论文，科学界才就物质由原子构成达成了一致。但仅仅6年之后，不可分割的原子却分崩离析。原子的内部结构开始显露，一个隐藏的世界逐步浮现。

对于这样一个内敛的自然来说，引力是一个十足的例外。在所有的基本相互作用中，唯有对引力的观测无须借助任何专业设备。摆脱引力，是人类史上最初的奋斗和失败，而引力也成了第一个被人类命名的自然现象。

不过，直至科学的黎明到来之时，引力背后的关键信息一直隐藏在人类的视线之外。即使今天，我们对于引力依然知之甚少。在接下来的章节中我们将看到，一个未知的引力奥秘，即它同时间的关系。所以，就让我们从引力出发，开始发现时间之旅。

我们为什么不能飞

“爸爸，我为什么不能飞？”我和儿子正坐在三层楼的阳台上，俯瞰屋后的花园。“我会像小鸟一样，跳起来然后飞啊飞，这样就可以到在花园里的妈妈那里去了。”

“小鸟”是儿子学会的第一个词汇。当看到托儿所窗外不停飞舞的麻雀时，他大声地喊出“小鸟”。可现在，我却要面对一个为人父母常常面对的难题：我们希望孩子们能够长大成人，自由翱翔；可是我们又担心这个变幻莫测的世界会危及他们的安全。

于是，我严厉训斥他，人不能飞，所以千万不要去试。他哭了。为了分散他的注意力，我趁机和他谈起了引力。引力牢牢地把我们束缚在大地之上，它是我们会从空中掉下来的原因，也是万物下落的原因。

不出我所料，儿子脱口而出的下一词是“为什么”。就连三岁的孩子都知道，命名一个现象并不等于完成了对那个现象的解释。

那么就让我们来玩一个游戏，看看东西是“如何”下落的。为了检验物体是不是在以相同的方式下落，我们开始向花园扔各式各样的玩具。很快，我发现自己在思考一个三岁孩子怎样都无法想到的问题。当我们扔出一个物体时，物体会在空中划出一条曲线，逐渐离我们远去并逐渐下落。这到底是怎样的一条曲线？

三岁孩子想不到这个问题并不令人奇怪。但是，自人类文明诞生后的数千年内，似乎没有人想过这个问题。柏拉图、亚里士多德，还有许多其他古代大哲学家，似乎都止步于观察他们周遭的物体会下落，而没有深究物体下落时到底会走过怎样的轨迹。

> 17世纪早期，意大利科学家伽利略第一个开始研究物体的下落轨迹，其研究结果呈现于其著作《关于两门新科学的对话》(*Dialogue Concerning Two New Sciences*)中。成书之时，伽利略已经年过七旬，却仍被宗教裁判所软禁。在那本书中，伽利略写道："物体总是沿着抛物线下落。"

伽利略并未止步于发现物体下落的轨迹，他还解释了其背后的原因。物体沿抛物线下落的原因与伽利略的另一个原创性发现有着紧密联系，即所有物体均以同样的加速度下落，不管是被扔出去的，还是自由落体。

一切物体均沿抛物线的轨迹下落，伽利略观察到的这一事实无疑是人类科学史上最伟大的发现之一。下落是一种常见现象，物体下落时所遵循的轨迹是普遍的。这些事实无关于物体如何被制造、被组装、有何种功能，也无关于我们扔多少次、从什么高度开始扔、扔的时候水平速度是多少。我们可以不断重复扔东西的实验。每一次，物体都会划出一条抛物线。这是一类极其简单的曲线，是到一个固定点及一条固定直线等距的点集（见图1-1）。所以可以这样说，下落，这一最为普适的自然现象也恰恰是最为简单的。

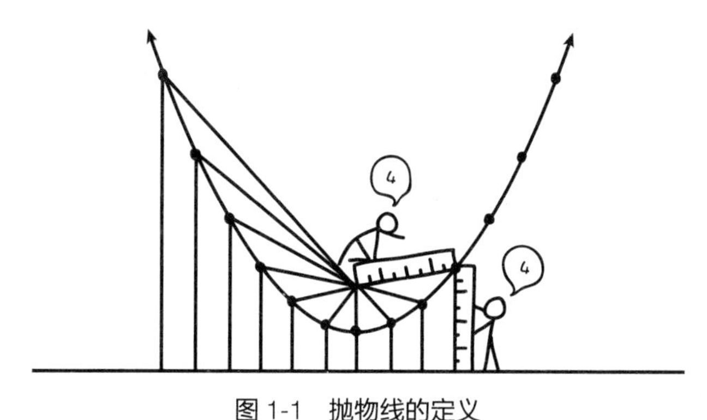

图1-1　抛物线的定义

到一个固定点及一条固定直线等距的点集。

在伽利略时代之前，数学家们早已非常熟悉"抛物线"这一数学概念，它属于我们所谓的“数学对象”。伽利略对抛物线的发现是人类早期习得的自然规律的一例。自然规律描述了亚宇宙系统中行为的规律性，在抛物线的例子中，这个系统指的是在行星表面正在下落的物体。自宇宙诞生以来，这一现象已经在许多地方发生过很多次。这也就是说，存在许多适用这一规律的情况。

当孩子们再长大一点，他们或许会问这样的问题：为什么下落的物体会划出这样简单的曲线？为什么诸如抛物线之类的数学家思维的产物，会和现实世界发生联系？为什么像物体下落这样普遍的自然规律，要对应于一条如此简单又如此美丽的几何曲线？

完美的世界

自伽利略的发现开始，物理学家早已习惯运用数学来描述物理定律，这使得他们收获颇丰。对生活在现代的我们来说，自然规律必须通过数学语言来描述，这已不言自明。伽利略的时代大约处于欧几里得提出几何公理后的两千年，在这两千年中，没有人试图通过数学规律来解释物体的运动。从古希腊时代到 17 世纪，受过教育的人大多知道抛物线的几何定义。可当他们投球、射箭时，没有人思考过球或箭下落的轨迹。[1] 他们中的任何一个人都有可能提出伽利略的发现。这一发现所需要的数学工具早就被雅典的柏拉图以及亚历山大城的哲学家、大数学家希帕提娅（Hypatia）发展好了。可是没有人这么做。为什么伽利略会想到数学可以描述物体下落这样简单的物理过程呢？

这个问题将我们带入了一类简单却又难以回答的问题的核心：什么是数学？为什么数学关乎科学？

数学中的对象是纯思维的产物。在这个世界中，我们并没有发现抛物线，而是发明了抛物线。抛物线、圆、直线，这些都是我们头脑中的想法。我们构造它们并给予它们数学定义，举例来说，“圆是到一个固定点等距的点集……抛物线是到一个固定点及一条固定直线等距的点集”。一旦有了这些曲线的定义，我们就可以直接通过它们推导出曲线的一些性质。这正是高中几何课的教程。这些推导可以通过一种叫作“证明”的方式给出。在一则证明中，每一个论点都可依据简单的推理规则，由之前的论点推出。在这种高度形式化的推导之中，观测与度量并无一席之地。[2]

我们可以画出一些几何曲线，它们可以近似数学证明中所给出的曲线的性质，可是这种曲线并不完美。类似地，我们可以在现实世界中找到一些几何曲线，比如悬索桥的悬索线，又比如猫伸懒腰时背部的曲线。可是，这类曲线仅仅是数学曲线的近似，当我们细看时，它们并不完美。这是数学面对的一个基本难题：数学研究的对象并不真实，它却可以用来解释真实的世界。怎么会这样？即便在极其简单的例子中，真实世界与数学的关系也并不显而易见。

你现在或许会质疑数学到底和引力有什么关系。我不得不在此跑题，因为与引力一样，数学也触及时间的核心奥秘。我们必须在一些简单的例子中厘清数学与自然的关系，物体的下落曲线便是其中一例。否则，当我们深入更现代的物理，遇到诸如“宇宙是一个四维时空流形”之类的观点时，我们会一头雾水。没有一些浅滩试水的经验，我们很容易成为那些故弄玄虚者的猎物。这些人打着科学的幌子，兜售着他们激进的形而上学幻想。

完美的圆或抛物线在自然界中并不存在，但在一点上它们与自然物体是共通的：两者都不会因为人类的意志或幻想而改变。圆周率就是其中一例，它等于一个圆的周长除以直径。圆周率这个概念一经发明，它的值便是一个客观存在，必须通过数学推导才能发现。有人试图通过立法规定圆周率的取值，这些行为暴露出人们的一个重大误解。不管人们如何期待，圆周率总在那里，它的值不会改变，这个道理适用于其他所有的几何曲线和数学对象。对于它们的特性，我们或许会说对或许会说错，但不论何时，我们都无法将其改变。

我们中的大多数人最终都接受了不能飞翔的事实；我们也终于开始承认，在许多方面我们对于大自然无能为力。这些只存在于我们脑海中的数学概念如同自然界的事物一样，客观存在且不会因为我们的意志改变，这岂不令人惴惴不安？我们发明了数学中的曲线与数字，可是它们一经发明，我们就再也无法改变它们。

尽管曲线和数字在其特征的稳定性及客观性上与自然世界的物体类似，

但两者并不等同。曲线与数字缺乏一个基本属性，这一基本属性在每一个自然事物上都会得以体现。**在这个真实的世界中，总是存在一个个时间片段。我们所知道的属于这个世界的一切物体都存在于时间长河之中；我们所作出的关于这个世界的一切观测都可以被回溯；我们中的每一个人、我们所知道的每一个事物，都只存在于某一个特定的时间间隔，在这个间隔之前或之后，我们以及所有的自然事物，并不存在。**

曲线和其他数学对象存在于时间之外。再以圆周率的值为例，并不存在这样一天，在那天之前，圆周率的值是某个数或者还没给出；在那天之后，圆周率的值就变成了另一个数。再比如，在欧几里得几何学中，一个平面中的两条平行线永远不会相交，这条规律过去如此，未来也会如此。任何关于曲线、数字等数学对象正确性的论断都不需要考虑时间。数学对象超越了时间。但是，这些存在着的事物怎么会独立于时间呢？[3]

人们对这些问题的争论已经持续了上千年，然而哲学家们还未就此达成一致，但其中一个提议自提出伊始便脱颖而出。这个提议认为，曲线、数字及其他数学对象以一种与我们所见的自然事物完全相同的方式存在。唯一的区别是，它们存在于独立于我们这个世界的另一个世界:这个世界没有时间。于是，我们的世界中出现了两类事物，受制于时间的事物和独立于时间的事物。事实上，它们正代表了它们身后的两个世界：受制于时间的世界和独立于时间的世界。

数学对象存在于一个遗世独立、没有时间的世界之中，人们常常认为这一观点源自柏拉图。他曾这样说道，当数学家们提起三角形的时候，他们并不是指任何存在于现实世界中的三角形，而是指一个理想化的三角形，这样的三角形是真实的（比现实世界中的三角形还真实），只不过它们存在于独立于时间的另一个世界。比如，三角形的内角和为 180°，严格地说这条定理在物理世界中并不正确，但对存在于数学世界中的理想三角形来说，这条定理是绝对而且精确的。所以当证明这个定理时，我们获知了一些存在于时间之外的事物，同时我们证实了真理同样存在于时间之外，独立于过去、现在和未来。

如果柏拉图是正确的，那么通过推导，人类便可以超脱时间，了解永恒世界中的永恒真理。一些数学家声称，通过数学推理，他们获得了一些关于柏拉图世界的知识。如果所言为真，那么他们就掌握了一丝神性的线索。可是，真能做到这一点吗？他们的声明可信吗？

当我需要细究柏拉图主义时，我会邀请我的朋友吉姆·布朗（Jim Brown）共进午餐。我们两人都非常享受这顿大餐。席间，布朗会非常耐心地向我一遍遍地解释，为什么他相信数学世界是一个超脱时间的真实世界。在哲学家中，布朗绝非等闲之辈。他的思想犹如剃刀一般犀利，但性格却非常阳光。你能感觉到他非常享受生活，认识他自然也让人心情舒畅。他是一位出色的哲学家，精通有关此论题的两方面意见，并且他对自己无法反驳的对立观点也持相当开放的态度。可惜，我还是没有找到一种方法，借以挑战他对永恒世界存在性的信仰。有时我甚至怀疑，布朗如此快乐的原因，并不是因为他对人类作出了某种贡献，而是出于他对真理的信仰。

布朗及其他柏拉图主义者承认，他们面临着一个难题。人类受时间的约束，人类所接触的事物也会受时间的约束，但又是为什么受制于时间的我们可以获得永恒数学世界中的知识？我们通过逻辑推导获得数学真理，可是我们能够百分百地确信自己的推导是正确的吗？我们做不到这一点。我们偶尔可以发现，数学教科书中的证明存在着这样那样的错误。某些证明中的错误可能尚未被发现。当然你可以说所有的数学对象根本就不存在，所以也无所谓存不存在于时间之外。可是如果这样做，就是在说我们拥有一些关于根本就不存在的事物的可靠知识，这似乎也说不通。

另一位与我讨论柏拉图主义的朋友，是英国数学物理学家罗杰·彭罗斯（Roger Penrose）。他认为，数学世界中的真理拥有一个无法被任何公理体系所描绘的真实性。他认同大逻辑学家库尔特·哥德尔（Kurt Gödel）的观点，认为数学世界中的某些真理无法在公理体系内得以证明，它们的推导必须通过直觉。我记得有一次彭罗斯这样对我说:“对于‘1+1=2’，你当然会深信不疑。因为这是你可以通过直觉感知并确信的数学世界中的一部分。所以说‘1+1=2’这条定律本身,便是数学推导能够超越时间的证明。那好,你是否认同‘2+2=4’?你也会同意！那‘5+5=10’呢？你当然也会认同。所以你要相信你知道许许多多关于永恒数学世界的真相。”彭罗斯相信，人类的思维能超越各种错综复杂的日常经验，抵达其背后所隐藏着的永恒的真实世界。[4]

当人们发现自己的下落体验是自然界中的普遍现象时，我们发现了引力；当我们试图理解引力时，我们认识到所有下落物体都沿着抛物线运动。这种一致性令人震惊。我们的一边是关于这个世界事物的普适现象，这些事物受制于时间；另一边是我们发明的某些理想化的概念，这些数学概念以及数学真理存在于时间之外；而两者相互关联。如果你同布朗、彭罗斯一样，是一名柏拉图主义者，你会觉得我们这个受制于时间的世界连接着另一个拥有着永恒真理与美丽的世界。所有物体均沿抛物线下落，这个发现恰恰是这种联系的一例佐证。于是乎，伽利略的这个简单发现拥有了先验式的或者说宗教式的重大意义：这一发现反映出永恒的神性究竟是如何作用于我们这个世界的。在我们这个不完美的世界中，一个正在下落的物体揭示出这样一个深刻事实：自然的深处存在一个完美的世界，它不会因为时间而改变。

这样一种通过科学来超脱时间的想法，吸引了包括我在内的许多人投身于科学的世界。但是，现在我发现我错了。在这一超脱时间梦想的核心存在一个致命的缺陷，它源于我们使用不受制于时间之物来解释受制于时间之物。由于无法实实在在地进入想象中的永恒世界，我们早晚会发现自己陷于某种杜撰（我会在随后的章节展示一些关于下落的杜撰）。一些人说，最终，我们的宇宙可以被另一个独立于万事万物的完美宇宙来解释。可在我眼中，这些观点的本质廉价而平庸。如果我们屈从于这些说法，科学将不幸地与神秘主义相融合。

我们对超越性的渴望往往基于某种宗教情怀。我们渴望从死亡、病痛以及有限的生命中得到解脱，这些渴望是宗教和神秘主义的动力源泉。对数学知识的追求是不是创造了一种新的教士？他们可以通过特别的渠道，获得非同寻常的知识。我们是否可以简单地将数学等同于某种宗教活动？当数学家们谈论他们的研究时，我们是否应该更细心地聆听这些人类最理性的思想者，因为他们的工作中蕴藏着某种超越有限人生的方法？

理解这个世界，还有另外一条更具挑战性的道路可走，我们可以用这个我们所知所感的世界本身来解释这个世界，可以只用真实的事物来解释世界的真实性，可以只用受制于时间的事物来理解世界为何受制于时间。尽管这条道路充满挑战，处处受限，缺乏浪漫，但最后它将大获成功。作为旅途终点的奖品，最终我们会通过时间本身来理解时间。

00:02

消失的时间

Time Reborn

From the Crisis in Physics
to the Future of the Universe

伽利略并不是第一个将数学曲线联系于物体运动的人。他的原创之处在于将数学曲线与地球上发生的运动相联系。在伽利略之前，没有人想到物体会沿抛物线下落，原因之一是因为他们对抛物线没有直观的感受。物体的下落速度很快，划出的曲线稍纵即逝。[1] 在伽利略之前，人们很早就记录了一类缓慢的运动，即天空中的太阳、月球和行星的运动。古希腊时代，柏拉图和他的学生们记录了这些天体所处的位置，而在他们之前，这样的记录早已在古埃及和古巴比伦延续了千年。

对于这些记录，研究人员又惊又喜。这些记录包含着一些模式。有些比较明显，比如太阳的周年运动；有些极为深邃，比如在日食的记录中，人们发现其周期为 18 年又 17 天。对于古人来说，这些模式透露出了宇宙真实结构的某种线索。随后的数个世纪，学者们不断试图解释这些模式中隐藏的奥秘。在这一过程中，数学开始渐渐进入科学的视野。

这并没有完全回答我们的问题。古希腊人早已拥有伽利略所用的数学工具。所以我们能够肯定，关于物体运动研究的停滞一定存在一些观念上的原因。对于伽利略的前人来说，地球上的物体运动是不是他们思考的盲点？他们是否觉察到了这些盲点的存在？

天堂的完美，不过是一个谎言

让我们仔细思考一下古代天文学家发现的一个最为简单而深刻的模式。“行星”在希腊语中意为“漫游者”，可是事实上行星从没有在天空中漫游过，所有行星均沿着椭圆形轨道运转。椭圆的焦点即是恒星。因此，解密行星位置记录的第一个步骤，就是发现这一关键的椭圆。

圆（circle）是一个数学对象，它的定义非常简单。我们在天空中发现一些圆，这到底意味着什么？这是不是没有时间的世界与这个转瞬即逝的世界之间联系的又一次显现？这或许是我们的观点，但古人并不这么看。对古人来说，宇宙一分为二，一为尘世、一为天堂。尘世间充满着生老病死，天堂拥有永恒的完美。在古人的眼中，天堂超然于尘世。天体存在于神的世界，不生不灭。我们应当理解这些想法，毕竟这些基于他们的观测。亚里士多德曾这样说过：“在人类可以回溯的历史中，天堂从没发生过整体性的改变，它的任何局部也未发生过变化。”[2]

天堂中的物体若要移动，它们的运动也必须体现出永恒的完美。对古人来说，行星之所以绕圈运行，正是因为它们的神圣与完美要求它们必须沿着完美的曲线运行。可是尘世并不完美，因而用完美的曲线描述尘世中物体的运动显得有些怪诞。

亚里士多德的物理学说中充斥着这种天堂尘世的两分法。尘世间的所有物质均由风、水、火、土四种元素组成，每一种元素都具有一种本能运动，例如，土会往宇宙中心沉。四种元素的混合引发了物质的改变。以太是四种元素外的第五元素，天堂由以太构成，天体在以太中穿行。

这种两分法使我们开始将至高与超俗相连。神、天堂、完美全都在我们头上，而我们被束缚于其下。依此观点，天体沿数学曲线运行一点也不奇怪，因为数学世界与天堂都超越了时间与变化。通晓它们也就意味着超脱尘世。

于是乎，数学之于科学意味着一种对完美而又永恒的天堂的信仰。尽管数学最终被证明非常有用，但数学定理不随时间变化这条假设并不清白，其中流露着一丝超脱俗世的形而上学幻想。

现代科学似乎早已脱离了这种古代宇宙观，但先人们的观念依然影响着我们日常生活中使用的比喻和语言。我们经常讲“迎难而‘上’”，我们祈祷“上”苍；而“下坠”（比如说“坠入爱河”）则意味着失去自我控制。更进一步说，“上”和“下”象征着肉体与精神之间的冲突。天堂在我们头上，而地狱在我们脚下。如果我们堕落，就会沉入大地深处。神明以及人类的一切终极追求，都在我们之上。

音乐是我们祖先体验超凡之感的另一种方式。聆听音乐时，我们常常会体验到一种能让时间永驻的美感。古人认为这种非凡美感背后肯定存在着一个有待破解的数学之谜。这样的想法自然而然。毕达哥拉斯（Pythagoras）学派①发现，音乐中的和弦与数字间的比例存在密不可分的关系，对于古人来说，这无疑是数学可以描述神之世界的另一条线索。

尽管我们对毕达哥拉斯和他的弟子们知之甚少，但我们完全能够想象，这些古人也会注意到对于数学的热忱与对于音乐的天赋往往会同时涌现。可以说，数学家和音乐家拥有一种共同的能力——他们都能识别、创造并操纵各种各样的抽象模式。或许，古人们会说，他们都能够感知神明。

在成为科学家之前，伽利略从小就精通音律。[3]他的父亲文森佐·伽利雷（Vincenzo Galilei）是一位著名的作曲家和乐理学家。有传言说，文森佐为了能让儿子了解和弦与数字比例的关系，将小提琴弦拉长，以至于穿过了家里的阁楼。一次，伽利略在比萨大教堂做祷告。在感觉无聊时，他偶然注意到，吊灯从一边荡到另一边的

① 毕达哥拉斯学派亦称“南意大利学派”，是一个政治、学术、宗教三位一体的组织，由古希腊哲学家毕达哥拉斯所创立。该学派认为数是万物的本原，提出了“美是和谐”的观点。——编者注

时间和它摆动的角度无关。单摆周期（周期指走完一次来回或轨道所需要的时间）与振幅间的独立性是伽利略的第一个科学发现。他是怎么注意到的呢？如果是我的话，肯定要用秒表或者时钟，可伽利略当时什么也没用。或许故事是这样的，当伽利略看到吊灯摆过他的头顶时，他开始默默地唱歌，用来计时。毕竟，伽利略后来声称，他可以心测 1/10 的脉搏时间。

当伽利略向大众介绍哥白尼的学说时，他多少显露出一些音乐家特有的浮夸。他用意大利语表述他的观点，而不是学者们常用的拉丁文。他塑造了两个虚构角色，当他们一起就餐或出行时，两人开始谈论科学，而伽利略的观点在谈话中得到了生动体现。由于这些表现形式，伽利略被誉为一位抛弃了教会和大学的官僚体系、为大众进行科普的民主主义者。

作为一名辩论家和实验学家，伽利略表现出了超凡的智慧。而更令人震惊的，是伽利略著作中所提出的新问题。这些问题的提出部分归功于文艺复兴后古代教条的瓦解。天堂尘世两分法此前一直阻碍着人们的思考。可伽利略对这种古老的观点却不以为然。达·芬奇在静态图像中发现了比例与和谐之美；伽利略却在诸如单摆摆动、小球滚落斜坡等日常运动中，找到了数学的和谐之美。在平等地向世人传播科学知识之前，伽利略早已是另一个意义上的民主主义者。在他眼中，宇宙是平等的，没有天地之别。

伽利略发现，古人所言的完美天堂，不过是一个谎言。借此，他破除了天空的神性。尽管伽利略不是望远镜的发明人，也不是用望远镜观测天空的第一人，但他利用自己独特的视角与才能，在天堂的不完美上大做文章。他发现太阳上有黑点；月亮上有山峰，而不是由第五元素组成的完美球面；土星呈奇怪的三重折叠形状；木星也有卫星；宇宙中还有许多其他恒星，只是之前它们不被人的肉眼所见。

已有前人预见了神之世界的衰落。早在 1577 年，丹麦天文学家第谷·布拉赫（Tycho Brahe）就观测到一颗彗星穿破了天堂那层层完美的球壳。第谷是最后一位裸眼天文学家，也是其中最伟大的一位。在他的一生中，第谷和他的助手们积累了最为准确的行星运动测量数据。1600 年之前，这些数据一直沉睡在第谷的资料手册中。正是那一年，第谷雇用了一个易怒的年轻助手，他的名字是：约翰尼斯·开普勒（Johannes Kepler）。

从地心说到日心说

行星沿着椭圆形轨道运动，但它们的运动似乎并不总是保持一致。所有的行星大致都朝着一个方向运动，可有时，一些行星会暂停并沿反方向运动一段时间。对于古人来说，这种逆行是一大谜题。对这种行为的解释是，地球也是一颗行星，同其他行星一样，它也绕着太阳运行。古人所谓的暂停和运动不过是一种从地球视角出发所观察到的现象。当火星跑在地球前面时，它在天空中向东运动；当地球追上火星时，它会换个方向运动。因此，逆行不过是一个简单的地球运动效应。但我们的祖先不会这样看，因为他们迷信地球是宇宙的中心，是静止不动的。正因为他们认为地球是静止的，因此也就会认为自己所观测到的运动也一定是真实的。于是，古代天文学家往往会用行星的内在运动解释逆行现象。具体来说，他们会设想一个由两种圆圈构成的复杂系统；行星沿着一个小圆转，小圆的圆心再绕着地球转。

这些小圆被称作“本轮”（epicycle）。行星的本轮绕行周期是一年，这是因为这些本轮本质上就是地球绕日运动。另外一些参数调整引入了更多的圆。最终，整套行星运动系统需要 55 个圆。通过调准各个大圆的周期，天文学家托勒密将整个模型调整到相当好的精度（见图 2-1）。几个世纪后，伊斯兰天文学家们对托勒密模型进行了进一步微调。到了第谷时代，这个模型可以以千分之一的精度预测行星、太阳和月亮的位置，且该模型的预测与第谷的观测相符。从数学上说，托勒密模型相当美丽。千年以来，天文学家和神学家们对它的前提假设毫无质疑。怎么可能说他们错了呢？毕竟,模型得到了观测的验证。因此，我们可以从这段历史中得到这样一个教训：**数学上的美或实验上的验证，都无法保证一个理论所依赖的基本观点可以描述我们的现实世界。**有时，对自然模式的解码会将我们引入歧途；有时，在个人层面或社会层面上，我们会自我欺骗。托勒密或亚里士多德的科研态度，毫不逊色于当代的科学家。他们只是不走运。在他们面前，多个错误的前提假设交织出一个运行良好的模型。对于这样的自我欺骗，实在没有什么解药。我们唯一可以做的是不断推动科学的前进，最终，其中的错误会自我显现。

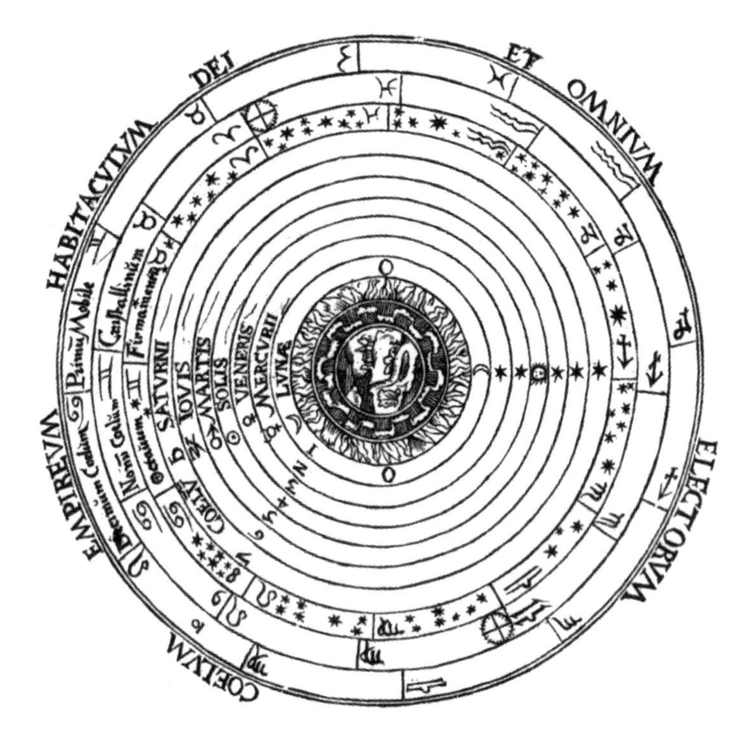

图 2-1　托勒密宇宙模型原理图[4]

哥白尼最终解释了为什么本轮的周期都一样，为什么本轮都绕着太阳轨道运行。他赋予地球以行星身份，并将太阳放到了宇宙的中心。这一举动简化了托勒密的模型，却使得古代宇宙观无法继续生存。如果地球同其他行星一样，在天堂中穿行，那么尘世与天堂到底还有什么区别？

哥白尼是一个消极的革命者，他错失了其他一些线索。其中的一大线索是，在将地球的运动纳入计算之后，行星的轨道依然不是一个完美的圆。哥白尼无法脱离天体必须沿着圆运动的想法，为了解决这一问题，他还是使用了托勒密的方法，只是将所需圆的数量降至 14 个。哥白尼之所以引入本轮这一概念，也是出于理论符合观测数据的需要。

在行星中，火星的轨道偏离圆形最多。第谷给开普勒布置了一个课题，让他解释火星的轨道。这是开普勒的幸运时刻，也是科学的幸运时刻。离开第谷后又过了许多年，开普勒终于发现火星的轨道是椭圆形，而不是圆形。

在现代的读者看来，这一发现似乎算不上科学革命。在地心说中，行星相对于地球的轨道总是由两个不同周期的圆形轨道组合而成，因而总是不闭合的。只有当我们绘制它们的绕日轨道时，这些轨道才是闭合的。只有在轨道闭合之时，问轨道的形状如何才会显得有意义。这样看来，日心说深化了世界的和谐。

在我们了解行星的轨道其实是椭圆形之后，托勒密理论被彻底粉碎。一大堆新问题摆在我们面前：

- 为什么行星沿着椭圆形轨道运行？
- 为什么行星不能在天空中随机漫游？
- 是什么使行星保持运动而不是静止？

对此，开普勒作出了一个大胆的猜想，这个猜想随后被证明半对半错。开普勒认为，源自太阳的力使得行星沿特定轨道绕行；太阳好似一条旋转的乌贼，它的触手推动着行星，使它们绕着太阳运动。这是有史以来第一次有人提出行星所受的力源自太阳。可惜，开普勒把力的方向搞错了。

大一统，逃脱时间的掌控

第谷和开普勒打破了天体球的局面，从而将两个世界统一在一起。这一统一也将古人的时间观一同埋葬。在亚里士多德和托勒密的宇宙学中，一个没

有时间的完美世界包裹着尘世。生老病死，这一切都说明我们所生活的世界受制于时间，局限于月亮轨道之下，而在其之上，是一个个永恒的、完美的圆形轨道。现在，将世界一分为二的天体球被彻底粉碎了。对于时间，这样一个新世界只能作出一种选择。整个宇宙是否都受制于时间，生生灭灭？抑或万事万物都逃脱了时间的掌控，生老病死不过是一些幻象？我们依然会就这一问题辗转反复。

开普勒和伽利略并没有解决神的世界、永恒的数学世界和我们所生活的世界之间的联系。他们将这一问题继续深化，并打破天地之间的分界，将地球视作另一颗在天空中运行的神圣星球。他们发现，地球同其他行星一道，沿着以太阳为中心的数学曲线运动。但是，受时间约束的现实世界与独立于时间的数学世界之间依然横亘着裂痕，裂痕并未愈合。

到了 17 世纪中叶，科学家和哲学家不得不对这一问题作出艰难的选择。这个世界要么存在于时间之内，要么存在于时间之外的数学世界。两条关于现实世界本质的线索仍然没有得到解答，尽管人们对于解释它们早已期待许久。一条线索是，开普勒发现行星沿椭圆形轨道运行，另一条线索是，伽利略发现物体沿抛物线下落。这两条线索都可以通过简单的数学曲线加以表达，每一条都是物体运动之谜的部分答案。分开看，它们都是伟大的科学发现；放在一起，它们是即将绽放的科学革命之花的种子。

这种情况并没有发生在今日的理论物理学界。我们同样有两个伟大的发现，量子理论与广义相对论，我们渴求统一二者。大统一问题一直是我工作的焦点，我深感今日我们在这一问题上取得的成就来之不易。但同时我也深信，一些简单却不为我们所见的想法，可能会成为最终解决这一问题的关键。我们正在等待的不过是一个小小的新观点，可没有它，科学就无法进步。承认这一点，让身为科学家的我们蒙羞，但这确确实实在历史上发生过。在伽利略和开普勒提出他们的简单发现之前，科学革命一直被天堂尘世两分法所阻碍。这种两分法不允许人们把数学应用于尘世，同时它使人们相信我们无须考虑天体完美运动的成因，这无疑阻碍了我们对世界的理解。

假如这一错误观念早早被人识破，科学史会发生怎样的改变？每当想到这个问题，我都会激动地颤抖。

> 或许在伽利略之前 1 000 年，就有一位智者凭借人类当时取得的观测数据与数学工具，取得伽利略的成就；或许在第谷之前 1 000 年，就有一位希腊或者伊斯兰的天文学家，凭借当时的天文观测，取得开普勒大部分甚至全部的发现成就。我们无须等待哥白尼宣布地心说。早在公元前 3 世纪，天文学家阿里斯塔克斯（Aristarchus）便将日心说放上了台面。他的日心说被托勒密和其他伟大学者热议，这其中或许会包括亚历山大城的大数学家、哲学家希帕提娅。如果她和她聪慧的弟子，在此后发现了伽利略的物体下落轨迹定律，又或者是开普勒的椭圆轨道定律，科学史又会怎样发展？[5]或许在公元 6 世纪就会出现一位牛顿，整个科学革命将会提早 1 000 年。

历史学家可能会对此提出异议：如果没有文艺复兴将思想家们从黑暗时代教条的桎梏中解放，哥白尼、伽利略、开普勒根本无法提出他们伟大的发现。但是，在希帕提娅生活的希腊化时代，黑暗尚未降临，希腊学和宗教原教主义之间的斗争尚未抹杀理性探索的精神。如果在罗马时期的亚历山大港或者是几个世纪后伊斯兰世界的某个学术中心，有人能够排除地心说，那么人类的历史将大为不同。只可惜，我们之中最杰出的科学家在最好的环境下依然不能实现观念上的跨越。他们无法想象数学定律可以管辖尘世，也无法想象动态的力在天堂中可以起到举足轻重的作用。只有在观念上将分割两个世界的球面彻底击碎，伽利略和开普勒才会提出他们伟大的发现。

伽利略和开普勒都没能迈出这一步，他们都没能统一太空中行星划出的椭圆形轨道和地上物体下落时划出的抛物线轨迹。牛顿做到了这一点。

在伽利略和开普勒的晚年，天地之间的边界已被打破。他们完全能够提出这样的问题：当一个物体被全力扔出时，它是否会绕着地球运行？如果此时物体的速度降低，它是否会下落？对于我们来说，这两个问题其实是一个问题，这显而易见；但对伽利略和开普勒来说并非如此。有的时候，从一个科学新发现到理解这个天体新发现背后的含义将足足花费一代人的时间。半个世纪后，牛顿彻底理解了，天体绕行不过是另一种形式的下落。天与地，终于完成了统一。

这一统一的线索之一是，这两类曲线有着共同的数学起源。椭圆描述着行星运行的轨道，抛物线描述着地球上物体下落的轨道，这两类曲线在数学上紧密相连：他们都由平切圆锥产生（见图 2-2）。这种曲线被统称为圆锥曲线，其他例子还包括圆以及双曲线。

17 世纪下半叶，物理学的核心问题是：如何发现一种物理学中的统一理论来解释上述数学上的统一。促使牛顿走上科学革命之路的洞见来源于自然科学，而非数学。况且，这并非牛顿一人的洞见。他的不少同代人同样领悟了这样一个奥秘：导致万物落向地面的力，就是使得行星绕日运动或者月亮绕地运动的力。这就是引力。

传说中，当牛顿坐在花园里的苹果树下思考月球运动时，一个从树上落下的苹果使他顿悟。为了使得整个理论更为完整，他提出了一些关键问题。一个问题是：当物体间的距离增加时，引力怎么变化？引力必将减弱，否则我们都会落向太阳而不是落向地面。另一个问题是：力是如何改变物体的运动的？

牛顿的一些同代人，比如物理学家罗伯特·胡克（Robert Hooke），也提出了这些问题。可牛顿真正的伟大之处在于解答了它们。牛顿为此耗费了足足 20 年才最终完成了关于运动和力的理论，即牛顿力学。

我们需要留意，这些问题有一个最为关键的特征：它们都是数学问题。什么样的方程能够描述引力随距离的变化？每一个物理系新生都知道答案：引力与距离的平方成反比。我们对自然的理解诞生了如此惊人的产物，一个简单的数学公式描述了自然界的万事万物。自然很复杂，但古人从来没有想到过可以用这么一个简单而普适的数学公式来描述物体的运动。

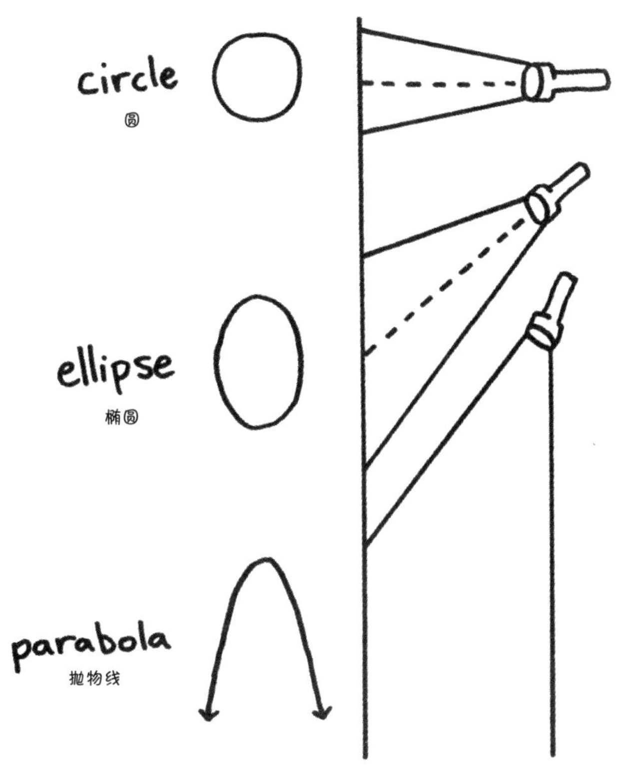

图 2-2　圆锥曲线示例

照在墙上的手电筒光线的轮廓线。

若想知道力如何改变物体的运动，那么你可以想象一下物体在空中划出的曲线。给物体加上外力和不加外力，物体划出的曲线会发生改变吗？这个问题的答案就在牛顿第一定律及第二定律之中。如果没有外力，物体将会沿直线运动；如果施以外力，物体将在外力作用下加速运动。

陈述物理定律而不用数学公式，是一项不可能完成的任务。直线是一个理想化的数学概念，不存在于我们的世界，仅存在于柏拉图的数学世界。那加速度呢？速度是物体位置变化的速率，而加速度是速度变化的速率。为了充分

描述这个概念，牛顿为此发明了一个新的数学分支——微积分。

一旦你有了足够的数学工具，获知理论的推论将变得自然而然。当牛顿发展了他的新数学工具之后[6]，摆在牛顿面前的第一个问题便是：既然引力与距离的平方成反比，那么在太阳引力的作用下，行星运行的轨道到底是什么？这个问题的答案是：行星的轨道取决于其开放性或闭合性，它可以是椭圆形、抛物线或双曲线。同时，牛顿又将伽利略的自由落体定律归纳到自己的引力理论之中。[7]因此，我们可以说，伽利略和开普勒看到的其实是引力的两个不同方面。

对物体下落与天体绕行之间隐藏共性的发现举足轻重，纵观人类思想史，很少有什么发现比这一点更为深刻。不过牛顿的巨大成功带来了一个意想不到的结果：他的工作使得我们对自然的理解变得更为数学化。

亚里士多德和他那一辈人试图用“趋势”来描述物体的运动。比如，地球上的物体会趋向于靠近地心，空气会趋向于远离地心。从本质上来看，他们从事的是描述性科学。对于物体运行的轨迹到底有如何特别的性质，他们毫无想法。也就是说，他们对应用数学描述尘世的运动毫无兴趣。数学是永恒的，因而数学是神圣的，它只能被应用于我们所见到的唯一的、永恒而神圣的运动之上，即天体的运动。

当伽利略发现物体下落可以用简单的数学曲线描述时，他从天空中抓取了一丝神性，将其带入尘世，并指出它存在于地球上一切物体的运动之中。牛顿展示了在地球或者天空中可能发生的种种不同运动，它们有的源于引力作用，有的源于其他力，这又一次展现了天与地的统一。那些神圣的天体运动同样也符合牛顿定律。

当牛顿完成他的天地统一之时，世界成了一个统一的单一世界。这个世界充满了神性，这是因为在这个世界中，万事万物都依循永恒的数学定律运行。如果超越时间和永恒是神之世界的象征，那么我们这个世界，更具体地说，是我们这个世界的全部历史，将如同数学曲线一般永恒而神圣。

00:03

接物游戏

为了解决前两章中的问题，我们需要更深入地了解“运动”的定义。“运动”，貌似是个再简单不过的概念，它指的是物体位置随时间的变化。但“位置”是什么？“时间”又是什么？

对于前一个问题，物理学家们给出了两种“位置”的定义。第一种定义认为，“位置”指的是物体与某些地标之间的相对关系，这种定义基于常识，我们称之为位置的相对定义。第二种定义认为，存在空间中的绝对位置，一个物体的绝对位置与其他物体无关，我们称之为位置的绝对定义。

无疑，我们更熟悉位置的相对定义。我们会经常使用以下描述：现在，我的椅子离我差不多1米远；飞机正在自西侧靠近机场降落，目前处于300米的高空，距离1号跑道末端2 000米远。

不过，相对位置似乎遗漏了一个问题：终极参照物究竟位于何处？或许你可以给出你相对于地球的位置，但地球又位于何处？或许你可以说地球距离太阳多少公里远，方向是宝瓶座，但太阳又位于何处？或许你可以说太阳距离银河系中心数千光年远，但银河系中心又位于何处？这样的问答无穷无尽。

通过这些问答，我们可以给出宇宙中一切物体相对于其他物体的位置。这些信息包罗万象，但它是否足以给出一个物体的真正位置？在这些相对位置的背后，是否存在着某种绝对位置？

真正的位置

这场关于绝对空间与相对空间的辩论贯穿着整个物理学史。概要地说，牛顿力学标志着绝对空间观的伟大胜利，而后，爱因斯坦通过相对论建立相对空间观，绝对空间观被彻底颠覆。我认为相对空间观是正确的，我希望读者也能认同这一点。但我希望读者同样能够了解为何像牛顿这般伟大的科学家会认同绝对空间观；当我们转而相信相对空间观时，我们究竟做了哪些取舍。

为了深入评判牛顿的思考过程，我们不应仅仅关注位置，我们还要考虑运动。让我们暂且把运动所涉及的时间问题放到一边。如果物体的位置是相对的，那么运动描述的是物体相对位置的改变。换句话说，运动描述的是物体相对于参照物的位置的改变。

我们日常生活中提到的所有运动都是相对运动。举例来说，伽利略研究了物体相对于地球表面的自由落体；扔出去的球逐渐离我远去；地球绕着太阳运动。

相对运动的一个结论是，人或物体的运动或静止总是取决于参照系。地球和太阳相互运动，但到底是地球在动，还是太阳在动？是太阳在绕着静止的地球运动，还是地球绕着静止的太阳运动？如果运动是相对的，那么以上问题就没有唯一正确的答案。

任何物体都可以是静止或者运动的，这使得解释运动的成因变得非常困难。如果某个理论能够解释地球绕着太阳转的原因，我们很难想象同样的理论又适用于地球静止的情形。如果运动是相对的，任何观测者自然可以认为，所有的运动都是相对它而定义的。为了打破这一僵局，进而研究运动的成因，牛顿提出，位置的绝对定义必然存在。对他而言，物体在空间中的绝对位置指的是物体相对于他所谓“绝对空间”的位置，物体的绝对运动或静止，都是关于绝对空间的运动或静止。牛顿声称，是地球在绝对运动，太阳并没有。

绝对空间假说赋予宇宙万物的空间位置以物理意义，终结了无穷无尽的问答，我们再也无须将一个物体的位置与其他物体相联系。这是一个轻松的做法，但它存在一些问题：绝对空间到底在哪里？我们如何测量一个物体的绝对位置？从来没有人看到或探测到绝对空间，也从来没有人做过绝对位置的测量。更进一步说，即使在绝对空间上建立了一些物理学公式，我们依然无法通过实验对其进行验证。

牛顿很清楚以上问题，但他不以为然。牛顿是一个深刻的宗教思想家，对他来说，绝对时空观有着神学意义。在神的眼中，世界处于绝对空间。牛顿对此十分认同，他还进一步强调：空间是神的感觉，事物之所以在空间中存在，是因为它们在神的思想中存在。

如果你同牛顿一样是个密码学大师，以上说法对你来说可能一点都不奇怪。牛顿倾注多年心力用以寻找《圣经》的隐藏含义；他同时是一个炼金术士，因为他希望借此寻求通向美德或者不朽的隐藏密码。作为物理学家，牛顿发现了宇宙中掌控一切运动的普适定律，这一定律之前一直被自然隐藏着。所以牛顿相信，空间的实质又一次被自然所隐藏，这一次，只有神能看清其本质。

此外，对于绝对空间，牛顿还提出了一些基于物理学的论证：**尽管人类无法获悉绝对位置，却可以感知某些绝对运动。**

尽管孩子们不能飞，但他们可以旋转，而且他们喜欢旋转。当孩子们发现旋转会让他们感觉有些头晕时，他们会欣喜若狂，会不停地转啊转。牛顿没有孩子，不妨让我们想象一下这样的场景。牛顿的小外甥女凯瑟琳在舅舅的书房内不停地转啊转，看到她高兴的表情，牛顿陷入了沉思。他把这个还在笑着抖着腿的小女孩抱到膝盖上，告诉她之所以会感到头晕，是因为她感知到了绝对空间，而绝对空间就是神。"为什么你会感觉到头晕？因为神的手碰到了你。"牛顿这样说道。随后他告诉小外甥女，她感到头晕的原因，并不是因为她相对于家具旋转，也不是因为她相对于房子或猫旋转，而是因为她相对于空间本身旋转。如果空间能够让她晕眩，那么空间一定是真实的。听着牛顿的解释，小女孩乐不可支。"为什么？"她一边嚷着一边跳到地上，开始追逐跑出书房的猫。

让我们把依然在思考引力和生死的牛顿放下不表，回到如何定义"运动"这个问题上。

我们只可能接触相对时间

当我们说"某一个物体在运动"时，我们指的是它的位置会随时间发生变化，这一定义基于常识。但仔细来看，这一定义又需要我们知道什么是时间。类似于绝对空间与相对空间的情形，在此，我们将会陷入绝对时间与相对时间的两难。

在人类的感知中，时间意味着改变。某个事件所发生的时间取决于它与其他事件的先后关系，比如读钟表上的时间。所有钟表以及日历所显示的都是相对时间，正如所有地址都是相对位置一样。但是牛顿相信，在变化万千的世界之下隐藏着只有神才能感知的绝对时间。现在，让我们来回溯一下绝对时间说提出后引发的辩论。牛顿的竞争对手莱布尼茨同样信仰神。不过与牛顿不同，莱布尼茨相信，神并不自由，不可能随心所欲，他崇拜的是无上理性的神。如果神拥有完美的理性，那么自然界的万事万物必然有各自存在的理由，这便是莱布尼茨的充足理由律。换句话说，对于任何一个形如“宇宙为什么是这样而不是那样”的问题，充足理由律声称，这类问题的答案必然存在。当然，有些问题注定没有理性的答案。对此，莱布尼茨认为，提出这些问题本身就意味着承认逻辑思维中存在着错误。

于是，莱布尼茨如此自问自答，来演示他的充足理由律。他问道：“为什么宇宙从某一个瞬间开始，而不是在那一瞬间之后的 10 分钟开始？”他回答说，没有任何一个理性的理由可以告诉我们宇宙是那个在某个时间点开始的宇宙，而不是那个在那一时间点的 10 分钟之后开始的宇宙。两个宇宙中的相对时间完全一样，仅有绝对时间不同。可是自然规律只关乎相对时间。于是莱布尼茨提出，如果我们没有理由认为宇宙是从某一绝对时间点开始，而不是 10 分钟后开始，那么绝对时间就毫无意义。

我认同莱布尼茨的推理。接下来，每次我谈及“时间”时，我都是在说相对时间。或许，从某些超灵体验的角度出发，绝对时间或许真的存在。但是，我们需要弄清楚一件事：**作为生活在真实世界中的人类，我们只可能接触相对时间**。因此，在对运动的描述中，我们所考虑的是被时钟丈量的相对时间。对我们而言，如果一个装置可以给出一串递增的数字，我们就可以称之为时钟 。

运动，正是时间的表达

现在，在终于完成了对“时间”和“位置”的定义后，让我们开始定义“运动”：运动指的是物体的相对位置随相对时间的变化。相对位置取决于参照物，相对时间取决于时钟。接下来，我们将进行对我们的论证至关重要的一步。科学并不仅仅是给出一堆定义、提出一堆概念，你还必须要进行测量。这意味着我们要通过钟表或者尺子之类的工具，将时间、位置与数字挂上钩。

与不可见的绝对位置不同，相对距离和相对时间都可以通过测量进行量化。量化的结果可以被我们记录在纸上或者存储在计算机中。通过这一过程，运动的观测变成了一张数字表格，我们可以用各种数学工具学习其中的信息。其中一种方法便是做一张图，将表格数据变成图示，往往能便于我们的理解，也能激发我们的想象。

勒内·笛卡儿（René Descartes）发展了几何坐标系图示法。现在这一方法在学校中被广为教授。可以确定的是，当开普勒研究第谷给出的火星轨道数据时，他一定也用了这种图示法。我们可以在图 3-1 中看到月亮是怎样绕地球运动的。

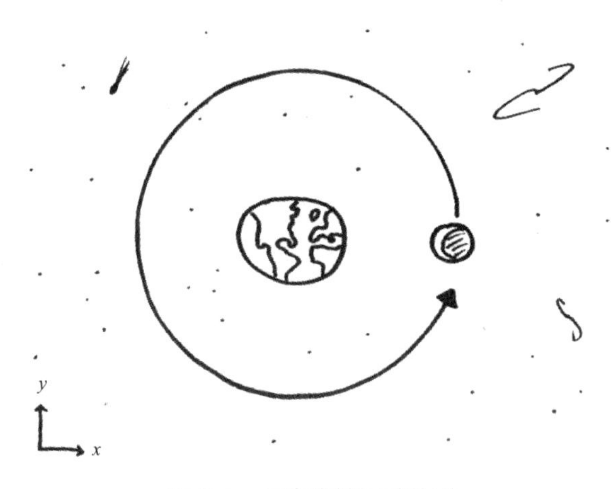

图 3-1　月亮绕地运动轨道

上学时，我们还学了表示运动的另一种图示法。我们会增加一个坐标轴，用以表示时间（见图 3-2）。在这种图示法中，轨道成了时空中的曲线。我们看到，月亮的绕地运动以一种螺旋线呈现：每一次月亮返回它的起始位置时，在时间轴上它就走过了一个月。

值得注意的是，观测记录的图示化本身完成了一件非同寻常的工作。图 3-2 所示的曲线代表了对事物所进行的测量。事物会随时间发生变化，但测量本身并不随时间发生变化。换句话说，测量一旦发生，它们的结果就不再改变。自然而然地，图中代表测量结果的曲线也不随时间而改变。**通过测量，我们将时刻在变的运动转化成了一种不随时间而变的数学对象。**

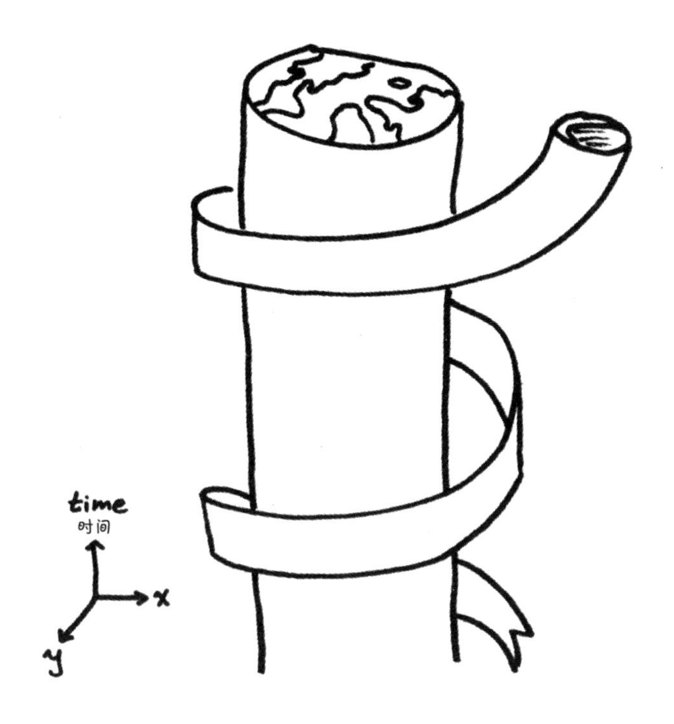

图 3-2　月亮运动的时空曲线图

这种冻结时间的方法在科学研究中作用很大。通过它，我们无须在真实的时间中时刻去观察运动究竟是如何发生的；我们只需研究物体过去的运动记录，这项研究可以在任何时间进行。除了实用性之外，这种方法有着深刻的哲学推论，它支持时间不过是一种假象的观点。对于大多数物理学家来说，这种冻结时间的方法非常灵验，以至于他们往往忽视它的技巧本质。在将时间从自然描述中排除的过程中，这一方法起到了关键作用，并促使我们思考含时的真实世界与永恒的数学世界之间，到底存在怎样的关联。这一关联至关重要。我想通过一个日常的例子来细细描述，我们可以通过一场接物游戏来管中窥豹。

2010 年 10 月 4 日下午 1 点 15 分，多伦多市高地公园东侧。小说家丹尼与他刚认识的诗人珍妮特正在玩一场接物游戏。他今早刚刚从满是袜子的抽屉中找到一个网球，现在他将球向珍妮特投出。

为了对丹尼的投球过程仔细研究，我们会借鉴第谷和开普勒研究火星的方法。在观测球的运动时，我们会在一系列的时间点上记录球所在的位置。随后，我们通过作图来展示结果。为了做到这一点，我们需要给出一个参照物，用以定义球的相对位置，这里我们选取丹尼本人。我们还需要一口时钟。对伽利略来说,观测快速运动的球是一个不小的挑战。我们会对投出的球进行拍照，然后一帧一帧地研究球所在的位置以及帧所处的时间。通过测量球在一帧中的位置，我们可以得到两个数字，一个用来描述球离地的高度，一个用来描述球到丹尼的水平距离。当然，空间是三维的，我们还需要描述球投掷的方向才能完整地描述球的位置。在此，为了简化问题，我们假设丹尼向南面投球。当我们加入帧所处的时间后，每一帧的信息都对应一个三重数组:(时间 1，高度 1，距离 1)(时间 2，高度 2，距离 2)(时间 3，高度 3，距离 3)……球的轨迹测量结果正是这一系列的三重数组（见图 3-3)。

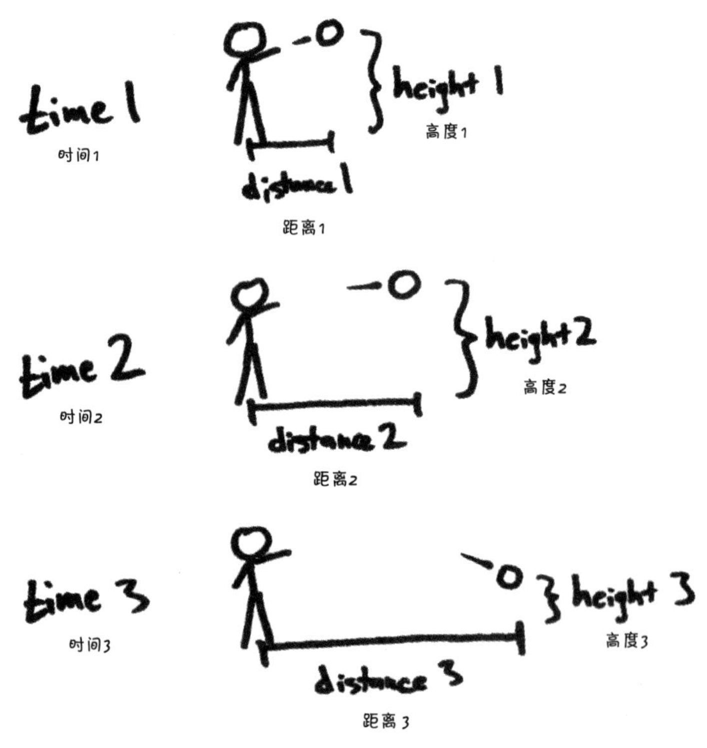

图 3-3　对丹尼投球的测量

以上数据提供了研究运动的重要科学工具，然而它们并不是运动本身，它们只是数字。通过测量沿特定方向运动的球，这些数字被赋予了意义。真实发生的现象与以上数据有着诸多差别，比如，球的很多属性被忽略了，虽然我们记录了球的位置，但球的颜色、重量、形状、大小、材质都没有被记录。更为重要的是，球的运动在时间之中一步步地展开：它只可能发生一次，随后消失于过去。这一运动留下了测量记录，通过这种方式，时间被冻结。

接下来，我们将测量信息图示化。图 3-4 是球在空间中的运动轨迹。我们看到，球划过抛物线，这也印证了伽利略的预言。又一次，我们看到，发生在时间之内的“运动”，通过测量记录变成了冻结于时间的“测量”结果，以及同样冻结于时间的相关图示。

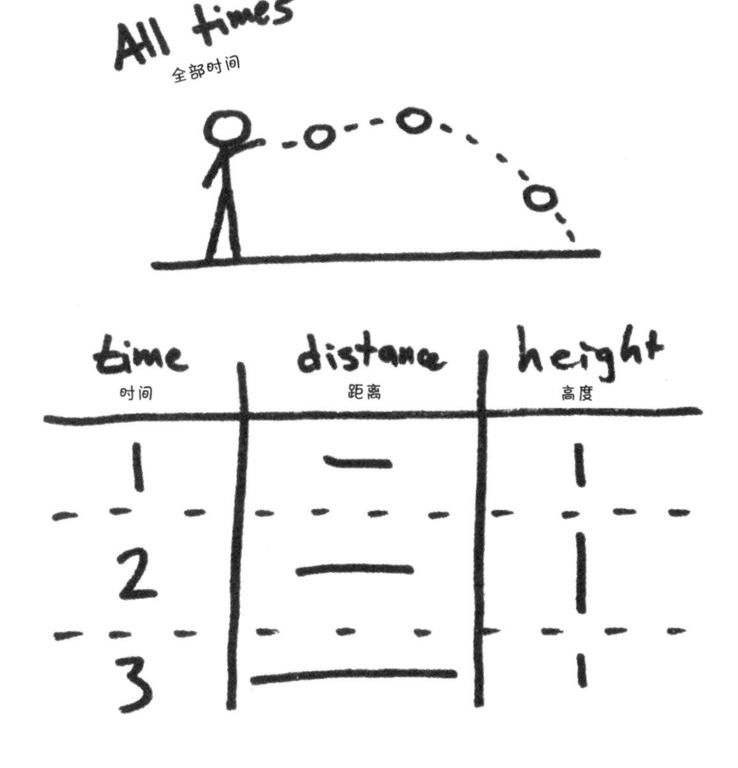

图 3-4　丹尼投球的测量记录及图示

一些哲学家和物理学家认为，这一过程对于我们认识现实的本质有着深刻意义；还有一些人则表示反对——数学仅仅是一种工具，它很有用，却并不意味着我们这个世界在本质上是一个数学世界。我们称以上两种人为“神秘主义者”和“实用主义者”。

实用主义者声称，为了检验运动规律的正确性，我们将运动转换为数表并在数表中寻找模式，这一过程自然而然。但实用主义者也会坚持说，运动的数学表示是曲线，并不意味着运动和它的表示相同。运动在时间中进行，而数学对象不会，这一点极好地说明了两者的不同。

一些物理学家成了像牛顿一样的神秘主义者，他们认为数学曲线比运动本身“更加真实”。一个深层的、永恒的数学世界不仅存在，而且完全不受转瞬即逝的经验的干扰，这一想法对于他们来说极具吸引力。他们臣服于这一想法，将真实与真实的表示合并，将运动与记录运动数据的图像等同。在放逐时间的道路上，这些科学家大步向前。

当我们如图 3-2 一般，将时间作为运动图像的一个坐标轴时，这一混乱更为严重。在图 3-5 中，我们将看到包括了时间信息的掷球轨迹。在图 3-5 中，时间的展示与空间的展示没有什么区别，似乎也是用尺子量出来的，我们称这样的时间为“空间化的时间”（spatializing time）。

我们将时间的数学表示与空间的数学表示统称为“时空”（spacetime）。在时空中，两者的表示有着各自独立的坐标轴。实用主义者坚称，时空并不是真实世界，它仅仅是一个人类发明。在丹尼将球扔给珍妮特的过程中，它不过是测量记录的又一种表示。如果我们将时空误认为真实世界，就会陷入时间空间化的谬论，这是我们将运动记录与时间本身搞混的后果。

如果陷入这一谬论，你会幻想宇宙不随时间改变，宇宙的本质是数学。但实用主义者会说，永恒性以及数学性，这些仅仅是运动记录的表示所具有的属性。它们不是，也不可能是真实运动的属性。确实，称运动“不随时间而变”是荒谬的，因为运动正是一种时间的表达。

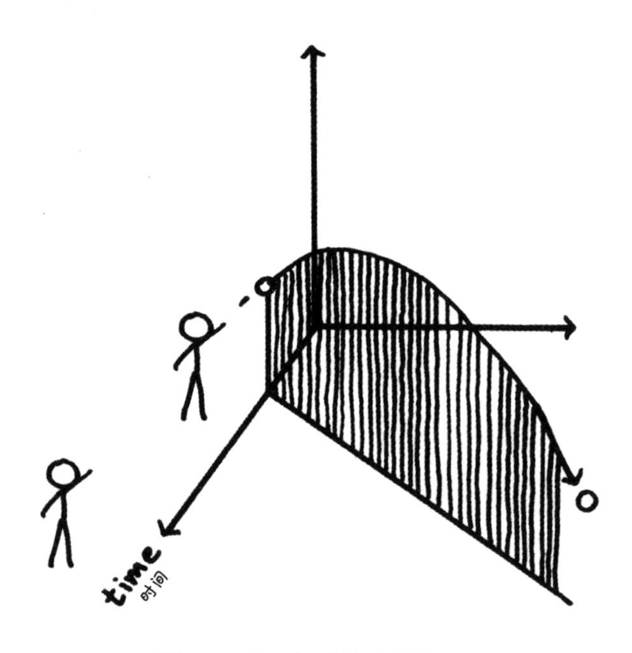

图 3-5　丹尼投球的时空曲线图

宇宙拥有一个任何数学表示都不具有的性质，正因为这一缺陷，数学对象永远不可能提供宇宙历史的完整表示。**在真实的世界中，宇宙总是伴随着时间、伴随着当下。**数学对象不可能拥有这一特点，它们一旦被构建，就不会再随时间而变。[1]

实用主义和神秘主义，这两种观点到底谁对谁错？这一问题的答案将决定未来物理学和宇宙学的发展方向。

00:04

牛顿与盒中物理学

Time Reborn

From the Crisis in Physics
to the Future of the Universe

高中时，我曾出演过大哲学家让 - 保罗 · 萨特（Jean-Paul Sartre）的剧作《禁闭》（*No Exit*，又译《密室》）。我扮演的是约瑟夫 · 加尔桑（Joseph Garcin）。剧中，加尔桑与另外两个女人一起被囚禁在一个小房间里，最后他们都死了。这一作品表现的是“盒中社会”的极端版本。正是因为“这个盒子”的存在，作者可以仔细审视道德选择的种种后果。在话剧的高潮，我一边呼喊着剧中那句有名的台词“他人即地狱”，一边撞向教室的门——门上的玻璃被我撞碎了。碎裂的玻璃划破了我的皮肤，也终结了我的演艺生涯。

如同戏剧一样，音乐表演也会将我们隔离于一个可控的环境中，艺术家得以仔细审视我们的情感变化。年轻时，我曾听过表哥所在的“自杀乐队”在格林威治村美世艺术中心（Mercer Arts Center）地下室中的惊悚表演。歌手锁住了地下室所有的门，用一大段关于无差别杀人的咏叹调催眠观众。车库摇滚经典《96 滴眼泪》（*96 Tears*）被乐手一遍遍地反复吟唱，直至听者麻木。当歌手的气势越来越盛时，一种对幽闭环境的恐惧感在观众中悄然滋生。然而，如同《禁闭》中的角色一样，观众无法从地下室离开。最近，这种刻意创造幽闭恐惧的方法被一些概念艺术家所实践。他们将看起来怎么都不搭的两个人，比如一个科学家和一个艺术家，关在一起 24 小时，并用摄像机记录下期间发生的一切事情。[1]

无论是话剧还是音乐表演，它们的隔离都是假的，因为每个人最终都可以随时离开剧场或者音乐厅。而之所以不这样做，是因为人们期待这个严酷而又狭小的社会环境可以丰富自己的人生体验。从这个意义上来说，少即是多。艺术通过仔细审视个体，以求深入地了解人类的共性。[2] 而要做到这一点，艺术家就要人为地限制环境。

物理学中也会发生这样的事：我们对自然所知的绝大部分，来自我们所做的实验。在实验中，我们人为地划出一条界线，将某个现象与它周遭的环境分隔开来。我们全神贯注于那些最简单的现象，借此深入了解物理学的共性。自伽利略以来，这种专注于宇宙局部的方法帮助物理学不断取得成功，我称这种做物理学研究的方法为“盒中物理学”。这一方法有许多优势，同时也有许多缺陷，而这两个方面，对于驱逐时间以及时间重生都至关重要。

冻结时间，与世界隔离

我们生活在一个瞬息万变的宇宙，所有物质都在不停地运动。笛卡儿、伽利略、开普勒和牛顿做了同样一件事：将世界的一小部分同整个世界隔离，只审视那一小部分世界，并记录其中发生的一切改变。他们告诉我们，如何通过一些简单的图示来展示物体运动的测量记录，图示中的坐标表示物体的位置与时间。通过这一方法，时间被冻结，我们可以在任何时间对这一小部分世界进行研究。

值得注意的是，在将数学运用到物理学系统之前，我们先要将系统进行隔离。在我们的思维中，系统与组成真实宇宙的复杂运动不再联系。如果一直担心宇宙中的万事万物到底是如何影响其他事物的，恐怕我们连一个物体的运动都无法研究。从伽利略到爱因斯坦，再到今日的物理学先驱，他们之所以能推动物理学向前进，正是因为他们懂得如何隔离一个犹如接物游戏般简单的子系统。在隔离成功后，他们才能开始研究球到底是如何运动的。而在真实世界中，一个正在飞的球会被其之外的无数事物影响。在接物游戏的简单描述中，球是被隔离的。这种隔离是对真实世界的粗略近似，尽管这一方法在我们发现物体运动的基本规律的过程中非常富有成效。[3]

近似，是盒中物理学的特色，它使我们得以专注于一小部分变量、一小部分物体或一小部分粒子。近似的关键是，要在宇宙这个大系统中选取出适合的子系统。需要再次强调的是，这么做永远只是一种对复杂多变的真实世界的近似。

一口存在于宇宙之内的时钟

我们可以很轻易地将接物游戏中所运用的方法推广到许多其他物理系统中。为了研究某个系统，我们需要定义这个系统包含什么、不包含什么。我们会假定系统与宇宙的其他部分隔离，这种隔离本身就是一种粗略的近似。事实上，我们永远无法真正把需要研究的系统从宇宙中移除，所以在任何实验中，我们能做的仅仅是减弱外部的影响，而不是完全消除它。在许多实际操作中，在这一点上我们已经做得相当好。这使得孤立系统这一理想化的状态成为有实用价值的思维模型。

我们可以这样部分地给出子系统的定义：它是一张需要被测量的变量列表。在某一瞬间，对这些变量进行测量，我们就可以获取子系统的所有信息。我们称这张变量列表为“系统的位形”（configuration of the system）。系统所有可能位形的集合形成一个抽象空间，我们称之为“位形空间”（the configuration space）。位形空间中的每一个点代表着系统可能处于的一种位形。

位形空间的定义往往始于从宇宙这个大系统中抽离出子系统。因此，位形空间也往往是某个更深层次、更复杂的描述的近似。位形以及对应的位形空间中的表示，都是抽象概念，它们是人类发明的方法，用来帮助我们研究盒中物理学。为了描述一场台球比赛，我们可以选择记录 16 个球在二维桌面上的位置信息。对于每一个球，我们都需要两个数字以确定其具体位置（相对于球桌的长与宽）。所以，定义全部球的位形，需要一个包含 32 个数字的数列。对于每一个需要被测量的数字，我们将其记作位形空间的一个维度。所以对于台球系统来说，它的位形空间共有 32 维。

真实的台球系统要复杂得多。由此看来，将一个台球与一个位置相关联是一种粗略的近似。如果你想要一个对台球比赛更精确的描述，你不仅要记录每个球的位置信息，还要记录组成球的每一个原子的位置信息。这至少需要 10^{24} 个数字，可见，这是一个维度极高的位形空间。这还不是全部。如果确实需要原子层次的描述，我们还要包括球桌中每个原子的位置信息、每个撞击台球的空气粒子的位置信息、室内所有光子的位置信息。当然，我们不能止步于此，我们还要包括对台球施加引力效应的所有地球原子、所有月亮原子、所有太阳原子的位置信息。由此看来，**一切未上升到宇宙层次的系统描述都不过是一种近似。**

子系统中往往不会包括时钟。通过时钟，我们才能知道测量究竟在什么时刻进行。我们总是假设，不论子系统发生什么，时间的流逝总是均匀的，因此我们总是将时钟排除在子系统之外。时钟会为我们提供一个测量子系统运动的标准。

使用系统外的时钟违背了相对时间的要求。系统外的时钟可以测量系统内的变化，但系统内的变化怎么也无法影响系统外的时钟。这是一个容易理解的假设，但这也是一个近似。在这个近似中，我们忽略了系统与包含时钟在内的一切外物的相互作用。

如果将外置时钟的观点推至极端，我们会认为，存在一个宇宙之外的时钟，它可以测量整个宇宙的变化。这将导致一个严重的概念错误，即认为整个宇宙依照一种存在于宇宙之外的绝对时间演化。正因为牛顿幻想他的物理理论能够描述神眼中的世界，因而犯了这样的错误。这一错误此后一直延续，直到爱因斯坦将其纠正。爱因斯坦在相对论的框架内找到了将时钟置于宇宙之内的方法。现在，我们不应该再重复前人的错误。

然而，只要我们不将这一观点推得太过极端，这种图景就是一种很好的近似。亚宇宙系统的演化可以通过外置时钟加以度量。每当我们进行测量时，我们将得到表征那一时刻下系统位形的一组数字。这组数字给定了系统位形空间中的一个点。想象一下，我们连续快速地进行了一系列的测量，从而得到一系列位形空间中的点，这些点集形成了一条穿越位形空间的曲线（见图 4-1，x 表示某一时刻）。这条曲线意味着，我们通过一系列的测量而掌握到的系统的历史。

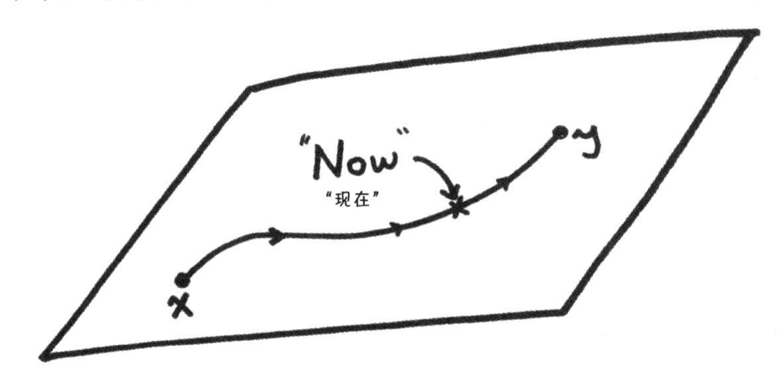

图 4-1　位形空间以及穿越其中的历史线

与丹尼投球的例子一样，时间在这幅图景中消失了，剩下的只是一条穿越位形空间的曲线，这条曲线综合了许多过去事件的测量记录。获取这条穿越位形空间的曲线，就意味着我们将子系统的运动视为一个不随时间变化的数学对象。然而，子系统的运动总是在时间中展开，且仅发生一次。

位形空间是不含时间的，它永远在那儿。当我将它称作“所有可能的位形所构成的空间”时，我其实是在说，我可以在任何时间点，将子系统放入这些可能的位形之中。系统的历史于是从曲线初始端的位形展开。一旦曲线被刻画，它便不再随时间改变。这把我们带回了那个关键问题：时间在系统的表示中消失，到底是在反映自然本质的深层物理，还是说，它不过是我们在做宇宙亚系统近似时意外引入的思维谬误？

牛顿范式

牛顿不仅仅发明了描述运动的方法，还发明了预测运动的方法。伽利略在投球的例子中，告诉了我们球沿抛物线运动。牛顿发明的方法，可以在更多的情形下告诉我们物体运动所遵循的曲线，这便是牛顿的运动三定律。

为了预测球的运动轨迹，我们需要以下三种信息：

- 球的初始位置；
- 球的初始速度（包括速度的大小和方向）；
- 球运动时所受到的外力。

有了以上信息，牛顿运动定律就可以预测球的运动轨迹。我们可以通过计算机程序实现这一过程。将三种信息输入程序，计算机就会给出球接下来要走的轨迹。这就是我们通常所说的牛顿定律的“解”的含义。解，就是一条位形空间中的曲线，它表示了我们准备好系统或者观测到系统之后发生的历史。最初的时刻被称作初始条件，我们通过给出初始位置和初始速度来描述初始条件。之后，牛顿定律开始对系统施加影响，并决定着随后的历史。

每个定律都对应着无数的解。每个解都在描述满足运动定律的某种可能的系统历史。当我们给定对应于某个特定实验的初始条件时，系统历史就被唯一地确定。这样看来，为了预测未来或者解释某种现象，仅仅知道运动定律是不够的，我们还必须知道初始条件。在实验室中，做到后一点很简单，因为我们总是在特定的初始条件下准备实验。

伽利略的自由落体定律告诉我们，丹尼扔出的球会划过一条抛物线。但究竟是哪条抛物线？这个问题的答案由球的出射角度、出射速度和位置决定。也就是说，由球的初始条件来决定。

以上方法适用极广，它可以被应用于所有可以被位形空间描述的系统之中。一旦系统给定，我们需要的三种信息为：

- 系统的初始位形。它对应于位形空间中的一个点；

- 系统的初始速度与方向；
- 系统在随时间的演化中所受到的外力。

给定以上信息，牛顿定律就可以精确预测系统在位形空间中将要走过的曲线。

牛顿发明的这一方法的广泛性和有效性不容低估。它被运用于恒星、行星、卫星、星系、星系团、暗物质、原子、电子、光子、固体、液体、桥梁、摩天大楼、汽车、飞机、人造卫星、火箭等系统中；被运用于单体系统、双体系统、三体系统以及包含 10^{23} 或 10^{60} 个粒子的系统中；还被应用到包括电磁场在内的场中，描述一个场所需的变量数目不再有限，而是无穷（对电磁场来说，需要测量空间中每一点的电场和磁场值与方向）。牛顿的方法可以描述这种系统中的许多力及相互作用。

这套基础的研究方法同样可以被应用于计算机科学；可用于研究“细胞自动机”；而对细胞自动机稍作改变，便可将其应用于量子力学的研究之中。

正是因为这套方法如此富有成效，我们应将其称作范式，我以发明人的名字将其命名：“牛顿范式”。牛顿范式是盒中物理学研究更为规范的名称，其核心构筑于对两个问题的解答：

- 系统可能的位形是什么？
- 施加于每一个系统位形上的外力是什么？

由于我们在一开始就给定可能的系统位形，这些位形可以被称作初始条件。我们称力及其效应所遵循的规则为运动定律，并用方程表示出来。如果我们在这些方程中带入初始条件，那么这些方程将给出系统未来的演化，这一过程被称作解运动方程。运动方程可能有无穷多的解，它们对应于无穷多个可能的初始条件。

需要注意，这套有效的方法基于一些大的假设。首先，位形空间是永恒的。假定通过某种方法，我们可以在时间开始之前就得到系统全部的可能位形。这里，“时间开始之前”指代我们所观察到的系统开始演化之前。这些可能的位形本身并不演化，它们一直存在。其次，力，更广泛地说是系统的运动定律，是永恒的。这些定律不随时间而改变，且可以在我们给出要研究的系统之前就加以给定。

这里，我们学到的教训简单却又惊悚。如果牛顿范式所隐含的假设确确实实在自然界中存在，那么时间就不是必要的，因而可以从我们描述世界的理论中剔除。如果位形空间以及运动定律都能被永恒地给定，那么对于任何系统来说，我们完全无须将其历史视作它们随时间的演化。我们可以将任何系统的全部历史视作位形空间中冻结了的一条曲线，这样的时间观足以用来回答物理学中的所有相关问题。时间，作为当下的串联，是我们日常生活中最核心的体验。但是，在我们描述自然界最为成功的范式之中，它并没有一席之地。

2010 年 10 月 4 日下午的高地公园，丹尼和珍妮特相互扔着网球，网球上留着粉色的电话号码。

我们的思考从观察这个网球开始：从了解它的运动入手，不断深入思考，最终，将其转化为抽象空间中一条无色且永恒的曲线。

00:05

所谓新鲜和意外，从来就不可能被创造

Time Reborn

From the Crisis in Physics
to the Future of the Universe

在研究盒中物理学时，我们广泛地使用了牛顿范式，这一范式成为驱逐时间的关键一步，其结果之一便是决定论。天文学家、数学家皮埃尔-西蒙·拉普拉斯（Pierre-Simon Laplace）曾对决定论给出了非常有名的精确描述：倘若他能获知宇宙中所有原子的精确位置与动量，同时也能获知所有力的精确描述，那么他便可以无限精确地预测出宇宙的全部未来。拉普拉斯的论述说服了许多人，在他们看来，现在完全决定了未来。

不过，拉普拉斯的论述中包含了一个重要的假设，我们可以对其进行推敲。当我们将牛顿范式应用到整个宇宙时，我们试图将所有事物都放入宇宙这个盒子。但是，回想一下盒中物理学，它的出发点是将一个亚宇宙系统从宇宙中抽离。拉普拉斯真能回避这个假设吗？

让我们重新回到高地公园，回到接物游戏这个场景。

现在是 2062 年 8 月 14 日下午 3 点 15 分，丹尼和珍妮特的孙女

劳拉正要将一个飞盘扔给弗朗西斯卡。弗朗西斯卡是比利和罗克珊的女儿，在公园附近长大。正当劳拉扔出飞盘之时，植入在弗朗西斯卡视网膜中的微型手机收到了一条信息。手机的信息提示在她眼中制造了一道闪光，弗朗西斯卡因此分神了。那么，弗朗西斯卡还能接到劳拉的飞盘吗？

如果你相信牛顿范式确实可以描述整个世界，那么你就会相信这个问题的答案早在 2010 年便被注定了。那一年，丹尼将会和珍妮特结婚（当他们玩接物游戏时还完全想象不到这一天）。也注定了这家人将会有一个男孩，注定了这个男孩也会结婚，然后又注定了他们会有一个孙女叫劳拉，注定了他们的孙女也喜欢玩飞盘游戏。你需要相信，现在已经完全决定了未来世界中每一个人的行动、思想以及表情。你还需要相信，所有未来可能出生之人的名单，原则上完全可以被我们确定，尽管目前的科技发展水平还不足以将其实现。

你需要相信，这个问题的答案其实在更早之前就已注定，甚至在千百万年前。尽管两个女孩成长于公园的对角，尽管她们仅仅在 5 分钟之前才相遇，但在那天下午的那个时间点上，劳拉和弗朗西斯卡注定会相遇，并注定要玩一场飞盘游戏。你还需要相信，将微型手机植入视网膜中的技术势不可当，那条信息的发送不可避免，并且就在关键的时刻干扰了弗朗西斯卡。那么，弗朗西斯卡究竟能不能接住飞盘？在信息的闪光发生之前，没有人会知道。但是，如果未来真的早已注定，那么从原则上来说，通过属于现在的一些可观测量，我们完全可以知道这个问题的答案。

物理定律加上初始条件，便能决定未来世界中每一个最为微小的细节，这是一个让人大为吃惊的论断。因为从长远来看，那些最为微小的细节可能会起到关键作用。在每一次成功的受精过程中，只有一颗精子能从一亿个竞争对手中脱颖而出，使卵子受孕。这一过程在人类进化历史上发生过无数次。进行数万亿次亿中挑一的选择，意味着要处理令人胆寒的海量信息。但我们要相信，全部这些信息以及更多其他信息，早已在无数年前的某一时刻被写入宇宙的初始条件之中。而上述所有信息，仅仅是我们这颗小小星球生物圈中的一小部分细节。

我们此前提到，时间在牛顿范式中消失了，决定论正是这一声明的部分体现。一切在过去、现在和未来发生的事物都不过是宇宙位形空间中的一个点，隶属于那条早已被决定的、穿越宇宙位形空间的曲线。**时间的流逝无法带来新鲜和意外，改变不过是对已有事实的排列组合。**

倘若新鲜和意外在这个世界中确有一席之地，那么牛顿范式必然存在着一些纰漏——至少，在我们将其使用范围由亚宇宙系统拓展到整个宇宙的过程中，存在着某个纰漏。牛顿范式的一个局限在于，只有给定初始条件，才能决定未来。那么，又是什么决定了初始条件？在你反复追问为什么事物是这样而不是那样的过程中，你将越来越深地陷入过去。

在回溯过去的过程中，你会发现你的思维空间变得越来越大。你需要考虑一切可能影响丹尼或者珍妮特祖先的事件。如果你想要回溯到 100 万年前，想要看看那些来自不同部落的直立人祖先是否能够发生一场命运的邂逅时，你必须仔细调查地球周遭 200 万光年的空间，并确信在这 200 万光年的空间内不会有威力足以摧毁地球的超新星。如果我们回溯到更远的过去，想要看看地球生命的起源，那么我们就必须要一探更为广阔的可见宇宙空间。

于是乎，我们不可避免地会得出以下结论：如果我们总是追求事物发生的充分条件而非必要条件，那么对于丹尼邂逅珍妮特这件事来说，它的充分条件包含了那些发生在遥远宇宙时空的事件。在回溯事件因果链的过程中，我们迟早会谈及整个宇宙。当试图触及事件的终极原因时，我们会发现自己身处宇宙大爆炸的时刻。

这样看来，丹尼邂逅珍妮特的终极原因就在宇宙大爆炸的初始条件之中。决定论的适用性问题归根结底是一个宇宙学问题。如果想要知道这两人的相遇是不是命中注定，我们需要一个关于整个宇宙的理论。

处处都存在蝴蝶效应

我们讲过，盒中物理学仅适用于亚宇宙系统，而决定论与这个要求严重不符。生活中貌似偶然的事件是否早已由过去完全决定？在回答这一问题之前，我们必须知道理论的适用范围是否能不断扩大，直至涵盖整个宇宙。

在我们生活的这个世界，地球一端的一只蝴蝶拍打一下翅膀，便可能影响地球另一端几个月后的天气。往大了说，初始条件的微小改动可以被指数级地放大，直至产生巨大影响。就是因为这样，盒中物理学不可避免地会使用近似。这些近似包括选择位形空间中的可观测量，以及忽略一切来自盒外系统的影响。

让我们想象一下如何具体操作以上步骤，这并不复杂。对于一个子系统来说，如果你知道构成系统的基本粒子所遵循的所有物理定律，那么你便可以构造一套变量，用以描述这个子系统。变量间的相互作用，便是系统粒子的相互作用。目前为止，粒子物理学标准模型是我们对自然规律及基本粒子最为精准的描述，它属于牛顿范式。标准模型涵盖了自然界中除引力以外的一切，它被实验反复测试，屹立不倒。

那么，我们是否可以将标准模型应用到宇宙的其余部分？想象一下，接物游戏隶属于一个更大的子系统。这个更大的系统不仅包括丹尼的球，还包括那个下午在高地公园的所有人和事物。这个系统可以继续扩大，它可以囊括多伦多的所有人和事物，可以囊括地球内、地球上和地球外数百万公里内的所有事物。这一不断扩张的过程并不影响我们使用相同的物理定律，也就是说，我们可以使用牛顿范式。从小型子系统到大型子系统，我们运用的近似不断在完善，决定论的观点不断在增强。

不过，我们还是遗漏了一些东西。太阳系的边缘，某片“暗云”可能在一年内包裹太阳，某颗彗星可能在10年后擦过地球……这些事件都会影响丹尼和珍妮特未来的婚礼。一些更为细小或更为间接的扰动也会影响两人，例如，报纸上一则有关彗星接近木星的新闻吸引了丹尼的注意力，为此他到公园的时间比原计划迟了一分钟，从而永远错过了珍妮特，而他们本应存在的后人再也不可能存在。在我们的世界中，处处存在此类蝴蝶效应。

我们可以将一个决定论类比于一台计算机。位形空间就像用以存放数据的内存，物理定律就像计算机程序。我们输入信息，运行程序，然后得出结果。一旦给定输入和程序，输出便被完全确定。之后每次我们输入同样的信息时，程序一定能输出同样的信息。但是，这里有一点要注意：给定输入和程序，存在两套完全不同的方法决定输出。

如果我们认为计算机是一台物理装置，那么它会依照物理定律运行。依此观点，输入通过因果链决定输出。输出是物理定律作用于初始条件的结果。整个过程是一个受制于物理定律的因果过程，在时间中进行。因而时间对于整个过程来说不可或缺。

我们还有另一套方法决定输出到底是什么：输入和程序可以通过逻辑链决定输出。这里，输入、输出和程序都是数学对象。或许你可以证明通过对输入和程序进行一系列排列组合，它们的数学结果便是输出。由于不牵涉任何物理过程，逻辑决定不需要时间。任何关于输入和程序决定输出的证明都是一个关于数学对象的事实，包含这些事实的数学世界独立于时间。

这正是牛顿范式移除时间的方法。由于通过一系列逻辑推理，我们完全可以得知输出的结果，所以我们根本不需要运行计算机。具体的逻辑推理步骤并不重要，我们只需知道，计算机在这里是一种推理工具。它可以在因果过程中，利用物理定律进行逻辑推理建模。但是，无穷多个不尽相同的计算机程序或架构完全可能会输出同样的结果。

这里我想强调的是，输出所包含的信息无不来自输入。输出信息不过是依据某种逻辑规则，对输入信息进行重新排列组合。也就是说，所谓新鲜和意外，从来就不可能被创造，因而也不能存在。同样，我们也不需要一些随时间而演化的逻辑关系来再生这些不随时间改变的逻辑推理。任何牛顿范式内的系统都包含以上特征。对于任何这样的系统来说，系统的初态加上物理定律，便足以得出系统的末态。一个系统的位形空间包含着初末态在内的所有位形，它们都是数学对象。一旦我们用数学公式表达物理定律，那么位形随时间的演化便是一个数学事实。我们可以通过数学推理得到末态，更确切地说，这些推理可以被证明是数学定理。由此看来，牛顿范式完成了以下任务：**它将随时间进行的因果过程置换为不随时间进行的逻辑过程。**除此以外，牛顿范式还有一种去除时间的方法。

“倒放”物理定律

显示新鲜和意外是否存在的直观方法之一，是“倒放”物理定律。如果你认为物理定律如同一台计算机一般将初态转换到末态，那么你可以想象这些定律存在一个倒放开关，按一下便可以回溯时间。我们所需要做的便是启动倒放，同时输入系统末态。系统倒放的时间与之前演化的时间相同，唯一不同的是，物理定律的倒放可以将系统由末态变回初态。那些可以将每一个末态变回初态的物理定律，我们称它们具有时间可逆性（time-reversible）。

> 让我们看一个简单的例子：地球自转的同时绕太阳公转。现在让我们反转时间的方向。这会导致地球自转及公转方向的反转，不过牛顿定律允许这样的绕行轨道。如果你将地球运转的短片给外星人看，他们会说（如果他们有物理定律的概念），牛顿运动定律决定着地球运行；当你将同样的短片倒放着给外星人看时，他们也会这么说。他们会认为，两种轨道都遵循牛顿定律。而当你执意让外星

人分出哪个是原始短片、哪个是倒放，他们会莫衷一是。如果你放的是整个太阳系运动的短片，同样的事情还会发生，尽管这一次你包括了八大行星和其他许多天体。

当然，我们看过许多倒放的短片，其中大多数显得搞笑又奇怪。其中的原因，常常并非由于物理定律不允许这些倒放中的运动，而是因为这些倒放的运动发生的可能性太低。以上说法对于包括大量个体（比如原子）的复杂系统是成立的。这里，我们会直面热力学，其中的定律随时间不可逆，我们将在第 16 章和第 17 章对它们进行详细讨论。[1] 在此，我们仅仅考虑两个特别简单的例子。

许多物理定律都具有时间可逆性，比如牛顿力学、广义相对论、量子力学。粒子物理标准模型几乎是时间可逆的，但并非完全时间可逆（弱相互作用随时间不可逆，但这一细节并不是很重要）。如果世界在某个时段按照标准模型演化，那么，当我们将时间反演（time reversal）与另两个附加变化一并进行时，我们将得到被标准模型允许的另一段历史。这两个附加变化是，左右互换以及电荷共轭。整套操作被称为 CPT 变换（C 代表电荷共轭，P 代表宇称，T 代表时间反演），你可以将它视为另一种倒放短片的方法。任何与狭义相对论以及量子力学自洽的物理理论，都会在 CPT 变换下保持不变 。

这些可逆性提供了另一种时间非真的论据。如果自然规律的演化方向可以随意改变，那么，从原则上说，就没有过去与未来的区别。我们感知中的过去与未来大不相同，但依此观点，这不可能是世界的基本性质。**未来和过去的不同要么是一种假象，要么起源于某些非常特殊的初始条件。**

得力于对熵本质的细致研究，路德维希·玻尔兹曼（Ludwig Boltzmann）技压群雄，成功地将原子世界与我们日常生活的宏观世界相连。他曾这样说过："对于宇宙来说，时间的两个方向是无法区分的，就如同空间其实没有上下之别一样。"[2] 如果过去与未来真的只是对同一堆内容的排列组合，如果两者没有实质性区别，那么当下的真实性以及时间流逝的真实性便是无稽之谈。人们往往将物理定律的时间可逆性视作全面驱逐时间道路上的又一步。

我们再走几步，便可将时间从物理学中彻底驱逐。我们的下一步源自爱因斯坦的相对论，它将为时间的非真实性提供最为强大的论据。

00:06

爱因斯坦的相对论与时间“独立”

Time Reborn

From the Crisis in Physics to the Future of the Universe

我9岁那年，父亲将一本特别的书带回我们在曼哈顿上西区的公寓——林肯·巴内特（Lincoln Barnett）写的《宇宙与爱因斯坦博士》（*The Universe and Dr. Einstein*）。这本书对相对论的解释令我们父子深深痴迷。时至今日，我依然可以回想起书中的示意图：那些加速的列车和那些弯曲的星光。这，便是我与物理学的第一次相遇。

16岁那年，一次，我坐地铁去看望我那玩摇滚乐的表哥。乘车途中，我读到了爱因斯坦关于广义相对论的第一篇论文。那时，这些我所能读到的爱因斯坦的开创性论文，往往被人收录于廉价的平装合集中。[1]现在这些论文的待遇似乎还是一样。在阅读这些论文前，我还从未翻阅过任何一本物理教科书。16岁的我尚不知道，我所阅读的文章，最为成功地展示了如何使用清晰透彻的想法表述自然的本质。我非常幸运。爱因斯坦的笔触将我引入了物理世界。这种经历有点

像让一个断奶的婴儿直接享用五星级的法式大餐。此后，如果你再想喂他麦片或者果冻的话，他可能会哭闹个不停。

在此后的物理学学习中，我发现再也没有一个物理理论能在清晰性和优雅性上企及爱因斯坦的相对论：量子力学不及它，量子场论不及它，甚至牛顿力学也不及它。阐释牛顿力学的教科书，往往在给出诸如质量与力等基本概念时便开始循环定义，这些定义难以理解，常常导致逻辑混乱。正是因为我对物理的兴趣源自爱因斯坦，他的治学标准自然而然地成了我的治学标准，他的相对论理论成了我的试金石。对于任何一个有科学素养的怀疑论者来说，相对论的原理再为神圣不过。

然而，正是爱因斯坦的相对论，认为真实的宇宙不随时间变化，时间不过是宇宙披上的一层假象。它为这一论断提供了最为有力的论据——这也正是过去我一直相信时间假象论的主要原因。

爱因斯坦创造了两套相对论：狭义相对论和广义相对论。狭义相对论的世界不包含引力。它的创立基于爱因斯坦在 1905 年“奇迹之年”发表的两篇论文。[2] 10 年之后，广义相对论才被创立。这一次，广义相对论包含了引力。

从本质上说，爱因斯坦的这两套相对论是关于时间的理论。但更确切地说，它们是关于去时间化的理论。在很多人看来，它们以难以理解著称。这并非事实。在我眼中，这两套理论美丽、简洁、非常易懂。确实，第一次接触相对论的人会发现它们违反直觉。这是因为相对论指出了我们脑海深处错误的直觉，将它替换为实验吐露的真知。学习相对论需要经历一个世界观的转变。我们不得不放弃潜意识中某些关于时间的假设。但在此之后，一切都会合乎逻辑地展开。

在这一章中，我将仅仅讨论相对论中有关时间本质的观点与结果。大多数科普读物都会给出大量例证，用以连接爱因斯坦的简单前提假设与相对论违反直觉的种种推论。[3] 这里我将跳过这一步骤，直接给出我认为的再清晰不过的相对论论断。

他正在做什么

让我们先考虑一下狭义相对论的两个基本概念。第一个是同时的相对性（relativity of simultaneity），第二个是块状宇宙（block universe），前者可导出后者。这两个基本概念是将时间驱逐出物理学的重要步骤。

在构建狭义相对论的过程中，爱因斯坦针对时间的本质给出了两个策略。

首先，他抛弃了绝对时间观而接受了相对时间观：时间意味着变化，时间描述的是我们所感知事物之间的相对关系；绝对时间或普适时间并不存在。

其次，爱因斯坦使用了操作主义（operationalism），这一方法出现在爱因斯坦的早期工作中。操作主义认为，只有当我们规定诸如时间之类的物理量的测量方法之后，定义那个物理量才有意义。如果你想定义时间，就必须要描述你理论中所使用的时钟以及时钟的运行方式。站在操作主义的角度看科学，我们不应该问某物是否真实，而要问它能否被观测者观测。宇宙中观测者的情况必须被理论涵盖，比如，观测者身处何处、他是否运动。这样，你可以询问这些观测者是否对某一问题有着一致的答案。爱因斯坦的许多有趣发现往往起源于观测者们对同样的问题得出了不同的答案。

现实又是什么呢？物理学家们难道不应该更关心事物的真实性，而非它能不能被观测到？这些指责并不为过。操作主义者都相信真实世界的存在，但他们同时也相信，探求真实世界的唯一途径是探索可观测的世界。所谓客观地判断某一事物是否真实，就是需要所有观测者对此问题达成一致。

爱因斯坦的狭义相对论对于时间的一大发现就是同时的相对性。“同时”是指两个异地事件是否在某一个时间点上同时发生。爱因斯坦发现，任何有关同时性的问题都存在模棱两可的答案。如果两个事件隔着某段距离，那么以不同方式运动的观测者将就两个事件是否同时发生，得出完全不同的答案。

身处多伦多的一位女士从梦中醒来，开始惦念她身处新加坡的恋人现在正在做着什么。以上场景对我们来说自然而然。类似地，我们似乎也可以想象，冥王星上正在发生着什么、仙女座星系的某颗行星上正在发生着什么，或更进一步，宇宙的另一端正在发生着什么。这些基于我们直觉的问题被爱因斯坦证明是没有意义的。相对运动的两个观测者会对相隔遥远的事件的同时性，得出不一样的答案。

同时的相对性基于一些假设，其一是光速不变。对任意两个以任意速度相对运动的观测者来说，他们对光子速度的测量结果一致。我们还可以假设，任何物体的运动速度都不能超过光速。[4] 在这一假设下，一个事件能影响另一事件只有在以下条件下才可能成立：信号由前一事件发出，以小于或等于光速的速度运行，并抵达后一事件。如果以上条件发生，我们说两个事件存在因果关系，前者是因，后者是果。

几秒钟前，他在做什么

另一种情况也可能发生。两个事件空间间隔太远、时间间隔太短，一个事件发出的信号尚未到达另一事件。在这种情况下，一个事件无法引发另一事件，我们称这两件事不存在因果联系。爱因斯坦指出，在这种情况下，你无法判断两件事是否同时发生，抑或是有先有后。两种答案都有可能对。它们的对错取决于自带时钟的观测者的运动。对于有因果联系的事件来说，观测者们必须就事件之间的因果联系达成一致，这样物理学才不会因为原因的随意选取而变得不合理。但对于没有因果联系的事件来说，观测者们不需要就两件事的前后统一意见，因为它们无论如何也不可能相互影响。此时，爱因斯坦的狭义相对论允许观测者们各说各话。

这样看来，对于那位身处多伦多的女士来说，惦念她身处新加坡的爱人现在在做什么，是一个不合理的问题。[5] 对她来说，合理的问题是思考他几秒钟前在做什么。这几秒钟内，他发送了她正在阅读的短信。发送短信和阅读短信是存在因果联系的两个事件。所有的观测者都会同意，她正在发出的回复将改变他的生活。这一改变会发生在一分钟后他阅读回复的时候。

除了假设存在一个所有观测者都能同意的速度上限，狭义相对论还依赖于另一假设，即相对性原理（principle of relativity）本身。相对性原理指出，除光速以外的所有速度都是相对量。哪个观测者处于静止状态，哪个观测者处于运动状态，我们完全无法分辨。假设两个观测者以相同的速度相互靠近，那么依据相对性原理，两人都可以声称自己才是静止的，而对方正在以全速接近。

因此，如果观测者们就诸如两件异地事件是否同时发生之类的问题各执一词，那么这个问题便没有真正的正确答案。因此，同时性并不客观真实，“现在”并不真实，同时的相对性对时间的真实性造成了巨大的打击。

一幅不含时间的宇宙图景

观测者众口一词的诸多事实构成了所谓的“因果结构”。让我们从宇宙历史中选取两个事件，X 与 Y。那么以下三个论断必有一个为真：X 引发了 Y，Y 引发了 X，X 与 Y 之间没有因果联系。所有观测者都会从以上因果联系选项中得出相同的答案。因果结构就是这样一张关于宇宙中所有事件之间相互关系的列表。因此你可以说，宇宙历史中包含的因果结构一定是真实存在的。

因果结构是一幅没有时间的图景，整个宇宙的历史被视为一个整体。这幅图景不偏好任何一个瞬间，不参照现在所处的时间、不参照对应于当下的任何事物。“未来”、“过去”与“现在”在这幅图景中变得毫无意义。

如果你严格依照狭义相对论一步步地将观测者视野中的所有事物移除，那么最终留下的就是因果结构。如果理论正确的话，这一余留将对应于世界的物理现实，因为我们已经移除了所有取决于观测者的成分。因此，假设狭义相对论真的是世界最本质的规律，那么我们的宇宙就独立于时间。这里，独立于时间有两层含义：一是我们所体验的当下，不对应于任何事物；二是关于宇宙最深层次的理论必然会将宇宙的全部因果历史视作一个整体。

我们通过因果结构给出了宇宙的全部历史。这一图景现实化了莱布尼茨梦想中的宇宙：宇宙的时间完全取决于事件之间的相互关系。事件之间的相互关系，特别是事件之间的因果关系，是与时间相对应的唯一真实。

严格说来，除了因果结构之外，还存在另一种信息，所有观测者对之将毫无异议。想象一个真实的时钟，在空间中自由漂浮的同时，时针在一秒一秒地走动。正午时，时钟敲了一下，一分钟后，时钟又敲了一下。可以想象这两个事件间存在着因果联系。两个事件之间，时针走过了 60 格。对于时针走过的这个格数，所有观测者都会一致认同，不管它们是否相对运动。这个格数被称为原时（proper time）。[6]

我们将宇宙的全部历史视为一个整体系统，系统中的事件因果相连，这样的图景被称为块状宇宙。这个特别的名字暗示着真实的宇宙是将所有历史作为一个整块的宇宙，它如同一整块的石头，坚硬、持久、可被雕琢。

块状宇宙滥觞于伽利略和笛卡儿，在他们眼中，时间不过是另一维空间。块状宇宙观将整个宇宙的历史视作一个数学对象，正如我们在第 1 章中提到的那样。数学对象独立于时间。如果你认为这样的宇宙就是真实客观的宇宙，那你就是在声称，宇宙在最基本的层次上独立于时间。在爱因斯坦的狭义相对论中，块状宇宙观是我们驱逐时间所进行的第二个步骤。

块状宇宙观结合了空间与时间。三维空间和第四维度时间合在一起，形成了时空图景（见图 6-1）。我们将某时某处发生的某一事件，标记为时空中的一个点。我们将一个粒子的运动历史标记为时空中的一条曲线，这条曲线被称作“世界线”（world line）。由此，时间被完全归入几何的范畴。我们将此称作时间的空间化或几何化。物理定理随之以几何的形式加以呈现，比如，自由粒子的时空世界线即为直线。假定粒子是光子的话，它的运动可以用 45° 角的直线加以呈现（45° 角是因为我们用时间来丈量空间，具体来说用光年作为距离单位）。其他普通粒子的速度会小于光速，因此它们的世界线会变得更陡。

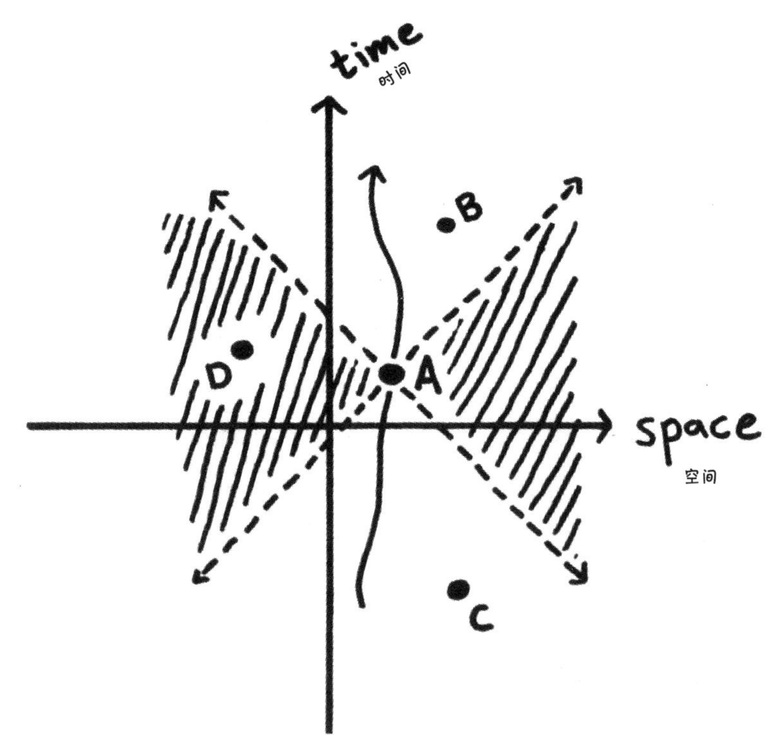

B 处于 *A* 的将来；*C* 处于 *A* 的过去；*D* 与 *A* 之间不存在因果联系

图 6-1　块状宇宙图景中的时空 ①

这套优雅的狭义相对论几何表示，由德国数学家赫尔曼·闵可夫斯基（Hermann Minkowski）于 1909 年发明，闵可夫斯基曾是爱因斯坦的数学老师。在这套表示中，狭义相对论所描述的各个关于运动的物理事实，都被呈现为时空的几何性质。现在，我们称闵可夫斯基的这套发明为“闵可夫斯基时空”，这是去时间化过程中的决定性步骤。它使人们相信，与时间息息相关的一切运动都可以被表示为不含时间的几何定律。20 世纪上半叶最伟大的数学家赫尔

① 此处，时空由一维时间和一维空间构成。我们选择了特别的单位时间及单位空间，在这种选择下，光线沿 45° 角前进。借此，我们可以直观地从几何中看出因果结构：如果两个事件可以被一条大于等于 45° 角的直线相连，那么它们之间就可能存在因果联系。图中我们还展示了一个粒子的世界线，这条世界线从过去划向将来，中途经过了事件 *A*。穿过 *A* 的两条虚线代表了经过 *A* 的两条光线。图中阴影区域内的事件不可能与 *A* 发生因果联系。

曼·外尔（Hermann Weyl）这样谈道：“简单地说，客观世界从未存在过。只有当我的意识开始凝望、我的身体沿着世界线蜷曲向上时，世界的某个片段方才获得生命，它们随时间不断变化，是空间中转瞬即逝的图像。”[7]

为了展示块状宇宙图景的强大力量，让我们看一下哲学家们给出的一个小小论证，这一论证仅需要使用同时的相对性。让我们暂时先同意现在是真实的。我们可能无法确信未来或者过去的真实性（事实上，这段论证就是为了要知道过去和未来到底有几分真实），我们对于现在的真实性基本毋庸置疑。许多事件组成了现实，所有这些事件都同等真实。我们不知道发生于未来的两件事是否都是真实的，但至少我们能够同意，如果两件事发生于同一时间，那么无论这是现在、过去还是未来，它们的真实程度都一样。

如果我们信奉操作主义，那么我们就该细究观测者到底看到了什么。我们会断言，如果两件事同等真实，那么它们在某个观测者眼中一定同时发生。我们还要假设，同等真实具有传递性。也就是说，如果 A 与 B 同等真实，B 与 C 同等真实，那么 A 与 C 必然同等真实。接下来的论证会使用以下事实：“现在”在狭义相对论中因观测者的不同而异。任选宇宙历史中两个因果相连的事件，A 与 B。那么如图 6-2 所示，这两个事件之外的事件 X 具有如下性质：在观测者玛丽亚眼中，A 与 X 同时发生；可在观测者弗雷迪看来，X 与 B 同时发生。

为了理解为什么 X 必然存在，我们需要知道同时性不仅是相对的，而且是最为相对的。对此我们可以作如下理解。爱因斯坦基本概念的推论之一，便是对于某个观测者来说同时发生的两个事件,在其他观测者看来可能因果无关。换个角度，如果两个事件之间因果无关，总会有一些观测者会看到它们同时发生。因此，从因果律的角度来说，同时性最为相对。

如果事件 B 处于事件 A 的遥远未来，那么事件 X 需要与两者远远相隔，直至不可能有光信号从 A 传到 X，或由 X 传到 B。闵可夫斯基的宇宙是无穷大的，放置这样的遥远相隔事件不成问题。[8]

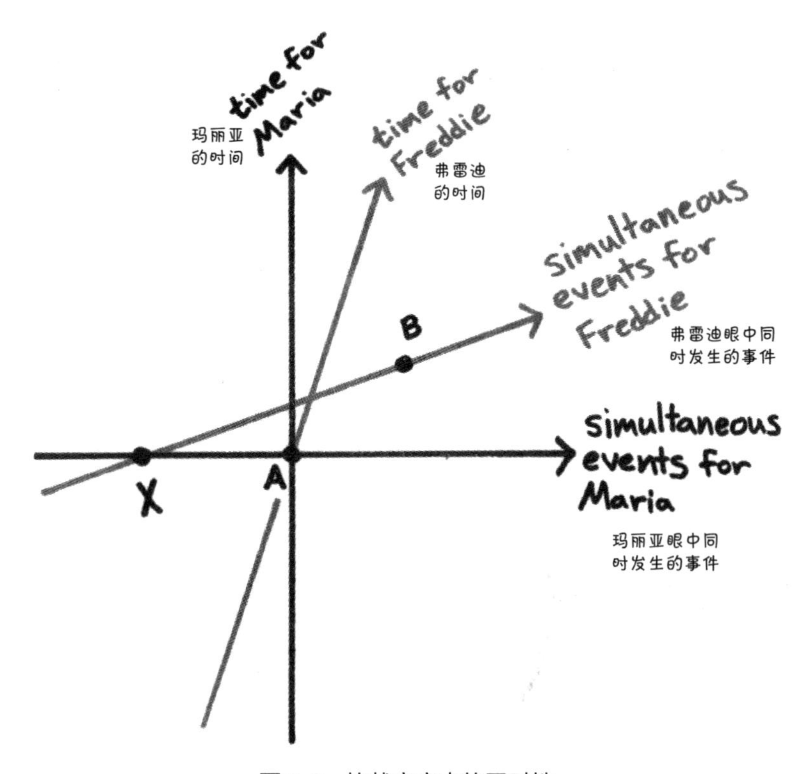

图 6-2　块状宇宙中的同时性

任意给出两个有因果联系的事件 *A* 与 *B*，总是存在一个特殊的事件 *X*。在一个观测者看来，*X* 与 *A* 同时发生；在另一个观测者看来，*X* 与 *B* 同时发生。

让我们开始推理：依据前文，*A* 与 *X* 同样真实，*B* 与 *X* 同样真实，于是 *A* 与 *B* 同样真实。但 *A* 与 *B* 是宇宙历史中因果相关的两个事件。因此，当我们假定宇宙中的某一事件是真实的，它的真实性就会散播到所有其他事件中。因此，现在、过去与未来没有什么差别。宇宙中的所有事件作为一个整体，都是真实事件。所以我们得出结论，世界的真实性在于把它的所有历史视作一体，时间中的时时刻刻不具有真实性，时间的流逝也不具有真实性。

你只需假设现在是真实的

上述便是块状宇宙观的强大之处。要领悟这一点，你只需假设，只有现

在是真实的。随后的论证将迫使你接受，未来和过去同现在一样真实。但是，如果现在、过去和未来在真实性上不可区分，比如地球的形成、我曾曾孙女的出生，与此时此刻我的写作同等真实，那么现在便不再具有唯一的真实性。所谓的真实，存在于宇宙的整段历史。

当代杰出的哲学家希拉里·普特南（Hilary Putnam）对以上论证作出了这样的评价：

> 我认为，存在于真实性和未来决定论中的难题，现在终于得以解决。可惜，我们通过物理学解决了这一难题，而不是哲学……事实上，我认为关于时间的哲学难题都不复存在了。有待我们解决的，是一个物理学问题，即确定我们所处四维连续体上所含的准确几何。[9]

块状宇宙观的另一名称是“永恒主义”（eternalism）。围绕它的来龙去脉，当代哲学家已经写下了大量著作。其中一个被广泛讨论的问题是：块状宇宙观是否与我们日常所说的时间相容？哲学家和普通人都会使用诸如“现在”、“过去”和“未来”之类的词汇。如果确实需要将世界的全部历史作为一个整体，那么这些词汇还有没有意义？如果“现在”不比其他任何时刻更真实，那当我们说“我现在正在穿越英吉利海底隧道的火车上”时，到底又是何意？

一种名为“相容论”（compatibilism）的观点认为，日常语言中使用“现在”“明天”之类的词汇完全没有问题，前提是我们需要将它们视作某种视角。这些视角使得我们直接获取永恒真实世界的某些事实，同时使得其他事实难以获取。当我们谈论“这里”“那里”的时候，我们相信远处的事物同近处的事物同样真实。类似地，一些哲学家认为“现在”和“未来”较之“这里”和“那里”，并没有多少不同：**这些词汇都用于指代某种影响你观察的视角，却并不真正影响事物的真实性。**当我使用“现在”时，我并不是在暗示“现在”有多么特别，我只是用这个词描述我的视角，我与我的听众将共享这个名为“现在”的视角。这样的隐性参照总在发生，而这正是我想用“现在”表达的意思。

相容论非常棒，但它有个大前提，即块状宇宙是自然的正确描述。有些哲学家对此表示了怀疑。约翰·卢卡斯（John R. Lucas）写道：“块状宇宙论的时间观极为肤浅。它无法描述时间的流逝、现在的卓尔不群、时间的方向性，以及未来与过去之间的区别。”[10]

这正是本书致力于解决的争论。我不会按照哲学家喜欢的思路解决这一问题，这些思路往往纠缠于语言学分析。相反，我将考虑正反两方所依据的种种物理假设。其中一条是，狭义相对论是否适用于宇宙的全部历史。答案是否定的，因为狭义相对论并没有包含所有的物理现象，特别值得注意的是，它不包含引力。将引力包含到相对论之中是个极难的问题，解决这一问题有赖于发明一个更深层次的理论，这便是广义相对论。为了它，爱因斯坦足足耗费了10年的心血。

然而，爱因斯坦的广义相对论包含了狭义相对论那些充满哲学意味的特征。同时的相对性依然正确，更确切地说，得到了扩展。这样看来，之前我给出的种种哲学论证，在广义相对论中依然成立，我们会得出同样的结论：作为一个整体宇宙的全部历史，是这个世界唯一的真实。

同样，在广义相对论中，所有独立于观测者的信息都被因果结构和原时囊括。如果我们确实在广义相对论的框架下展示整个宇宙的全部历史，那么最终，我们依然会得到块状宇宙图景。

广义相对论不但继承了狭义相对论中论证时间非真时所需的种种特征，还为这一论证增添了新的论据。首先，我们有多种方法将时空划分为时间和空间（见图6-3）。你可以通过散布于宇宙之中的时钟网络定义时间，但网络中的时钟各自为政——它们在不同的地方以不同的速率走动。每个钟都可能走快，抑或走慢，我们将这一特点称作广义相对论时间的多指性（many-fingered）。其次，时空中空间的几何变得十分驳杂，不再简单、规整，比如从平面或球面变为各种曲面；同时，其几何形态变得更为动态。被称作“引力波”的波纹，可以穿过几何化的时空；黑洞可以形成、运动，相互绕行成为双星系统。世界的位形空间不再由粒子在空间中的位置决定，还由空间自身的几何决定。

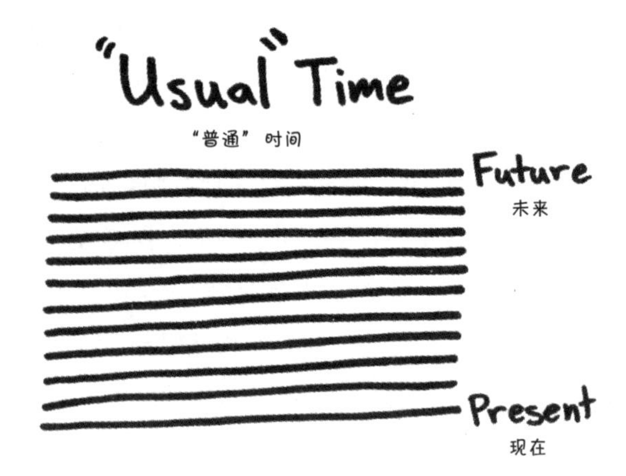

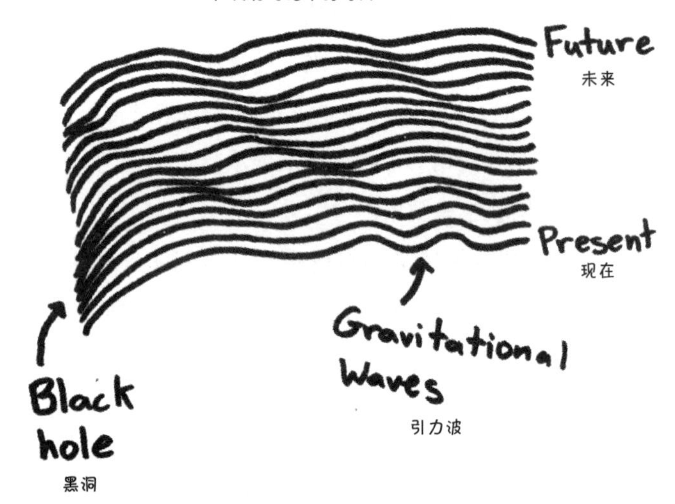

图 6-3 “普通”时间与广义相对论时间的对比

通常我们认为，时间在世界各处以相同的速率流逝。在这种假设下，我们就会看到上图所示的情景：等时面均匀分布。在广义相对论中，每一处的时间均由该处的时钟度量，只要等时面之间不存在因果关系，这些时钟便能以任意速率相对于其他时钟运行，即这样的时间具有多指性，下图展现了这一情景。

空间的几何或是时空的几何，又和引力有什么联系？在所有科学理论中，广义相对论的根基最为简单，即下落是一种自然状态。

什么是自然运动？物理学中的各种革命都可被视作对这一问题的重新思考。这里“自然”指的是运动状态不言自明、无须解释。对亚里士多德来说，自然运动状态指的是物体相对于地球中心静止，除此之外的所有运动皆不自然，因此需要解释。比如，外力作用使得物体开始运动并一直运动下去。对伽利略和牛顿来说，自然运动状态指的是物体沿直线匀速前进。只有当物体速度的大小或方向发生改变时，即物体具有加速度时，我们才需要引入外力。如果你搭乘火车或飞机出行，只要这些交通工具不加速，你便察觉不到它们的运动。

或许你会问，如果所有的运动都是相对的，那么火车或飞机到底在相对什么加速呢？这是个很好的问题。答案是它们相对于不加速的观测者加速。等一下，这不就成了循环论证吗？倘若我们有这样一大群观测者，都感觉不到自身的运动，他们相对运动的速度大小和方向均恒定，那么我们便可以摆脱循环论证。我们称这些观测者为惯性系观测者（inertial obervers）。牛顿力学定律专门为他们而定义。从这个角度来看，牛顿第一定律其实在说，一个自由运动（不受外力作用）的粒子在惯性系观测者看来，总是在匀速运动。

顺带一提，这也显示出太阳或地球是否运动这个问题的重要性。当地球绕日运转时，在所有惯性系观测者看来，地球运动的方向在不断改变。这体现了加速度，而加速度的出现必然要求我们提供解释，问题的答案就是地球受到了来自太阳的引力作用。

对于牛顿来说，引力同其他力并无差别，但爱因斯坦认识到了引力产生的运动所具有的特殊性。这一特殊性在于，无论物体的质量或其他特性，所有下落的物体均以同样的加速度下落。这是牛顿定律的一个推论。物体所受到的加速度常常与物体的质量成反比。然而，在牛顿的引力理论中，引力的大小与物体的质量成正比。我们将两者合在一起，质量的正比反比相消，最终引力所产生的加速度与物体的质量无关，因而所有的物体均以相同的加速度下落。

下落的自然性被爱因斯坦敏锐地捕捉并归入他的等价原理（equivalence

principle）中。等价原理是爱因斯坦所有工作中最为精彩的理论，也是古往今来一切物理工作中最为精彩的理论。等价原理指出，当你下落时，你感觉不到自己在运动。人在下落电梯中的感受与人在外太空中自由漂浮的感受完全一致。当我们不再下落时，我们才会感受到“引力”的存在。我们站着或坐着时感受的力其实并不是引力，而是地板或椅子的支持力，正是支持力阻止了我们的下落。现在我正坐在书桌旁，这其实是一种不自然的运动状态。

以上洞见正是爱因斯坦过人智慧的体现。他的智慧并不在于最终成型的相对论所包含的复杂数学结构，这些都是大部分物理系或数学系学生能够轻易掌握的细节；他的智慧在于独辟蹊径，针对一个极为简单的日常体验，成功地将人们的传统观念彻底改变。

弯曲的时空

在爱因斯坦之前，人们简单地认为，引力时刻在把我们往下拽。爱因斯坦认为这是不对的。我们时刻感受到的其实是地板在把我们向上推。爱因斯坦从这个最为简单又最为现实的想法出发，在他的数学家朋友马塞尔·格罗斯曼（Marcel Grossmann）的帮助下，将这一想法转换为描述几何化世界的假说。这一假说基于一个简单操作，操作的对象正是最为简单的几何概念——直线。

在高中几何课里，直线被定义为两点之间的最短路径。这一定义适用于平面，但并不适用于曲面。想象一个球面，比如地球的表面。或许你会认为球面是弯曲的，因此球面上不可能有任何直线存在。但是，我们依然可以找到曲面上两点间的最短路径，这样的曲线可被视作曲面上的直线，我们称之为“测地线”（geodesics）。在平直空间中，测地线就是直线；在球面上，测地线是大圆弧。穿行于城市间的飞机沿大圆弧飞行，所飞的飞行距离最短。[11]

如果物体在引力场中的自然运动是下落，那么下落对应的轨迹将会是直线的延拓。毕竟在牛顿力学中，物体不受外力时的自然运动轨迹就是直线。可现在我们面临一个选择，自由粒子在空间中沿直线运动，自由粒子在闵可夫斯基时空中也沿直线运动。**那么，我们究竟要用空间的弯曲来描述引力，还是该**

用时空的弯曲来描述引力呢?

从块状宇宙观出发，答案再清楚不过：一定是时空的弯曲。这个判断基于时空的相对性，不同观测者对两个事件是否同时持有不同的意见。如果我们选择空间的弯曲，那么对于这一弯曲的描述注定无法简洁、客观、独立于观测者。

爱因斯坦选择了通过时空的弯曲来实现等价原理。他的想法如下：

> 引力效应通过时空的曲率传递给物体。当物体在引力场中下落时，它总是会走测地线。自由下落的物体会坠至地面，这不是因为它们直接受到了某个力，而是因为时空被地球所弯曲，弯曲后的测地线径直通过地心。行星围绕太阳运动，并不是太阳直接向行星施加了什么力，而是因为太阳的巨大质量弯曲了四周的时空几何，弯曲后的测地线是环绕太阳的。

这便是爱因斯坦将引力诠释为时空几何的方法。通过影响物体运动的测地线，几何影响了物质。不过，爱因斯坦广义相对论的出神入化还在于另一点，这种影响是双向的。爱因斯坦设想质量可以弯曲几何时空，测地线会向着物体加速。为了实现这些想法，爱因斯坦列出了一系列方程。依据这些方程，时空的弯曲恰恰模仿了引力的影响。

这些方程给出了许多预言，这些预言被一系列高精度的观测一一确认。这些方程预测，宇宙作为一个整体在不断膨胀。它们同时也预测，行星绕日运动的轨道或月亮绕地运动的轨道，与牛顿力学的预言略有不同，这些不同已经被我们观测到。这些方程还预测，存在这样一些致密的天体，它们周围的空间非常扭曲，以至于光都无法逃逸——这些天体就是黑洞。黑洞质量可以高至百万个恒星质量，绝大多数星系的中心都栖息着这样一种庞然大物。

或许广义相对论最为著名的预言是，几何时空可以因穿行其中的引力波而发生抖动，这很像池塘的水面。当有波穿过时，几何空间开始上下振动。巨大星体运动的快速变化将会引发引力波，比如两个相互绕行的中子星。引力波承载着这些激烈的事件，将它们的图像散布于宇宙。探测这些图像是当今科学探索的前沿，人们相信它将打开天文学观测的新视野。通过引力波，我们可以观测超新星的坍缩、大爆炸的初始时刻，甚至可能看到大爆炸之前的宇宙。

我们已经通过间接测量发现了引力波。当两颗中子星急速互相绕行时，它们产生的引力波将带走系统的一部分能量，这会造成它们更近距离的绕行。我们已经观测到这种螺旋式绕行运动。观测结果与广义相对论的预测在非常高的精度上相符。

时空大变革

借由广义相对论，爱因斯坦发动了一场对时间和空间概念的大变革。

在牛顿力学中，空间的几何是固定而不变的。理论假设空间的几何是三维欧氏的。这里我们可以看到，牛顿力学中的空间和物质是多么不对等：空间可以“命令”物体如何运动，但空间本身永远不变，二者从不互动。物体如何运动、运动与否对空间毫无影响。甚至可以说，即使世界空无一物，空间依然还是那样。

在广义相对论中，这种不对等得到了修正：空间变得动态了。物质影响着几何的改变，几何影响着物质的运动。几何变成了诸如电磁场之类的物理概念。这样看来，描述时空动力学的爱因斯坦方程和其他物理方程别无二致：它们都被用以描述物理学现象的性质，以及它们之间的相互关系。

如果广义相对论中时空的几何被永久性地固定，我们就会说其时间和空间是绝对的。这同牛顿提出的绝对空间和永恒时间仅存在细微的差别。而动态的几何、几何和物质分布间的相互影响，正是莱布尼茨相对时间和相对空间理论的具体实现。

在理论化相对时间和相对空间的过程中，爱因斯坦受到了奥地利物理学家、生理学家、哲学家恩斯特·马赫（Ernst Mach）的指引。马赫提出了我们现在所称的“马赫原理”（Mach’s principle）。这一原理声称，只有相对运动才是物理的。我们之所以因为旋转而感觉晕眩，一定是因为我们相对着遥远星系在旋转；当我们静止不动，换成整个宇宙围绕我们旋转时，我们会感受到同样的晕眩。

以上是广义相对论比较激进的地方，但这个理论还是有保守的一面，它依然隶属于牛顿范式。所有可能的几何位形和物质位形，加在一起形成了一个更大的位形空间。给定初始条件，爱因斯坦方程决定了时空几何的未来，也决定了时空中的物质、辐射等一切事物的未来。

在广义相对论中，时空的整段历史仍然通过数学对象加以表示。诚然，广义相对论中的时空所对应的数学对象，比牛顿力学的三维欧氏空间要复杂得多。然而在块状宇宙看来，它们依然存在于时间之外，没有过去或未来的区别，对我们认识当下完全不起作用。

在打击时间的物理性上，广义相对论还有最后一击。认为时间真实、基础的观点往往暗示时间不能有起点。如果时间有起点，那么这一起点一定能被时间之外的某个概念加以解释。如果时间确实可以被某种独立于时间的概念加以解释，那么时间就不是基本的，它可能由更为基本的概念演生而来。现实是，在所有成功描述宇宙的广义相对论方程解中，时间总是有起点。

1916 年，在广义相对论发表还不到一年的时候，爱因斯坦开始将它应用于整个宇宙。他想象中的宇宙是球壳般有限却没有边界的。这是影响深远的一步：第一次有人将整个宇宙视作有限、自给自足的系统。宇宙就只有这么大，没有任何办法到外面去；"宇宙之外"毫无意义。

为了使宇宙封闭，爱因斯坦假设任何用于测量时间的时钟都在系统之内。他之所以能做到这一点，归因于广义相对论的一个新特征，即我们可以随意选取时钟测量时间、随意选取尺子测量空间。无论对时间和空间的测量是多么混乱，广义相对论方程依然运作良好。由此，我们不再需要通过系统外的特别时钟测量时间。[12] 将选取系统外时钟的必要性取消，意味着广义相对论朝着相对关系理论的方向前进了一大步，但它依然基于牛顿范式。具体来说，它可以被描述为，不随时间而变的物理定律作用于不随时间而变的位形空间。

起初，爱因斯坦在寻求一个有限空间且永恒不变的宇宙模型。我一直认为在原创性上，爱因斯坦在物理学家中无出其右。可这里，他的想象力却稍显匮乏：在他的设想中，宇宙静止且永恒。爱因斯坦并未考虑其他可能性，永恒静止的宇宙存在一个问题。万有引力使得物质相互吸引，最终将它们聚在一块。这意味着，如果引力作用于整个宇宙，就会导致宇宙的收缩。假设宇宙在膨胀，引力将使得膨胀变慢；假设宇宙既不收缩也不膨胀，引力会使它开始收缩。由此，爱因斯坦本应该这样预测：随着时间流逝，宇宙要么膨胀要么收缩。但是，爱因斯坦希望寻求一个静态宇宙，为此他修改了广义相对论。这导致了一个意料之外的发现，这一发现直到最近才被实验所确认。

为了平衡引力导致的收缩，爱因斯坦在公式中加入了一个新的项，以使宇宙可以膨胀。这一项包含一个新的自然常数，用以表征真空中的能量密度，爱因斯坦称之为宇宙学常数（cosmological constant）。最近对宇宙加速膨胀的观测有力地支持了宇宙学常数的存在。对于宇宙加速膨胀的成因，一个更为一般性的名字是暗能量（dark energy），当暗能量在宇宙的任何地方、任何时间均为常数时，它就能被描述为爱因斯坦的宇宙学常数。目前为止的观测与常数假设相符，不过许多宇宙学理论都要求，暗能量最终要有一些改变。

我认为爱因斯坦并没有预见到他的常数有朝一日能够被实验观测，可它确实被观测到了。宇宙学常数的实测结果非常非常小——这引发了巨大的结果。宇宙学常数极小，你需要将它在宇宙各处的效应相互叠加。这使得宇宙受制于两种截然相反的力：物质的引力使得宇宙收缩，宇宙学常数使得宇宙加速膨胀。

在爱因斯坦的静态宇宙中，这两种力相互平衡。但还有一个问题：这种平衡并不稳定。对静态宇宙稍作扰动，它就立即会开始永远的收缩或永远的膨胀。宇宙拥有大量运动着的恒星、黑洞、引力波，它们都可以对宇宙产生足够多的扰动。想要长时间使宇宙处于静态，并不可能。

从以上讨论中，我们得出一个令人震惊的结论：宇宙一定拥有历史，它可以膨胀、可以收缩，但不会永远静止不变。20 世纪 20 年代，多位天文学家和物理学家发现了广义相对论方程的其他解，这些解对应于膨胀的宇宙。极为幸运的是，天文学家爱德文·哈勃（Edwin Hubble）在1927年发现了宇宙膨胀的证据——宇宙膨胀意味着宇宙一定有一个起点。事实上，任何膨胀宇宙模型都预言了宇宙的原初时刻。

这些解最早由亚历山大·弗里德曼（Alexander Friedmann）、罗伯逊（H. P. Robertson）、阿瑟·沃克（Arthur Walker）和乔治·勒梅特（Georges Lemaître）提出，因此我们称之为FRWL宇宙模型。FRWL宇宙模型非常简单，它假设宇宙处处相同，具体来说是假设宇宙各处的物质和辐射密度相同。在FRWL宇宙模型中，宇宙的起始时间、宇宙物质和辐射的密度趋于无穷，引力场的强度也趋于无穷，在那一刻，宇宙是一个奇点。广义相对论在那一点上不再适用，它无法借由此刻的条件推演出未来。正是这些无穷的出现使得广义相对论方程失效了。

大多数物理学家认为广义相对论方程之所以失效，是因为所研究的宇宙模型还是过于简单。他们认为，如果在模型中加入更多细节，比如，加入存在于宇宙局部的恒星、星系、引力波等特征，原初奇点可以被彻底消除，我们可以回溯到奇点之前的时间。在超级计算机出现之前，彻底研究相对论方程的解是一项不可能的工作，因而验证以上假说非常困难。换句话说，以上假说几十年来一直没有被物理学家抛弃的原因，正是因为它很难被检验。然而最终，这一假说还是被证明是错误的。20世纪60年代，伟大的宇宙学家、物理学家史蒂芬·霍金和罗杰·彭罗斯证明，任何可以用于描述宇宙的广义相对论解都存在奇点。

如果广义相对论真是我们这个宇宙的正确描述，那么我们不得不得出这样的结论：时间不是基本的。否则，我们会遭遇一系列尴尬的问题，比如，时间开始之前发生了什么？什么产生了宇宙？我们还会遭遇一类更为复杂的问题，它们有关于永恒的物理定律：如果物理定律真独立于时间的话，那么在宇宙开始之前，这些规律到底在支配什么？很明显，我们不得不说，宇宙开始之前就没有时间。这也意味着较之时间，物理定律源自这个世界更深的层面。

在一些广义相对论方程的解中，宇宙无限膨胀、无限稀释，在这些宇宙中，时间是没有尽头的。然而在另一些解中，宇宙在膨胀到极大值之后开始坍缩，直至大挤压（Big Crunch）。大挤压之时，许多可观测量又一次趋于无穷。这些宇宙中的时间存在尽头，时间的起始与终结对于块状宇宙图景完全不成问题。在这一图景中，唯一的现实是将宇宙的全部历史当作一个独立于时间的整体。时间有始有终，但不会削弱它的真实性。事实上，这些针对广义相对论宇宙模型存在时间奇点的研究，增强了块状宇宙观的说服力，因为它们发现，相较于物理定律，时间并不基本。

至此，我们走完了驱逐时间的旅途，我们将时间驱逐出物理学对于自然的描述。**旅途的开始，我们同伽利略和笛卡儿一样，将物体运动状态图形化并将时间冻结，在图形化的过程中，时间变得像是另一维空间。在相对论理论中，这些运动的图形化升级为时空，时间的真实性受到了进一步打击。宇宙的整段历史是一幅独立于时间的图景，任何当下都不真实。块状宇宙观变成了我们唯一的选项。在这种时空观中，宇宙的全部历史是一个不随时间流逝而改变的整体。**既然实验已经很好地证实了狭义相对论和广义相对论，那么我们这些物理学家就应当接受这样一个独立于时间的现实的存在。

00:07

量子宇宙学，时间的终结

Time Reborn

From the Crisis in Physics to the Future of the Universe

在纽约格林威治村的表哥家中，我度过了进入罕布什尔学院（Hampshire College）后的第一个寒假。一天早上，我搭乘地铁来到了曼哈顿中城区的一家豪华宾馆。这里，我参加了人生的第一个物理学会议——“第6届得克萨斯相对论天体物理学研讨会”。当时，我并没有收到会议邀请，也没有进行注册，但我还是接受了我的物理学教授赫伯·伯恩斯坦（Herb Bernstein）的建议，过来看看。会上，我没有一个熟人，却非常巧地碰到了来自加州理工学院的基普·索恩（Kip Thorne）① 。他告诉我，想要学好广义相对论，就一定要读他和查尔斯·米斯纳（Charles Misner）、约翰·惠勒新近合写的引力教科书。[1] 我还遇到了年轻的美国数学家莱恩·胡斯顿（Lane Hughston），他当时正在牛津大学学习。胡斯顿花了一个小时时间向我解释革命性的扭量理论

① 基普·索恩，天体物理学巨擘，引力波项目创始人之一。推荐阅读其媲美霍金《时间简史》的重磅力作、国家图书馆“第十一届文津奖”获奖图书《星际穿越》。该书中文简体字版已由湛庐文化策划、浙江人民出版社出版。——编者注

(twistor theory)，随后，他将我介绍给了扭量理论的发明人——罗杰·彭罗斯。

一个分会上，我坐在过道的旁边。这时，一个坐着电动轮椅的人经过了我的座位。那个人，就是史蒂芬·霍金。那一年，霍金早已因广义相对论方面的工作名满天下(一年之后，他提出，黑洞具有温度，这一发现震惊了物理学界)。接着，一个举止优雅、蓄着大胡子的高大男人来到了霍金面前，与他一番攀谈后，应邀上了讲台。这个男人正是物理学大师布莱斯·德维特 (Bryce DeWitt)。现在，我已回想不起那天他到底讲了什么，可我记得，他和他的量子宇宙学方程，在当年对我而言早已如雷贯耳。那天，我没有鼓起勇气与两人中的任何一位交谈，但我怎么都没想到，7 年之后，在我完成博士学位之时，这两位科学巨人会邀请我与他们一起工作。

布莱斯·德维特、约翰·惠勒、查尔斯·米斯纳、史蒂芬·霍金，他们都是孕育新学科的先驱，这门学科名叫量子宇宙学。量子宇宙学试图融合广义相对论与量子力学。现代物理学中的去时间化在量子宇宙学中也达到了巅峰。在这些先驱所描述的量子宇宙之中，时间不仅是不必要的，也是完全不存在的。量子宇宙极为简单，它既不膨胀也不收缩，既不演化也不改变。

这里我必须强调，在理论物理学的诸多分支中，量子宇宙学尚不成熟。它充满想象、天马行空，与实验观测没有多少确凿的联系。较之量子宇宙学，相对论给出了更为权威的自然图景，在被无数实验反复确认后，我们依然震惊于相对论所给出的超准确的预言。

要谈量子宇宙学，要从量子力学开始，它是盒中物理学的成功范例。我会先解释一些相关基本概念，它们会告诉我们如何在量子力学体系中搭建亚宇宙系统，这将为下一步的讨论铺平道路。我还会介绍量子力学迈向现代物理过程中的两步重要外推。第一步，统一量子力学和广义相对论，我们将得到一个量子引力理论。在迈向统一的过程中，我们有很多不同选择。虽然我们尚无法通过实验确定哪条道路才是正途，但我们积累了足够的知识，可以一窥终极统一理论的轮廓。这些知识足以将我们推至第二步：将这个宇宙收入量子理论的体系中。最终，一个没有时间的世界出现在我们眼前。

冻结的量子宇宙

量子力学极为成功地描述了原子、分子等微观系统。这绝非溢美之词。为了彻底理解量子力学，人们发明了许多全然不同的诠释。什么是时间？量子理论是否适用于整个宇宙？对于本书这两个关键问题，这些诠释有着各自不同的答案。[2]

在我看来，想要挑出最佳的量子力学诠释，我们必须先谈谈科学的目的。我们中的许多人认为，科学，就是为了描述真实的自然。尽管无法事必躬亲、一一去看，我们仍然相信科学为我们绘制了一个真实的世界。但是，量子力学会让你失望了，因为它无法给予你单个实验中的自然图景，也无法告诉你在这个实验中到底发生了什么。

量子力学奠基人尼尔斯·玻尔认为，这样的期望差源于人们对科学之目的的错误认识。量子力学并没有错，是人的期望本身有问题。玻尔声称，科学理论是一套描述世间万物运行逻辑的规则，是一门交流观测结果的语言，但它的目的并不包括描述真实的自然。

在量子理论中，我们常常假设世界充满了积极的干预。这是因为量子理论包含了实验者施加于微观系统的诸多影响。它可以将微观系统从外界环境中隔离，为进一步研究做好准备；它可以将系统暴露于外界环境之中，借此对系统加以改变；它可以通过各种装置测量系统，读取它关心的信息。我们将以上准备、改变、测量的步骤数学化，这便是量子力学。以上论述中，我们强调了可以施加于量子系统的操作。我们称其为“量子物理中的操作主义”。

在一个系统的量子力学描述中，“量子态”（quantum state）扮演了中心角色，它包含了观测者在准备与测量系统过程中所知道的全部信息，这种信息是有限的。在很多情况下，我们无法借此预测出构成系统的粒子究竟身处何方。相反，量子态描述了一种概率分布。它告诉我们如果进行测量，这些粒子可能会出现在何处。

以原子为例。它由原子核以及核外电子构成。你或许会想，对于原子系

统最准确的描述必然包含每个电子的位置信息。系统位形空间中的每一个位形，代表了这些电子位置的某种排列组合。但在量子力学中，针对每一个位形，理论只能告诉你找到这个位形的概率。[3]

> 如果某个理论仅仅以概率的形式告诉你一个预言，你将如何检查这个预言的准确性呢？回想一下，我们说抛落的硬币有50%的概率正面朝上。要想检验这一点，抛一次绝对不够。只抛一次的话，硬币要么正面朝上，要么反面朝上，两者都无法证伪50%的概率正面朝上这个说法。
>
> 想要真正检验这个说法，你需要多次抛出硬币，并记录下正面朝上的概率。随着抛硬币次数的增多，你会发现正面朝上的概率不断趋近50%。检验量子力学概率式预言的方法也差不多：我们需要不断地重复同一实验。[4]只测一次量子系统，就好比只抛一次硬币：你将得到随机的结果，不管怎么看，它都与概率预言相符。

以上方法仅对小的孤立系统有效，氢原子便是其中一例。为了检测预言，我们需要准备许多全同的系统拷贝，这是因为预言是概率式的。只有一个系统的话，我们什么都检验不了。同时，我们必须对这些系统加以操作：要将它们调到我们感兴趣的初始量子态，要测量它们具有的一些物理量。如果我们确实想要准备这么多系统拷贝，这种系统以及它的每一个拷贝势必是这个宇宙中的一小部分。特别值得注意的是，测量系统位形所用的坐标系以及仪器，应该处于这个小系统之外。

这样看来，量子力学似乎仅适用于孤立系统。这是盒中物理学的延伸，也是牛顿范式的延伸。为了更透彻地理解量子力学与孤立系统之间的联系，让我们来看看人们对时间的描述是如何演变的。

在牛顿力学中，物理定律是决定论式的。对于系统如何随时间演化，理论给出了确定的预言。类似地，量子力学中的定律也是决定论式的，它告诉了我们系统的量子态如何随时间演化。给定初始量子态，我们便可确定此后的所有量子态。

量子态依据薛定谔方程演化。在量子力学中，薛定谔方程起了牛顿运动方程的作用。两者之间的不同在于，牛顿运动方程告诉我们粒子的位置如何随时间演变，薛定谔方程告诉我们量子态如何随时间演变。只要你输入一个初始量子态，薛定谔方程就可以告诉我们，此后这个量子态将会发生何种改变。

与牛顿力学一样，在量子力学中，时钟必须处在系统之外。此外，系统的观测者及其测量仪器也必须在系统之外。

尽管量子态的演变是决定论式的，但它最终告诉我们的原子位形信息却是概率式的。这是因为，量子态与位形之间存在着概率式的联系。

在量子力学中，对时间的测量要求我们将时钟置于系统之外。在将量子力学外推至整个宇宙的过程中，这一要求引发了连锁反应。宇宙的定义本身，便要求其包罗万象，包括时钟在内的任何事物都不可能处于宇宙之外。但这样一来，宇宙的量子态就不能随宇宙外的时钟改变。最终，假使我们匪夷所思地去到宇宙之外，在我们眼中，整个宇宙将作为一个量子态冻结于时间之中。

不得不承认，以上论述听着像个童话故事。你或许会觉得这样不严谨的推理势必导致错误的结论。事实上，这段论述的背后有着数学公式的支持。如果我们运用这些公式，将薛定谔方程作用于宇宙量子态，最终将得到同样的结论：**宇宙量子态不会随时间而改变。**

在量子力学中，能量总和与时间的变化有关。这源于量子力学的一个基本特征：波粒二象性（wave-particle duality）。

在牛顿眼中，光是由粒子构成的。牛顿之后，光的衍射和干涉现象得到了细致研究。它们都可以通过光的波动性加以解释。光的本质到底是什么，这个难题直到1905年才被爱因斯坦解决。爱因斯坦认为光既有波的一些特性，也具有粒子的一些特性。20年后，物理学家路易·德布罗意（Louis de Broglie）提出波粒二象性在这个世界中其实更为普遍：**任何运动的物体都具有一些波的性质，同时也具有一些粒子的性质。**

这让人匪夷所思。我们不可能将某个既是波又是粒子的东西可视化。不错！就像我之前说的那样，量子力学就是可以描述这些无法被可视化的现象。在实验中，我们能够操作粒子，谈论粒子们如何回应测量。但如果不进行这些操作，我们就无法将真实的物理过程可视化。

频率是光的波属性，它描述了单位时间内，光波振动的次数；能量是光的粒子属性，每一个光子都将携带一定的能量。在量子力学中，光子的能量总是与它的频率成正比。[5]

在了解了波粒二象性之后，让我们重回宇宙量子态。既然宇宙之外不可能存在时钟，那么宇宙量子态便不可能随时间而变。它在时间之中冻结，所以也不可能振荡。也就是说，这个量子态的振荡频率是零。由于频率正比于能量，最终我们将得出，宇宙的总能量一定是零。

任何由引力维持的系统的总能量必然为负。让我们以太阳系为例。如果我们想把金星从太阳系中挪走，这一过程势必需要能量。被移动到太阳系外的金星，能量近似为零，那么此前在原轨道上的金星就一定具有负能量。我们称这一负能量为“引力势能”。

世间万物具有质量和动能，它们的总和便是宇宙的正能量；引力将世间万物捆绑在一起，它们的总和便是宇宙的负能量。宇宙总能量为零，即要求宇宙的正能量和负能量极为准确地相互抵消。

宇宙量子态不会振动，总能为零，它确实处于冰冻状态。这样的量子宇宙非常简单，它不会膨胀，也不会收缩；它不能形成星系，也没有恒星、行星，连引力波也无法在其中穿行。[6]

疯狂设想：将整个宇宙收入量子力学

早在20世纪60年代中期，量子引力学先驱布莱斯·德维特、约翰·惠勒、彼得·伯格曼（Peter Bergmann）便尝试将量子力学应用于整个宇宙，并得出了前述结果。他们在薛定谔方程中加入了量子态冻结条件，从而将其修改为我们现在所称的“惠勒-德维特方程”。很快，他们注意到，时间消失了。人们开始辩论这到底意味着什么。直到今天，辩论依然没有终结。每隔几年，就会有人组织会议专门讨论量子宇宙学中的时间问题。人类有无穷的智慧。对于这一问题，人们提出过许多不尽相同的答案。

在我们尝试将量子理论应用于宇宙学的过程中，宇宙的冻结量子态并不是我们遇到的唯一问题。[7]

世界上只有一个宇宙，我们无法制造大量全同的宇宙量子态，对它们进行测量，并将观测结果与量子力学的计算结果作比较。在这里我们就可以看出，实验观测检验理论的方法受到了极大的削弱。

情况还会更糟糕。我们无法将宇宙设置在某个初始量子态，更不用说准备不同的初始量子态。宇宙只发生一次，它的初始态早就给定了。从原则上说，我们根本就不能设置它的初始态。退一步来说，即使我们原则上可以设置宇宙的初始态，我们也缺乏实际操作的办法，因为我们自身就是宇宙的一部分。这样看来，说我们可以设置宇宙的量子态，其实就是在想象我们是神，存在于宇宙之外。

这便是量子宇宙学的悲剧，这些悲剧慢慢累积成了一大张可怕的“账单”：我们无法准备宇宙的初始量子态；无法将它置于宇宙之外，从而使其发生改变；量子力学告诉了我们一些概率，但由于我们无法获得大量的宇宙，我们不知道这些概率到底有什么意义。抛开这些问题不谈，我们还有更大的问题：宇宙之外空无一物，我们无法放置任何测量仪器。因此，用系统外的时钟度量量子系统变化的方法，对量子宇宙来说毫无意义。

从操作主义的角度看，将量子力学应用于宇宙，自始至终就是个疯狂的

主意。**量子力学中的各种操作，放到量子宇宙学中就不再有意义，这注定了量子宇宙学的失败。**我们将研究宇宙局部的方法，不假思索地推广到了整个宇宙。这一切的难题，都是对我们犯下的谬误的报应。

事实上，我们遭遇的问题比前文所述更为严峻。这是因为在广义相对论中，我们可以选取时空中任意的时间维度。于是你会问："假设宇宙之外真有一个时钟，那么它会测量宇宙的哪一种时间维度？""假设宇宙中的某个量子态正在振荡，我们到底该选择宇宙中的哪口时钟，才能使这个振动变为恒定振动？"这两个问题的正确答案分别是："所有可能的时间维度""所有可能的时钟选取"。这将导致我们不再仅有一个惠勒-德维特方程，而是无穷多个。这些方程要求，任取宇宙的时间维度、任选宇宙内的时钟，宇宙量子态的振动频率总是为零。任选宇宙中可能出现的观测者，任选他们所携带的时钟，量子宇宙在他们看来完全相同。

以上难题萦绕学术界整整20年。这主要是因为无人能够解出惠勒-德维特方程。圈量子引力论（loop quantum gravity）的发明打开了这个局面，这是一条通往量子引力理论的全新道路，它可以将惠勒-德维特方程表达得足够精细，人们从而可以获得方程的解。1985年，阿沛·阿舒特卡（Abhay Ashteka）发现了广义相对论的新表达形式，这引燃了圈量子引力论革命。[8] 几个月后，我有幸加入加州大学圣巴巴拉分校的理论物理研究所（现称凯维里理论物理研究所，Kavli Institute for Theoretical Physics），同特德·雅各布森（Ted Jacobson）一道工作（他现在任教于马里兰大学）。我们发现了惠勒-德维特方程的第一个精确解。更准确地说，我们发现了一个解集，内含无穷多个精确解。[9] 要想写下一个引力场的所有量子态，我们还需要解开其他一些方程。这一工作由卡洛·罗威利（Carlo Rovelli）在两年后完成。[10] 他当时在罗马大学的意大利国家核物理研究所工作。圈量子引力论飞速发展。到了20世纪90年代初，哈佛大学的托马斯·蒂曼（Thomas Thiemann）发现了一个更大的方程解集。[11] 此后，人们发展了一种更有力的方法生成方程的解，现在我们称之为自旋泡沫模型（spin-form models）。[12] 这些解的提出，使得解释无时宇宙的时间问题变得更为急迫。否则，我们无法赋予这些量子引力理论的数学解以物理意义。

解决时间难题的关键在于时间是否可以从无时宇宙中“演生”出来。如果演生说成立，理论便与我们日常所见的世界没有明显矛盾。我的一些同事认为，时间是宇宙近似描述的一部分，这种近似描述仅在大尺度上有效。如果我们凑近看小尺度的话，这种描述便不存在。温度就是这样一个例子。宏观物体具有温度，可单一粒子并没有。这是因为，物体的温度被定义为组成物体的原子的动能平均。一些物理学家提出，时间就像温度，仅对宏观世界有效，对普朗克尺度无效。在其他一些解决方案中，人们想通过定义两个亚宇宙系统之间的关联来发现时间。

如何从一个不含时间的宇宙中演生出时间？我对这个问题苦思许久，花费了大把时间思考各种解决方案。直至今日，我依然认为没有一个方案能彻底解决这个问题。对于其中一些方案，我的反对理由是非常抽象和细节化的，对我们的讨论毫无帮助,因此我想略过。我质疑量子宇宙学还有更深层次的原因，这将是本书第二幕关注的焦点。

与我观点相左的朋友们这样告诉我,惠勒 - 德维特方程的假设再简单不过，它只是将量子力学的原理和广义相对论放到了一块儿。量子力学与广义相对论，各自有适用的领域，在各自的领域内，它们都通过了实验观测的检验。正因为如此，在融合二者的过程中，我们先要认真对待二者的深层含义，理解并发展这两个理论。

我曾经做过布莱斯 · 德维特的博士后。他曾告诫我和其他博士后，做学术时要放弃形而上学的偏见，让理论阐明自身的意义。他用温柔的嗓音这样同我们说道:“让理论自己说话。”对我而言，这一幕依然历历在目。

人生总是在那里，永远在那里

英国物理学家、哲学家、科学史学家朱利安 · 巴伯（Julian Barbour）在其1999 年出版的著作《时间的终结》（*The End of Time*）中，对如何理解惠勒 -

德维特方程下的量子宇宙学，作出了最为透彻的分析思考。巴伯的想法非常激进，他认为，**世上最根本的真实存在，是一大群冻结了的瞬间。每一个瞬间呈现了宇宙的一个位形，每一个位形都是真实存在的，它将以瞬间的形式被任何生活在这一位形中的生物感知。**巴伯将这些瞬间的集合称作“瞬间堆”（the heap of moments）。瞬间堆中的瞬间并没有谁先谁后，它们简简单单，没有任何秩序。在巴伯的这幅形而上学的图像中，除了一堆纯粹的瞬间，万物皆空无。

或许你会马上反对，“我感觉得到时间的流逝”，而巴伯认为你感觉不到。他声称，我们能感知的只可能是瞬间，只是我们人生中的快照。伸出手指，看一眼，这就是一次快照，也是瞬间堆中的一个瞬间；再看一眼，这是另一个瞬间。你的感觉中，第二个瞬间紧接着第一个瞬间。可惜，这是个错觉。错觉产生的原因在于，第二次快照时你还留有第一个瞬间的记忆，可记忆并非是对时间流逝的感知（巴伯认为时间从不流逝）。对第二个瞬间的感知中包含了一部分第一个瞬间的记忆，这就造成了错觉。依照巴伯的说法，我们的所有感知以及世上所有的真实，都是瞬间堆中那一个个的瞬间。

然而，瞬间堆中还是有一些结构的，一些瞬间可以重复出现。于是，你便可以谈论瞬间出现的相对频率，一些瞬间的出现频率比另一些瞬间大上数亿倍。这些关于瞬间的相对频率正好对应于量子态出现的概率。两个不同量子态的相对概率给定了这两个位形在瞬间堆中出现的相对频率。

以上便是巴伯理论的全部主要观点，可概括为：只有一个量子宇宙，我们用一个量子态对其进行描述；宇宙由一大堆瞬间构成；一些瞬间比其他瞬间出现得更为频繁，其中一小部分出现得极为频繁。

在瞬间堆中，许多反复出现的位形相当无聊。它们描述了一个只充满光子的宇宙，或是只充满氢原子的宇宙。巴伯声称，对于真实的宇宙量子态而言，无聊位形的体积都非常小。这样看来，他预言“小”与“无聊”之间存在关联。假设时间存在，因为非常小，早期宇宙一定非常无聊。巴伯认为，至少对于瞬间堆中的瞬间来说，小与无聊之间有着很强的关联。

其他一些位形可能相当有趣——充满了复杂性。它们可能含有星系团、星系、恒星、绕着恒星转的行星，以及诸如你我这样生活在行星上的生物。巴伯声称，对适当的量子态而言，它们所蕴含的复杂性、所蕴含的生命，往往和体积大有关。这样看来，只要体积够大，瞬间堆中的许多瞬间，甚至可以说绝大多数瞬间，都可能蕴含生命。此外，巴伯断言给定适当的量子态，那些最频繁出现的位形可通过一些结构与其他瞬间联系。这些结构被巴伯称为"时间胶囊"（time capsules）。它们可以是记忆、书、古董、化石、DNA。通过这些结构，瞬间依据事件的展开形成序列，它们彼此架构，最终具有了复杂性。换句话说，时间胶囊使我们产生了时间流逝的错觉。

根据巴伯的理论，因果律同样也是一种错觉。没有什么事件可以是其他事件的原因，因为事实上，没有事件在这个宇宙中发生。宇宙仅仅是一大堆瞬间，我们可以感知其中的一部分。在真实世界中，一次感知仅关乎一个瞬间，和其余瞬间无关。瞬间虽然存在，但它们杂乱无章，因而无所谓时间的流逝。

然而，惠勒-德维特方程确实可以演生出近似时序和因果的概念。于是，出现最频繁的瞬间之间可能相互关联，这些相互关联使得瞬间形成时间序列。时间序列之上，因果律有了生存空间。从一种高度近似的观点看，瞬间组成的时序有助于解释附于瞬间上的结构。但这只是一个高度近似下才看得到的故事，它并不基本。凑近看时，你既不会发现时序，也不会发现因果律，你看到的，只是一堆瞬间。

从某些角度看，巴伯理论非常优雅，它漂亮地回答了量子宇宙中概率到底该如何诠释。宇宙只有一个，可瞬间却有许多。量子理论的概率成了瞬间现身于真实世界的相对频率。更深入地挖掘巴伯理论，可以发现它解释了世界的历史如何演生、因果律如何使得复杂结构产生。这一理论同时解释了时间的方向性：位形空间中产生了一个最佳方向，这个方向总是从小体积的位形指向大体积的位形。当时间出现时，其前进方向与这一体积增加方向相互关联。

人终有一死，巴伯的无时量子宇宙却带给我们一些可以触及的宽慰。我可以感受到这份温暖。我希望我能相信他理论的正确性。你将在许多瞬间中体验你的人生。在巴伯看来，这便是世界的全部。这些瞬间总在那里，永远在那

里，我们不会失去过去。现在、过去、未来总是与我们相伴。你的人生体验或许要有无穷多个瞬间才能容得下，那些瞬间永不消亡。因此，即使在你生命的最后一刻，什么都不会终结。之所以没有终结，是因为从来就没有开始。我们对死亡的恐惧基于一种错觉，这一错觉又是基于一个错误的认知。你生命中的时间永远不会流尽，因为根本就没有这样一条生命长河。只有你人生中那一个个瞬间孑然而立，总是在那里，永远在那里。

我不会臆测爱因斯坦是否早已思考过巴伯的无时量子宇宙。但有证据表明，没有时间的块状宇宙图景让他感到满意与宽慰。从少年时代开始，爱因斯坦就试图通过对永恒自然规律的思考，摆脱混浊的人类世界。在朋友米歇尔·贝索（Michele Besso）去世后，爱因斯坦在致贝索遗孀的唁函中这样写道：

> 他先我一步离开了这个奇异的世界，这并不代表什么。我们这些相信物理的人都知道：过去、现在和未来的区别，不过是一种顽固而持久的错觉。

TIME REBORN

幕间

爱因斯坦的不满

爱因斯坦相对论中的块状宇宙图景是物理学去时间化过程中的决定性一步。但对于自己的理论导致了时间的消失，爱因斯坦表现得相当矛盾。前一章中，我们看到，爱因斯坦从块状宇宙图景中寻找到了慰藉；不过令人诧异的是，他却对块状宇宙图景的深层含义感到不满。哲学家鲁道夫·卡尔纳普（Rudolf Carnap）在他的自传 *Intellectual Autobiograpy* 中透露了这件事。他记录了自己和爱因斯坦展开的一场关于时间的对话：

> 一次，爱因斯坦告诉我，关于“现在”的问题让他忧心忡忡。他解释道，人们对现在的感知意味着：“现在”对人类而言非常特殊。从本质上看，“现在”与过去以及未来完全不同。但是，物理学还没有找到这一点重要的不同，也不可能找到这一点不同。科学无法紧紧抓住人们对“现在”的感知。对他而言，这意味着要接受痛苦却又无法回避的现实。

爱因斯坦陷入了沉思，一旁的卡尔纳普却认为自己洞悉了这一问题的答案：

> 我对他说，所有客观存在的事物都能被科学的语言描述。一方面，我们可以通过物理学来描述事件的时间序列；另一方面，我们可以（从原则上）通过心理学来描述人类对于时间的种种特别感知，包括人对过去、现在和未来的不同态度。

我无从得知卡尔纳普当时到底在想什么。据我所知，没有任何基于心理学或生物学的方法，可以使我们从一个没有时间的世界中感知时间。[1] 对于卡尔纳普的回答，爱因斯坦并不满意。卡尔纳普写道："爱因斯坦认为，这些科学描述不可能围绕人类的需求；'现在'有着某种特别的本质，目前还处于科学的范畴之外。"[2]

爱因斯坦的不满源于一个简单的洞见：一个成功的科学理论，势必能够解释我们对自然所作出的观测。在我们作出的许多观测中，最基本的一个就是时间制定了世界的秩序。如果要求科学必须涵盖并解释我们观测到的一切自然现象，那么这其中势必要包括我们所感知的世界，即一个由瞬间组成、随时间流逝的世界。难道不是这样吗？自然世界包含了我们的感知，难道这不是一个最为基本的事实吗？具体的过程难道不需要通过一个基本的物理理论来加以描述吗？

我们的每一次体验，每一次思索、感觉、行动、计划，都隶属于一个个瞬间。在我们面前，世界就是由许多瞬间组成的序列。对此，我们无从选择。我们无法选择栖居于哪一个瞬间，无法选择到底是顺着时间前进还是逆着时间后退；我们无法快速跳过某些时间，也无法改变时间的流逝速率。从这些角度看，时间完全不同于空间。你或许会对此表示反对，事情也总有一个发生地点。但是，我们还有选择的余地：我们可以选择朝空间的哪个方向运动。这是空间和时间的一个很大区别，这一区别将影响我们的所有感知。

爱因斯坦和卡尔纳普有一点共识：**我们感知中的自然世界是一连串有关现在的序列，可这一点尚未进入物理学家的世界观。**未来的物理学，当然你也可以说描述未来的物理学，会面对一个简单的分叉点。我们是认同卡尔纳普的观点，同意"现在"不能被科学所描述的观点呢，还是继承20世纪物理学的伟大直觉，努力探索一条通往新科学的道路，让爱因斯坦再也不必"痛苦地接受现实"？

在爱因斯坦看来，"现在"是真实的，它应该是真实世界客观描述的一部分。他相信（正如卡尔纳普所记录的那样），"'现在'有着某种特别的本质，目前还处于科学的范畴之外”。

爱因斯坦与卡尔纳普的对话发生于60多年前。60多年过去了，我们在物理学和宇宙学的发展上取得了长足的进步。是时候，将“现在”带入物理学家所描述的自然世界中了。在本书第二幕，我将解释，为什么我们目前的认知水平已经要求我们把时间重新植入物理学的核心之中。

在本书第一幕，我回溯了物理学家将时间驱逐出物理世界的9个步骤。伽利略发现落体的轨迹是第一步，朱利安·巴伯的无时量子宇宙是最后一步。在时间重生之前，我们必须将这9个论断一一击碎。

这9个论断可分为三类：

➢ 牛顿式论断（指基于牛顿力学或牛顿范式的论断）：
- 通过对过去数据的图示法将运动冻结；
- 发明独立于时间的位形空间；
- 牛顿范式；
- 决定论；
- 时间可逆性。

➢ 爱因斯坦式论断（指基于狭义相对论或广义相对论的论断）：
- 同时的相对性；
- 时空的块状宇宙图景；
- 始于大爆炸的时间起始点。

➢ 宇宙学论断（指将局部物理学研究法扩展至整个宇宙而引发的论断）：
- 量子宇宙学中时间的终结。

这9个论断否认了“现在”的真实性，将自然世界概括为块状宇宙图景。在这一图景中，作为一个整体的宇宙的全部历史才是真实的。在这一图景中，时间就像另一维空间，包含时间的因果律可以被不含时间的逻辑推理替代。在广义相对论和牛顿力学中，人们会谈及历史随着时间推移而变化，但这里的时间只是一种数学顺序的描述，无法产生“现在”。在这些理论中，时间并不真实。这里，我延续前文所给出的“真实”的定义，即真实必须联系于瞬间，真实必须是关乎某一瞬间的真实。为了使对比更加鲜明，我将称以上理论为无时理论。

驱逐时间是科学进步必须要付出的代价，在我们下一阶段的旅程中，我们将看到这个论断的荒谬之处。

这 9 个论断都受一个共同的谬误所蒙蔽——牛顿范式。牛顿范式认为，我们可以通过初始条件以及作用于其上的物理定律预言出任何系统的未来，这一范式可以延伸至整个宇宙。然而，我们即将看到，牛顿范式无法外推至整个宇宙，我们无法得到任何正确的宇宙学理论。当我们进行盒中物理学研究时，牛顿范式是个非常有效的方法，但在宇宙学问题面前，它失效了。

在 9 个去时间化的论断中，来自相对论的论断最为有力。在第 14 章中，我们将证实这 9 个论断的无效性。在击碎各种去时间化的论断后，我们将重新考虑物理学和宇宙学到底可以从时间的真实性中收获多少。

TIME REBORN

第二幕

时间之轻：时间重生

00:08

牛顿回答不了的问题

Time Reborn

From the Crisis in Physics

to the Future of the Universe

在第一幕，我们沿着一条不可思议的道路一直前进，试图超越受制于时间的感知，发现超越时间的永恒真理。尤为重要的是，我们追溯了人类在物理学发展道路上取得的一个个伟大成就，以及取得这些成就所运用的方法——牛顿范式。然而，我们也看到，成功伴随着的代价——时间必须被驱逐出物理学家的世界。

在第二幕我们将看到，这些代价其实不该付出，因为将牛顿范式运用于整个宇宙的尝试注定不会成功。**想要科学地理解整个宇宙，我们需要一个新的理论：时间的真实性将会是这个新宇宙学理论的核心要素。**

让我们重回科学的萌芽时代，拜访前苏格拉底时代的大哲学家阿那克西曼德，他被世人称为“有史以来的第一位科学家”。正如卡洛·罗威利在其新著中所描述的那样，阿那克西曼德第一个将自然现象归因于自然本身，而不诉诸神明。[1]

在阿那克西曼德的时代，人们普遍相信人类栖息于两种平坦的媒介之间，即使是最博学的思想家也不例外。举目四望，人的脚下是大地、头顶之上是苍穹。在古人眼中，宇宙可以依据物体下落的方向划分成不同的层次。他们依据日常经验总结出的自然规律，即万物往下落；只有天空和其上的天体是这一规律的唯一例外。

当古人试图将万物下落的自然规律应用于整个宇宙（天空与大地）时，他们遇到了一个悖论：如果天空之下的万物都会下落，那么为何大地自身不会下落？既然下落这个规律是普适的，大地不下落的原因必然是下面有什么东西在托着它。有人说那是因为有只大乌龟，它用自己的背托起了整个大地。可又是什么托着那只乌龟呢？是不是下面还有无穷多只乌龟，一只托着一只，构成了一个无穷向下延伸的序列？

在阿那克西曼德看来，要想避开无穷的"乌龟塔"，要想获得一个适用于宇宙的下落理论，就必须进行一场观念革命。他提出的观点虽说在现在看来平淡无奇，但在古人看来可谓惊世骇俗。"下"这个方向随地点的不同而不同，它应该被定义为指向大地的方向。**万物往"下"落，这样说并不对。正确的说法应该是：我们头顶和脚下的所有物体，都往大地上落。这一发现引发了另一个革命性的发现，即大地是圆的而不是平的。**这一发现并非由阿那克西曼德本人提出，但他对"下"的重新定义打开了思想的禁区。在他看来，整块大地飘浮于空间之中。接下来，他提出了更为惊人的观点：天空可以不断延伸，在覆盖我们头顶的同时，又覆盖我们的脚下，最终包裹整个大地。

阿那克西曼德的观点极大地简化了当时的宇宙学。太阳、月亮、星星的东升西落开始被理解为天球的旋转。

> 人们不用再想象，每天清晨，新的太阳在东方降生；每天晚上，旧的太阳在西方灭亡。落山后的太阳，将沿着一条我们脚下的轨迹，回到它清晨起始的地方。不难想象，第一次听说这个理论的古人是多么欢呼雀跃！他们心中的那块大石头落地了，他们不用再担心，负责清晨制造太阳的神明睡过了头或不想工作了。

从某个意义上说，阿那克西曼德的理论比哥白尼的地心说更具有革命性，他对“下”的重新定义，使得“什么托着大地”这个问题变得毫无意义。

那些总是在想“什么托着大地”的哲学家犯了一个简单的错误：他们试图将适用于宇宙局部的理论推广到整个宇宙。古人的宇宙就是天空和大地，而我们的宇宙是一片充满星系的广袤空间。尽管宇宙观大相径庭，可人们还是犯着同样的错误，这在很大程度上造成了当代宇宙学中的种种困惑。人们会想，如果一个自然规律是普适的，为什么不能将它应用于整个宇宙呢？没有比这更为自然的理论外延了。我们总是禁不住把一个成功的亚宇宙系统规律或原则，推广到整个宇宙，这样做犯了一个大错误。我将其称为“宇宙学谬误”。

世上没有一套唯一的万物至理

整体的宇宙和它的各个部分并不相同，与这些部分的总和也不相同。在物理学中，我们通过物体间的相互关系或相互作用来了解物体的性质。宇宙是这些相对关系的总和。也就是说，我们找不到一个与宇宙相称的个体，借以通过相对关系描述宇宙的性质。

在阿那克西曼德的宇宙中，大地就是这样特别的个体：大地不会下落，因为大地是所有物体相对下落的对象。类似地，我们的宇宙不可能由外因触发，也不可能通过外部事物来加以说明，宇宙本身就是所有原因的集合。

之前我们将现代科学与古希腊科学做了类比。如果这个类比足够贴切的话，那么现代科学就会因为错误地将小尺度系统的物理定律推广至整个宇宙，而产生无法回答的问题和难以抉择的困局。事实也确实如此。在这个时代，对牛顿范式的虔诚信仰将我们引至两组简单的问题。可惜，一切基于牛顿范式的理论都无法回答它们。

- 为什么是这些定律？为什么宇宙由这套特别的定律支配？到底是什么选择了这些定律，而不是其他定律来支配这个世界？

- 宇宙自大爆炸开始，而大爆炸有着一系列初始条件。为什么是这些初始条件？即使自然规律具有唯一性，宇宙的诞生仍然可以因为无穷多的初始条件而千变万化。到底是什么机制从这无穷多的初始条件中，挑出了真正的初始条件？

面对这两类宽泛的重要问题，牛顿范式就有些无能为力了。这是因为在牛顿范式中，物理定律和初始条件都是理论的输入。如果整个物理学都被牛顿范式所囊括，那么这两类重要问题将永远得不到回答。

“为什么是这些定律？”过去我们认为自己可以回答这个问题。曾经，许多理论物理学家相信，量子物理框架下有且仅有一种数学上自洽的理论，可以统一自然界中的四种基本作用力——电磁力、强相互作用力、弱相互作用力以及引力。如果事实果真如此，那么回答上述这一问题将变得非常简单：我们只有一套可能的物理定律，只有这套定律能够诞生一个如我们所见的世界。

可惜，这一希望已然破灭。**就目前来看，我们有充分的证据相信，世上没有一套唯一的万物至理，也没有一套唯一的理论能够融合广义相对论与量子力学。**过去30年间，物理学家借助许多不同的方法研究量子引力理论。这些理论都取得了长足的进步。但物理学家同时也得出了这样的结论：尽管这些理论取得了不少成功，然而这些成功的基础是理论独特性的丧失。举例来看，圈量子引力论在研究量子引力时，它允许多种基本粒子或相互作用的出现。

弦论的情况也大同小异。同圈量子引力论一样，人们认为弦论能够在量子理论和引力理论两者间实现统一。然而越来越多的证据表明有许多不同的弦论存在，其中很多弦论又依赖于不同的参数，这类参数数量庞大，而且可以被调成你想要的任意值，因此所有这些弦论似乎都具有数学自洽。其中的许多弦论能给出类似我们这个宇宙的相互作用与基本粒子谱。当然，这里要强调“类似”。到目前为止，还没有一个弦论能够仅仅给出粒子物理标准模型，而不附赠他物。

弦论的初衷在于发现一个唯一的终极理论，这个终极理论不但能够精确地重现标准模型，也能根据各种标准模型之外的各种观察作出预测。1986年，哈佛大学物理学家安德鲁·斯特罗明格（Andrew Strominger）发现，弦论有许多不同的版本。这一发现与弦论的初衷相抵触，[2] 这一发现同时也促使我思考宇宙究竟如何选择自然规律，并最终致使我接受了时间的真实性。

宇宙学的困境

以上是宇宙学谬误引发的不能回答的问题，现在让我们谈谈这一谬误引发的困局。[3] 在牛顿范式中，物理定律本身就含有一个大困局。为什么我们称它们为“定律”？这是因为这些定律适用于许多不同的场合。如果一个定律只适用于一个场合，那它不过是一种观测结果。但任何试图将物理定律运用于局部宇宙的尝试，必然运用了某种近似（见第 4 章）。我们必须忽略系统与系统外的宇宙之间的相互作用。同样，许多对自然规律的应用也包含了种种近似。

如果要将近似从自然规律中剔除，我们必须将其应用于整个宇宙。但是，一方面宇宙只有一个；另一方面，一个应用场景无法产生足够的证据来证明某个自然规律的合理性。或许，我们可以将以上两难困境称为“宇宙学困局”。

尽管存在宇宙学困局，我们仍然可以将牛顿运动定律、广义相对论等自然规律运用于亚宇宙系统。对于每个这样的系统来说，这些定律都适用。所以我们才将它们称作自然规律。但是，我们不应忘记这些适用性建立在近似的基础之上。这些近似常常人为假设，系统之外的宇宙空无一物。[4] 这些定律广泛的适用性使得我们想象宇宙的历史就是广义相对论的一个解，宇宙中的物质就是标准模型所包含的物质。但它无法解释为什么是 A 而不是 B，也无法证明自然规律就应该是广义相对论加上标准模型。同一个解，可能起源于许多不同的模型。[5]

想要将定律与简单的观测结果加以区别，我们不能只做一次测试。我想通过一个例子对此加以说明。

> 有户人家的小孩叫米拉。她喜欢吃冰激凌，最爱的口味是巧克力味。这是因为她只尝过巧克力味的冰激凌，吃过一次后她就一直喜欢这个口味。
>
> 米拉的父母相信所有的孩子都爱吃冰激凌，但他们没有调察其他孩子。他们无法检验这个规律，也无法知道这个规律和实际情况的差异。他们所知道的只是米拉爱吃冰激凌这个事实。米拉的爸爸还相信另一个规律，那就是所有的孩子都爱吃巧克力味的冰激凌。哄米拉入睡后，夫妻俩小酌了一杯。米拉的妈妈忽然想到了一个新的规律：所有的孩子都爱吃他们第一次尝到的冰激凌口味。

米拉爸妈的理论都与他们手头的证据相符，但两人作出的预言却不同。如果对邻居父母们做个系统性的调查，我们可以对这两个理论加以检验，因而这两个理论都是可能的自然规律。但假如米拉是世界上唯一的孩子，那么我们就无法检验米拉父母的理论到底是普遍的规律，还是仅是个例。

米拉的父母或许会说，基于生物学对人类的研究，孩子们确实爱吃所有含糖和牛奶的东西，这至少验证了他们的一个理论。他们或许说得对。但他们所用的论据基于生物学对许多个体的研究。这里，我们再也无法将米拉的例子类比于宇宙学。因为宇宙真的就只有一个。我们不能将宇宙想象为某个更大集合中的一个宇宙，这样做违背了科学原则。因为针对那个更大的集合，我们做不出任何可被实验观测验证的预言。

将物理定律运用于亚宇宙系统的过程中必然需要近似，对宇宙学困局来说，这种近似举足轻重。让我们从另一个例子出发来看清这一点。牛顿第一运动定律声称，所有自由粒子总保持匀速直线运动。大量实验检验并证实了这一定律。但世上没有真正自由的粒子，每个实验都含有近似。宇宙中的每个粒子，至少都会受到其他粒子的引力作用。如果我们想不用近似来精确地检验这一定律，只会发现我们找不到一个适合的系统。

牛顿第一运动定律充其量是其他一些更为精确的物理定律的近似。事实上，它是牛顿第二运动定律的近似。牛顿第二运动定律描述了物体的运动如何受外力的影响。这里有件很有意思的事：宇宙中的每一个粒子都能通过引力吸引其他粒子。如果这些粒子带荷，它们还会产生其他相互作用。我们要将这许许多多的力合在一起考虑。要想精确检验牛顿第二运动定律，我们需要组合 10^{80} 个力，才能描述宇宙中的一个粒子的运动。

在实际验证中，我们当然无须那么做，我们只会考虑几个邻近物体施加于粒子的外力，其他所有的力都被忽略了。就引力来说，我们常常忽略来自遥远天体的引力，因为它们的引力效应很弱。（这并不是个显而易见的结论。一方面，引力随距离增加而减弱；另一方面，距离越远可能出现的天体就越多。）就每一次实验来说，没人试图检验牛顿第二运动定律是否"精确"成立。我们只能检验近似情形。

在将牛顿范式中的定律外推至整个宇宙的过程中，我们还有一个大问题：尽管我们只有一个宇宙，但我们有无穷多的初始条件可供选择。这将导致无穷多的解，它们都满足宇宙学定律，每一个可能的解对应于一个可能的宇宙。然而事实是，我们只有一个宇宙。

一个定律有无穷多的解，可以描述无穷多的宇宙历史。我们不得不得出这样的结论，当我们将一个物理定律应用于一个亚宇宙系统时，我们其实是在考虑许多不同版本的系统。方程的解有多少,不同的自然版本就有多少。所以，在我们将一个定律应用于一个亚宇宙系统的过程中，可以自由选择初始条件，对于理论的成功尤为重要。

出于同样的原因，如果某一特定系统存在无穷多的解，那么这个系统的大量事实一定尚未被解释。在此，自由选择初始条件从资产变成了负债。因为它的存在本身，使得理论（通过物理定律表达）永远得不到关于这个宇宙的关键问题的解。在这些问题中，包括任何与宇宙初始条件有联系的宇宙特征。

宇宙学定律可能有许多解，不同的解对应于不同的宇宙历史。为什么我

们的宇宙不选择其他历史？为什么在这无穷多的解中，只有一个解对应于真实的自然世界？这些问题值得思考。

上述讨论指向了一个共同的结论：在宇宙尺度上，我们错用了自然规律。原因有如下三点：

- 在将一个物理定律应用于整个宇宙的过程中，我们其实在假设其他宇宙的存在，并对这些宇宙作出了大量的预言。而这是个空想。或许，某种比定律弱得多的东西可以解释这个宇宙。一个物理定律往往会预言无穷多个从来没有出现过的宇宙，我们不需要这么奢侈的解释。如果某个理论可以仅仅解释这个宇宙中切实发生的一切，那么这样的理论就已经足够好了。
- 普通的物理定律无法解释，为什么某个描述我们宇宙的解，就该是我们所感知的宇宙。
- 物理定律无法解释自身的合理性。它无法解释为什么自己是对的，而其他定律是不对的。

因此，当我们用传统自然规律解释宇宙时，我们在一些方面做得有些过头，在另一些方面却还远远不够。想要避开这些困局与悖论，唯一的出路是寻找牛顿范式之外的新方法论。我们需要一个新的范式，它能将物理上升到宇宙尺度。物理不应该在不合情理与匪夷所思中终结。想做到这一点，我们必须淘汰那个一直带领我们取得成功的科学范式。

在第 1 章中，我们论证了如何将时间驱逐至物理学之外。但所有的论证都基于这样的假设：牛顿范式可以被应用于整个宇宙的研究。可惜它不能，那么这些去时间化的论证便一一失效。在我们舍弃牛顿范式的同时，需一并舍弃所有这些论证，而这使得相信时间的真实性成为可能。

如果我们接受时间的真实性，它是否能够帮助我们找到那个真正的宇宙学理论？答案是肯定的。在后文中，我将就此加以解释。

00:09

不完美的有效理论

Time Reborn

From the Crisis in Physics
to the Future of the Universe

相对论、量子力学、标准模型——这些理论都是20世纪物理学的伟大发现，它们代表了物理学的最高成就。它们的数学表达十分优美，给出了精确的实验预言。同时，无数实验观测在极高的精度下证实了它们的存在。但在前一章中，我却声称这些理论都不足以充当物理学终极理论，在它们的万丈光芒之前，这可是个鲁莽的断言。

为了支持自己的说法，我要指出这些著名物理理论的一个共同特征，正是这个特征使得它们难以外推至整个宇宙。这些理论都将世界分为两个部分，一部分随着时间变化，另一部分则假设固定不变。前一部分正是有待研究的系统，它的自由度随时间而变；后一部分正是系统之外的宇宙，我们称它为“背景”。

很多时候，我们不会明确指出背景的存在，但它的确在那里。正是因为它的存在，前一部分世界中的运动才会有意义。即使不直接挑明，当谈论距离时，我们总是需要一个固定的参照物和一把尺子来进行度量；当谈论时间时，我们总是需要一口系统外的时钟来读取时间。

正如我们在第 3 章接物游戏中看到的那样，仅当丹尼这个固定参照物存在时，谈论球的位置才有物理意义。想要定义球的运动，我们还需要一个以固定速率运行的时钟。无论是丹尼还是时钟，两者都处在球这个系统之外，无法被球的位形空间描述。我们假设两者始终保持静态，如果没有这些固定的参照物，我们不知如何联系理论的预言和实验的记录。

将世界划分为动态部分和静态部分是一种人为划分，在宇宙局部系统的研究中，这一划分也是极为有用的。在真实世界中，静态部分往往由系统之外的许多动态部分组成。我们忽略了这些部分的运动及演化，从而构建了一个发现简单物理定律的有效框架。

对广义相对论以外的许多理论而言，固定的背景中包含了时间和空间的几何结构。它还包含了物理定律的选取，因为这些定律同样不随时间而变。在广义相对论之中，尽管时空的几何得到了动态描述，理论还是假设了一些固定的结构，比如固定的空间拓扑以及固定的空间维度。[1]

我们将世界一分为二，一部分动态，一部分静态。静态部分支撑动态部分，为我们提供描述静态部分所需的一切。这一方法成就了牛顿范式，但它同时也显示出，牛顿范式不适用于整个宇宙。

当将这样的方法推广至整个宇宙时，我们遭遇了一个挑战。要研究整个宇宙，那整个宇宙都是动态部分。而在宇宙之外，没有任何东西存在，也就没有任何东西可以充当静态背景，没有任何固定参照物可供我们测量宇宙中的运动。有没有一种方法可以克服这一阻碍呢？我将其称为“宇宙学挑战”。

背景独立

想要解决宇宙学挑战，我们就必须发明一个可以适用于整个宇宙的理论。这个理论中，动态个体必须通过其他动态个体来加以定义。这个理论不需要固定背景，也不容许有固定背景。我们称这样的理论为“背景独立”理论。[2]

现在，我们可以看清宇宙学困局到底是如何被嵌入牛顿范式中的。系统可以存在固定背景，定律可以存在无穷多个解，这些特征预言了牛顿范式在小尺度系统中的成功，也注定了这一范式作为宇宙学理论基础的失败。

我们有幸生活在这样一个时代，物理学的不断胜利鼓舞着我们可以科学地研究宇宙。此前，我们总是成功地将理论应用于一个大系统的局部。自然而然地，当面对宇宙学困局时，我们会想象宇宙是一个更大系统的局部。在我看来，这就是多重宇宙理论吸引人的地方。

当在实验室做实验时，我们会控制实验的初始条件。为了测试理论中的假设，我们会不断改变初始条件。而对于宇宙学观测而言，初始条件早已由早期宇宙给出，我们必须反推其中可能的假设。因此，要想通过牛顿范式解释宇宙学观测，我们要做两步假设：

- 假设初始条件到底是什么；
- 假设物理定律到底是什么。

普通的盒中物理学研究允许我们改变初始条件，以推导出可能的物理定律。与之相比，宇宙学中的挑战可谓难上加难。

要同时检验物理定律的假设和初始条件的假设，极大地减弱了观测的检验能力。如果我们的预言与观测不符，就存在两种更正办法：我们可以换个物理定律，也可以换个初始条件。这两个办法都能影响实验观测的结果。

这引发了新的问题，到底应该更改物理定律的假设，还是初始条件的假设？如果我们观测星系、恒星等宇宙局部系统，我们可以通过检验许多局部系统而将检验限定于物理定律之上。同样的局部系统应受同样的物理定律管辖。如果这些系统之间有所不同，那必定源自它们不同的初始条件。可我们只有一个宇宙，因而我们无法区分哪些效应由物理定律的改变引发，哪些由初始条件的改变引发。

有时，宇宙学研究确实遭遇了这样的问题。对于早期宇宙理论来说，一个重要的测试来自宇宙微波背景辐射（CMB）。它是早期宇宙遗留下的辐射，使得我们可以一窥大爆炸后 40 万年时宇宙的情形。在早期宇宙理论中，“暴胀”

得到了广泛的研究，即早期宇宙所经历的巨大而快速的膨胀。暴胀稀释了宇宙的初始特征，将它变成我们所见的庞大却又处处几乎相同的宇宙。暴胀预测了宇宙微波背景的特定模式。它的预言和我们的观测结果非常相似。

数年之前，研究人员声称发现了微波背景辐射的一个新特征：非高斯性。这超出了普通暴胀理论的预言。[3]（在此我跳过非高斯性的定义；我们仅需知道，这一特征可能确实存在于宇宙背景辐射之中，而标准的暴胀模型预言它不会出现。）要想解释观测，我们面临两个选项：我们可以修改理论，也可以修改初始条件。

暴胀理论也属于牛顿范式，所以它的预言也取决于理论的初始条件。

> 在非高斯性的观测文章发表几天之后，就有许多人撰写论文试图解释这一观测结果。有些人改了理论，有些人改了初始条件。所有这些尝试都成功预测了观测结果。事实上，人们早就知道两种方案都管用。[4]和许多前沿的观测科学一样，进一步观测否定了最初的高斯性观测。直至本书成文之时，我们还是不知道微波背景辐射之中到底有没有非高斯性。[5]

在以上例子中，我们展示了让理论符合数据的两种不同方法。如果是一些参数决定了物理定律和初始条件，那么肯定有两个不同的参数都可以让理论与观测相符。观测人员称这种情况为“简并”（degeneracy）。当简并发生时，通常我们需要引入新的观测并重新做拟合，才能区分二者。但宇宙背景辐射是这个宇宙仅发生过一次的事件的余晖。面对这类观测时，或许我们永远无法破除简并。鉴于目前我们对宇宙背景辐射的测量已经达到相当高的精度，这或许意味着我们真的无法回答到底是应该改变物理定律，还是应该改变初始条件。[6]但是，无法区分物理定律和初始条件各自的效应，意味着牛顿范式在解释自然现象成因时并不是那么有效。

只是近似

自牛顿时代以来一直指导着物理学发展的方法论，在我们看来已经江河日下。此前，我们认为牛顿力学或量子力学之类的理论，最有可能成为真正的终极物理理论。我们认为，如果它们确实是终极物理理论，它们将成为自然世界的完美镜像，每一个自然世界中的真实存在必然对应于一个理论世界中的数学事实。不含时间的物理定律作用于不含时间的位形空间，这一架构是牛顿范式的基础。也正因为此，牛顿范式对于上述的镜像过程不可或缺。在我看来，一旦我们将牛顿范式应用于整个宇宙，上述镜像真就是镜花水月了，它注定将会导致我们之前谈过的种种困惑与困局。为了验证我的观点，不妨让我们为牛顿范式中的各个理论做一次重新评估。这次评估将包括可能的终极物理理论，也将包括一些亚宇宙系统的近似描述。一些物理学家已经开始了这一评估过程。这次重新评估基于两个相互有联系的观念转变：

- 包括广义相对论和粒子物理学标准模型在内的所有理论都是近似理论。它们只适用于自然世界的局部，只能描述宇宙自由度空间中的一个子集。我们称这些近似理论为“有效理论”(effective theory)。
- 所有实验与观测都涉及如何截取自然世界中的局部。我们记录某个自由度子集的数据，并忽略其他自由度。然后，我们将这些观测数据与有效理论的预言进行对比。

如此看来，物理学迄今为止的成功，完全是因为它在通过有效理论研究截断过的自然世界。实验物理学的艺术正在于如何巧妙地设计实验，将一部分有待研究的自由度从宇宙中隔离出来；而理论物理学家则针对实验物理学家研究的自然世界的局

部，通过有效理论对其建模。我认为，一个真正的终极物理理论不可能是有效理论。纵观整个物理学史，我们从未让可能的终极物理理论作出预言，再与实验进行对比。

实验物理学研究的是自然界的局部

在亚宇宙系统建模过程中，我们忽略了子系统外的一切事物，好像宇宙中就这个子系统存在，我们称这样的系统为“孤立系统”（isolated systems）。但是，我们不应该忘记，完全孤立并不存在。正如之前我们提到的，在真实世界中，子系统与外界事物间总是存在着相互作用。从各种意义上讲，亚宇宙系统本质上是物理学家所谓的“开放系统”（open systems）。这类系统都有边界，边界内的事物与边界外的事物互动。因此，当进行盒中物理学研究时，我们将开放系统近似为孤立系统。

实验物理学家花费了大量精力将开放系统改造为（近似的）孤立系统。这类改造并不完美。一方面，当对系统进行测量时，我们影响了系统。（对于量子力学诠释来说，这是个大问题；现在让我们将关注的焦点放在宏观世界。）对每一个实验来说,并不完美的孤立系统总是或多或少地受到外界噪声的影响。实验物理学家费劲全力，试图从噪声中提取需要的数据。他们还要花费大量精力说服同行和自己：他们确实将噪声降到了最低，并从中看到了信号。

外部环境中的振动、辐射以及活跃其中的各种场，可能污染我们的实验系统，我们必须将它们隔离。对许多实验来说，能做到这一步已经足够了。对某些非常敏感的实验来说，落入探测器的宇宙射线可能对实验结果产生影响。为了屏蔽宇宙射线，这些实验的实验室通常架设在地表数公里之下的矿井中。太阳中微子的发现，就属于这类实验。太阳中微子实验将其他所有背景噪声降至可控水平，只让中微子通过。但我们目前尚未发现能够屏蔽中微子的方法。在南极的冰立方实验中,深埋于冰层下的探测器记录到了自北极而来的中微子。这些中微子纵贯了整个地球。

或许你确实可以建造一座星际尺度的厚墙来屏蔽中微子，但仍然有一种东西能轻松地穿过这道屏障，这便是引力。从理论上来说，没有东西可以屏蔽引力，也没有什么可以阻止引力波的传播。因此，完美的孤立系统不可能存在。我在攻读博士期间发现了这个重要观点。当时，我想设计一个盒子，让引力波在其中来回震荡。可引力波总能穿透盒子的壁，我的尝试屡屡失败。为了反射引力波，我便想象不断增加壁的密度。但在我达到所需密度之前，致密的壁就已经坍缩成了黑洞。我反复思量，试图寻找其他办法，最终却一无所获。我意识到这道我无法跨越的障碍本身就是个有趣的发现，甚至比我最初的设想要有趣得多。经过更为缜密的思考，我借由几个简单的假设证明，不存在可以屏蔽引力波的厚墙壁。[7] 这一结论对任何材质、任意厚度的墙壁都成立。证明过程中我所用的假设就只有两条：一是在广义相对论中，物质所含的能量总是为正；二是声速总是小于光速。

以上论述表明，**无论是从原则上来说还是从实际操作中来说，自然界中的系统都无法摆脱系统外宇宙的影响**。这一结论非常重要，值得上升为一个原则，就让我们称它为“孤立系统的不存在性”（principle of no isolated systems）。

还有一个原因使我们相信，所谓孤立系统仅仅是开放系统的近似：我们无法预期针对系统的随机破坏性干扰。我们可以预期噪声、测量噪声、降低噪声，但外部世界对系统的破坏可能比噪声要糟得多：坠毁的飞机可能撞进实验室，地震可能震倒实验室，小行星可能撞击地球，地球可能被一片飘过的暗物质云拉向太阳，[8] 地下室的电闸可能发生意外导致整个实验室断电……在这个庞大的宇宙中，能破坏实验进程的突发事件不计其数。当我们设计实验，并将其作为孤立系统考虑时，实际上是将以上可能全部排除掉了。

想要把这种种可以摧毁实验室的外部因素一并考虑在内，我们需要对宇宙整体进行建模。在实际建模或计算过程中，我们肯定不会去考虑这些可能性，否则我们什么研究都做不了。而不去考虑这些可能性，原则上就意味着我们的物理构建于某种近似之上。

有效理论本质上是近似理论

物理学中的主要理论，都是研究局部自然世界的模型。这些局部系统，正是实验物理学家能够制造的对象。当理论学家发明这些理论时，都将它们视作是这样那样的终极理论。但随着时间的推移，理论学家终于意识到它们只是有效理论，只能描述宇宙中的一小部分自由度。

粒子物理学为我们提供了有效理论的极佳范例。到目前为止，实验粒子物理学家试图在极小的尺度上探索终极物理。目前，这一纪录由欧洲核子研究中心（CERN）的大型强子对撞机（LHC）保持，LHC 的最小可探测精度达到 10^{-17} 厘米。到目前为止，粒子物理学标准模型与这一精度以上的实验数据都符合得很好。但这也意味着，标准模型只是一个近似模型（另一个理由是，标准模型不包含引力）。如果我们能探索更小的尺度，我们或许会发现某些标准模型以外的新现象。

根据量子力学中的不确定性原理，探测的尺度与能量成反比。想要探索某个特定的小尺度，我们需要把粒子或光子加到与之对应的能量。探测尺度越小，所需要的能量就越高。因此，我们能够探索的最小尺度决定了我们能够探索的最高能量。然而，能量和质量是同一回事（依据狭义相对论）。如果我们的探索存在一个最高能量，就意味着比这能量更高的粒子由于过重，而不能被加速器制造，因而会被忽略。在这些被忽略的现象中，可能包含新的基本粒子，可能包含未知的相互作用。又或许它们会告诉我们量子力学的原理有问题，想要描述极短距离或极高能量的现象，我们需要对其作出一些修正。

正是由于以上考虑，我们称标准模型为有效理论，它在特定能量区间与实验观测相符。

有效理论的提出颠覆了一些老掉牙的观念，比如说真理的标志是理论的简洁与优美。我们不知道在更高的能量上到底潜伏着什么现象，在更低的能量上，许多高能假说都能和这个或那个有效理论相容。因此，有效理论有着一种内在的简洁，它们可以通过一种最为简单、最为优雅的方式延伸至未知领域。**之所以说广义相对论和标准模型优雅，很大程度上是因为它们可以被理解为有**

效理论，它们的美是理论有效性和近似性的产物。这样看来，简洁、优美并不是真理特有的标志，而是构造良好的近似模型特有的标志。[9]

有效理论的提出意味着粒子物理学的成熟。年轻的我们浪漫地幻想，自然界的终极定律已经握在我们手上。在致力于发展标准模型数十年后，我们一方面非常确信标准模型在特定能区一定正确，另一方面又非常不确信标准模型是否能被外推到这一能区以外。这是不是很像一个人的一生？当我们上了年纪时，我们会更加确信自己真的知道什么，同时也会更坦然地承认自己到底不知道什么。

对有些人来说，这多少让人觉得失望。人们寄希望于物理能够发现自然界的终极定律，但从定义上来看，有效理论注定不会是终极定律。你或许会想，一个理论怎么可能既被所有的实验所验证，却又充其量不过是某个真理的近似。那么你的科学观就太过天真了。有效理论的概念非常重要，它表达了以上矛盾的微妙交集。

有效理论也体现了我们了解基本粒子的进程。它告诉我们，物理学就是一个不断构建更好的近似理论的过程。当我们将实验推向更小尺度、更高能量时，或许我们将发现新的现象。如果我们真能有所发现，那我们就需要一个新的模型来描述它们。这个新的模型也会是一个有效理论，就像适用范围变大了的标准模型。

在物理学的发展过程中，新的理论往往会革命性地改变我们对自然的理解，同时又会保持旧理论的成功之处。有效理论告诉我们的正是这一点。现在我们认为牛顿力学是个有效理论，它只适应于低速、经典的物理过程。在这个区域内，牛顿力学还是一如往昔般成功。

过去，广义相对论曾被视作对自然的终极描述，现在人们也把它理解为有效理论。至少从一个方面来看，它不适用于量子领域。广义相对论充其量是某个大统一理论的近似。或许，我们可以通过截断某个更为基本的引力理论来获得广义相对论。

同样，量子力学似乎也是某个更为基本的物理理论的近似。其中一个迹象是，量子力学中的方程都是线性的。线性意味着它们产生的效应总是与原因成正比。物理学的其他领域也有线性方程，但这些线性方程都是某个更为基本的理论（尽管还是有效理论）的非线性方程（产生的效应数倍于输入原因）的近似。基于这些经验，我们应该相信量子力学也是如此。事实上，我们目前所有的物理理论都是有效理论。人们冷静地意识到，这些理论之所以成功，正是因为它们是近似理论。

我们依然可以胸怀壮志，去发明一套没有近似的终极理论。然而，历史和逻辑告诉我们，至少在牛顿范式的框架中，这样行不通。尽管牛顿力学、广义相对论、量子力学、标准模型等令人敬畏，但它们都不可能通往终极的宇宙学理论。想要获得这样的理论，就必须认真考虑宇宙学挑战，设计一套牛顿范式之外的理论，一套无须借助近似就可以应用于整个宇宙的理论。

00:10

一个终极宇宙论正徐徐向我们张开双臂

Time Reborn

From the Crisis in Physics
to the Future of the Universe

现在，就让我们开始寻找那个真正适用于整个宇宙的理论。这个理论必须要避开宇宙学困局。这个理论必须背景独立，即我们无须将世界一分为二，让一部分世界描述系统涉及的动态变量；让另一部分充当背景，提供定义动态变量所需要的结构。理论中的一切事物都属于真实世界，可以通过与其他真实事物的相对关系加以定义。这些关系决定了事物会随时间而改变。

一个真正的宇宙学理论

一个真正的宇宙学理论究竟要满足哪些条件呢？

- **新宇宙学理论必须涵盖我们已经获得的知识**。我们需要将广义相对论、量子力学、标准模型等现有理论加入未知的新理论之中。它们将成为新宇宙学理论在亚宇宙尺度和亚宇宙时间下的近似。
- **新宇宙学理论必须满足科学的基本原则**。真正的科学解释必须向人们展示许多预期之外的结果，这样才能证明其有效性。如果做不到这一点，不管故事讲得多好，都是胡编乱造。一个真正的科学理论必须给出可被验证的预言。

- **新宇宙学理论必须回答“为什么是这些定律”的问题。**它必须帮助我们深入了解标准模型中的粒子和力的由来。尤为重要的是，它必须解释宇宙中的基本参数的由来，这些基本参数包括标准模型中粒子的质量和力的强度，它们的给定数值往往显得难以琢磨、非常特殊。
- **新宇宙的问题学理论必须回答“为什么是这些初始条件”的问题。**在同样的自然规律下，较之其他可能的宇宙，我们的宇宙可能因为特殊的初始条件而获得了特殊的性质。新的理论必须对这一点作出解释。

以上就是一个真正的宇宙学理论需要满足的基本要求。鉴于我们在讨论一个关于整个宇宙的新理论，我们还要以史为鉴，从过往物理学先驱的集体智慧中提炼更多的要求。[1]就让我们再回头看看开普勒、伽利略、牛顿、莱布尼茨、马赫、爱因斯坦等伟人当年的手稿，看看他们是如何从反对声中提出新理论的。以下便是我在回顾过往时学到的教训。

新宇宙学理论要解释我们这个宇宙的特征，这些解释所依赖的事物必须存在或发生于宇宙之内。解释过程的任何环节都不能跑到宇宙之外，也就是说，新理论必须满足“解释的自给自足性”（principle of explanatory closure）。

要想满足科学性，新宇宙学理论其实不需要对每一个问题都给出精准的答案，但它要对大量的问题给出前瞻性的方向。当我们掌握宇宙的更多细节时，我们就能回答这些问题。莱布尼茨的充分理由律认为，任何形如“宇宙为什么有这样的特征”的问题必然存在一个答案。对于一个新的科学理论来说，一个重要的测试标准就是，它能否增加我们可能回答的问题的数目。如果我们解释了早先理论无法解释的宇宙特征，物理学就取得了进步。

莱布尼茨的充分理由律带给宇宙学理论一些额外的要求。其中之一是，宇宙之中，事物不可能只作用于其他事物而自身不受影响。所有的影响、所有的力都是相互的。我们将此称为“单向作用的不存在性”（principle of no unreciprocated actions）。在将牛顿引力理论替换成广义相对论的过程当中，爱因斯坦使用了这一原则。他指出，牛顿的绝对空间指引着物体的运动，物体却无法影响绝对时空，两者间的作用不是双向的，绝对时空是绝对不变的。而在爱因斯坦的广义相对论中，物质和时空几何的作用是双向的：时空几何告诉物质如何运动，物质反过来影响时空的曲率。类似地，牛顿的绝对时间也是绝对不变的。在牛顿的假想中，不管宇宙有没有物质，时间都以固定速率流动。而在广义相对论中，物质的出现能改变时间的速率。

以上原则禁止固定背景结构出现在新理论中。因为这些固定背景结构不随时间而变，也不随物质的运动而变。

这些固定背景结构如同物理学的潜意识，潜移默化地改变了我们对自然世界基本概念的思考。我们会说我们知道某个“位置”，这是因为在潜意识中，我们认定某个绝对参照系的存在。在物理学的前进道路上，许多重要步骤就是基于识别这些固定背景结构，再将它们替换为宇宙之内就有的动态因素。恩斯特·马赫在反驳牛顿时空观时就是这么做的。他认为，我们在转圈时感觉头晕，并不是因为我们相对于绝对空间运动，而是因为我们相对于宇宙中的其他物质运动。

如果我们坚持双向作用、排除固定背景结构，这等同于在说，宇宙之中的每个个体都是动态的，都是与其他个体相互作用的。这便是莱布尼茨关系主义的精髓（请回想一下第 3 章中我们就“位置”含义的讨论）。我们可以进一步拓展这一观点，要求新宇宙学理论的每一个性质都反映动态个体间的相互作用。

对称性，只是近似成立

一个物体的特质，顾名思义，指这个物体区别于其他物体的性质。如果物体的所有特质都必须由相对关系给出，那么任取两个物体，它们与其他物体的关系必然不同。如果两个物体同宇宙中其他物体的关系完全相同，那么这两个物体一定就是同一物体。此即莱布尼茨理论的“全同关系的同一性”（identity of the indiscernibles）原则，它也是充足理由律的推论。如果两个不同物体同其余物体的关系相同，认为它们是不同物体并不可互换就显得毫无理由。继续坚持二者不同的话，就是在说这个关于世界的事实不存在任何理性的解释。

自然界中不可能存在终极对称性。如果我们对一个物理系统做某种变换，交换它的局部的同时，保持它的可观测物理量不变，这种变换被称为对称性。[2]举例来说，牛顿力学中将子系统从空间中的一个地方平移到另一个地方，这就是对称性。这是因为物理定律不取决于系统在空间中的位置。把一个实验室往左挪 15 厘米，理论的预言不会变，影响实验结果的因素也不会变。我们将实验结果的空间位置独立性，称作物理学的空间平移不变性。

对称性在已知的物理理论中非常普遍，它是物理学家们的法宝。然而，如果莱布尼茨的原则确实正确，对称性就不可能是宇宙的终极性质。

我们常常将我们所研究的子系统当作整个宇宙中的唯一存在，这正是对称性的起源。我们忽略了实验室中的原子与实验室外的宇宙的相互作用。正因为此，将实验室移往空间的任何位置都可以。同样，我们可以将研究的子系统旋转任意角度。如果子系统与系统外的宇宙的相互作用不能被忽略，那么我们肯定不能将系统任意旋转。

那么，我们是否可以让宇宙自身平移或旋转？这是不是某种对称性？答案是否定的。因为在这些过程中，宇宙内的任何相对位置都没有发生改变。从相对关系的角度来看，平移或旋转宇宙毫无意义。像平移或旋转之类的对称性并不是终极对称性。此前的章节中，我们谈论过将世界一分为二，对称性正是起源于这一方法。这些对称性都不过是作用于亚宇宙系统的近似规律的特征。

以上论证引发了一个令人惊讶的后果：如果对称性不过是近似成立的，那么物理中的动量守恒、角动量守恒、能量守恒也必然是近似成立的。这些守恒定律分别建立于空间平移对称性、空间转动对称性、时间平移对称性之上。20 世纪初，女性数学家埃米·诺特尔（Emmy Noether）证明了守恒定律和对称性之间的关系。[3] 她的定理是物理学的支柱之一，理应多加宣传。

因此，这个未知的新宇宙学理论将不可能具有对称性和守恒定律。[4] 一些粒子物理学家依据标准模型的成功经验，总喜欢说，越为终极的理论就拥有越多的对称性。然而，这是条完全错误的经验。[5]

越为终极的理论拥有越少的对称性

现在，这个未知的新宇宙学理论终于要面临最重大的问题：这个理论中的时间到底为何物？它是否会像爱因斯坦的广义相对论，时间会在其中消失？它是否会像巴伯的量子宇宙学理论，时间一直不存在，仅在适当的场合演生？它是否会超越牛顿以来的一切理论，时间将在其中扮演更为核心的角色？

我相信，想要回答“为什么是这些定律”这一问题，时间是关键。如果我们想要解释自然规律的由来，这些自然规律不能一成不变。哲学家查尔斯·皮尔士指出了这一点。让我们再看一次他的原话，梳理一下他的论证。他这样说道：“假设自然界的普适规律以某种人类能够理解的形式存在，但却不给出为何人类能够理解的理由，这种假设很难说是合理的。”

我们可以通过莱布尼茨的充足理由律理解以上观点：为什么人类发现的自然规律就真的是自然世界的规律，其他可能的规律就不是。充足理由律会要求我们对这个问题作出回答。接下来的两句话中，皮尔士进一步强调了这一点：“一致性正是这样一个值得我们去解释的规律……规律比之其他事物，更需要我们去解释。”这其实正是在问“为什么是这些定律”。世界上的所有事物都值得我们去解释。可最值得我们去解释的，正是这些被我们发现的自然规律，它们到底为什么在这个宇宙中成立。

接下来，皮尔士断言:“我们仅有一个可能的答案可以用来回答自然规律为何如此，可以用来回答为何存在一致性。这便是假设它们是演化的结果。”这是一个很重大的声明。皮尔士没有给出得出这个结论的理由，只是简单地声明，想要回答“为什么是这些定律”，“唯一可能的答案”是假设自然规律由演化而来。我不知道皮尔士在其他著述中,到底有没有提供支持这一结论的论证。以下是我想到的一个论证，或许他也这样想过。

我们的任务是解释某个事物为什么具有某一特性。此处，宇宙就是我们关注的事物。它的特性包括，宇宙中的基本粒子和相互作用可以通过粒子物理学标准模型来描述。这个问题很具挑战性。因为我们知道标准模型中的很多参数好像很随意，它只是其他许许多多有着不同参数的模型中的一个。所以，我们到底应该如何解释为什么是这个定律，而不是那一大堆可能的替代品呢?

由于替代品众多，没有哪个原理指明我们就该看到某个物理定律。假如没有理由作出特别的选择，那么在逻辑必然性之外，一定还有什么其他原因决定了我们的选择。在其他一些场合，世界或许作出了不同的选择 。这些场合可能存在，又或许已经存在。那么回到我们的宇宙，我们又该如何解释选择到底是怎么定下来的呢?

每一次大爆炸发生之时，就是选择自然规律之时

如果世上真的只有一个宇宙，那么我们可能永远得不到令人信服的解释。因为这种情况下，选择就是选择，没有任何逻辑上的原则决定到底该如何选择。想要得出令人信服的解释，我们需要其他宇宙，并赋予它们诞生时的物理定律。换句话说，我们需要不止一次的大爆炸。每一次大爆炸发生之时，就是选择自然规律之时。(为了使表述简洁，我们假设自然规律在大爆炸时得到了选择。从大爆炸至今，自然规律一直保持不变。对此，我们还没能提出反例。)

既然大爆炸是选择自然规律的重大事件，那么我们就需要回答大爆炸到底是如何被安排的。让我们使用此前定下的原则:宇宙必须是可以自我解释的，必须是因果闭合的。换句话说，我们假设宇宙包含了可以解释内部所有事物的

因果链。想要解释大爆炸时自然规律是如何定下来的，我们只能借助大爆炸之前的事件；想要解释上上个大爆炸时自然规律是如何定下来的，基于同样的逻辑，我们还要借助更早以前的事件。于是乎，我们就有了一连串的大爆炸，它们朝着过去的方向无限延伸。让我们随便选取其中一个大爆炸，将其作为起点，顺着时间的方向一次又一次地选择自然规律。我们将看到，在不断接近这个宇宙的过程中，自然规律不断演化。因此，我们得出了与皮尔士相同的结论：**想要解释自然规律，它们就必须是演化的结果。**[6]

大爆炸的序列可以是序贯式的，也可以是分叉式的。在后一种情况中，它既可以向过去分叉，也可以向未来分叉。根据大爆炸序列是否分叉，或根据大爆炸之时到底是什么修改了物理定律，我们可以构建许多不同的假说。不管是什么假说，我们都需要通过那些发生在大爆炸之前、与大爆炸有因果联系的事件，来解释大爆炸之时自然规律到底是如何选定的。我们或许可以通过实验检验其中一个场合：大爆炸之前的事件可能会有残余信息躲过宇宙创生之时的种种磨难，从而可能被我们发现。上述理论允许在大爆炸之前自然规律随时间的进化。在第 11 章和第 18 章中，我们将举例阐明这类理论所作出的预言。

然而，如果大爆炸之前就没有过去，那么自然规律与初始条件的选择就会显得有些随意，我们也无法检验此类选择到底是否存在。同样，如果大爆炸之前的宇宙与我们的宇宙因果无关，那么我们也无法借助大量的宇宙来测试此类选择。对于科学的宇宙学来说，那些与我们的宇宙因果无关的其他宇宙，不能帮助我们理解这个宇宙的特性。平行宇宙就是这样的例子。**所以，想要构建一个科学的、可证伪的宇宙学模型，就必须假设自然规律随时间演化。**

罗伯托·昂格尔对此做了更为优雅的阐述。[7]时间要么是真实的，要么不是；如果时间不是真实的，那么自然规律就该独立于时间。但是，如同上文所讨论的那样，选择这些自然规律的理由就得不到解释。如果时间是真实的，那么包括自然规律在内的一切事物都不会一成不变。如果总是将同样的规律作用于自然世界，那么我们就回到了牛顿范式。你可以通过这些规律数往知来，或者等价地说，你可以将物理上的因果关系替换为数学上的逻辑关系。因此，时间的真实性意味着自然规律不可能一成不变，它们必须随着时间演化。

物理定律的时间独立性也违反了相对关系原则中的单向作用不存在性。如果你将自然规律排除在这个原则之外，将它视为宇宙之外的事物，就等于说，它们不可能被解释。为了使自然规律可以被解释，我们需要将它们视作世界的一部分，如同基本粒子一样。这使得自然规律受制于随时间的变化、受制于因果关系。事物随时间的变化、事物之间的相互影响，这是一场将世界关联为一体的舞蹈。只有当自然规律参与到这场舞蹈之中，它们才可能获得解释。

假设我之前提到的原则都是合理的，尽管我们还没有新宇宙学理论，但我们对它多少有了一些了解：

- 它要涵盖我们已经获得的知识，包括各类近似的知识。
- 它要满足科学的基本原则。即它必须作出可被实验验证的预言。
- 它要回答“为什么是这些定律”这一问题。
- 它要回答“为什么是这些初始条件”这一问题。
- 它不假定对称性，也不假定守恒定律。
- 它要因果闭合，自给自足地解释一切。它不需要求助于宇宙之外的事物来解释宇宙之内的任何事物。
- 它要满足充足理由律、单向作用的不存在性、全同关系的同一性。
- 理论中的物理变量都要用来描述动态个体之间的相对关系。它不含有固定背景结构，不含有一成不变的自然规律。自然规律都随时间演化，这反过来暗示了时间的真实性。

原则虽好，可惜不实用。我们真正需要的是一些假说，这些假说能形成理论，并提出可以被验证的预言。在后文中，我将给出数个假说，以及它们所形成的具体理论。我们会看到，这些假说确实作出了可以被实验验证的预言。

00:11

从独立于时间到随时间而变

到目前为止，我们可以这样归纳第二幕的主旨：宇宙学想要取得进步，物理学就必须放弃自然规律永恒不变的观念，接受它们随真实时间演化的想法。一个真正的宇宙学理论需要解释宇宙中的物理定律和初始条件的由来。它可以被可行的实验所验证，甚至很容易被证伪。要想获得这样一个新宇宙学理论，以上观念转变不可或缺。在之前的章节中，我大体勾勒了这个原则（希望如此），本章中我将比较两个理论，对此来做具体展示。在这两个理论中，一个理论的定律独立于时间，另一个理论的定律随时间演变。我将比较它们的解释能力与预言能力。

定律随时间而变的理论名为宇宙自然选择（cosmological natural selection）假说。我在 20 世纪 80 年代后期发展了这一理论，并于 1992 年发表了论文。[1] 论文中，我通过这一理论作出了一些预言，这些预言完全可能被过去 20 年间的实验观测证伪，然而这样的局面并没有出现。当然，这不是说我的这一理论就是正确的。但这至少说明了：一个关于自然规律演化的理论，可以解释我们这个世界，并作出一些预言。

另一方面，我将选择永恒暴胀（eternal inflation）理论作为例子，来说明定律独立于时间的理论。这是多重宇宙学说的一个特别版本。20 世纪 80 年代，物理学家亚历山大·维兰金（Alexander Vilenkin）和安德烈·林德（Andrei Linde）提出了永恒暴胀理论。[2] 随后，这一理论得到了广泛的研究。由于理论的前提假设可调，永恒暴胀理论存在多种形式。为了论证方便，我挑选了给出无时多重宇宙图景的永恒暴胀，因为它最配得上“永恒”一词。在其他版本的暴胀多重宇宙中，时间可能会具有更为重要的作用。从某种意义上说，某些永恒暴胀理论也存在自然规律的演化，它们与宇宙自然选择假说拥有一些共同的性质。

涉及自然规律演化的宇宙学理论能够给出真实的宇宙学预言。它们成功的原因在于，它们无须借助人择原理（anthropic principle）连接我们的宇宙与其他多重宇宙。人择原理指出，有些宇宙的自然规律和初始条件适宜生命的存在，我们只能生活在这类宇宙之中。有人认为人择原理可以让一个理论具有预言能力，在本章中，我将驳斥这一说法。

黑洞内部，孕育着新的宇宙

宇宙自然选择假说是我的第一本书《宇宙生命》的主题。在此，我会呈现一些细节，来说明为什么自然规律随时间的演化会使它们的预言可被证伪。[3]

宇宙自然选择假说的一条基本假设是，宇宙在黑洞内部繁衍新的宇宙。正因为此，我们的宇宙也从黑洞中产生，也是其他宇宙的后代。我们宇宙中的每一个黑洞也正在孕育新的宇宙。在这个框架下，我们可以开始使用自然选择机制。

在种群生物学中，人们使用自然选择机制来解释一些系统关键参数的由来，为什么它们会比我们想象中的更复杂。这里，我将使用相同的机制。想要使用自然选择机制解释系统的复杂性，以下条件需要得到满足。

一片参数空间。其中的参数因种群中的不同个体而异，在生物学中，基因就是这样的参数；在物理学中，标准模型的常数就是这样的参数。这些常数包括各种基本粒子的质量和各种基本相互作用的强度。这些参数形成了一种自然规律的位形空间，我们称这样的空间为“理论景观”（在种群生物学中，基因的空间被称为“适应度景观”，理论景观借鉴于此）。

一套繁衍机制。我的博士后导师布莱斯·德维特认为，黑洞诞生了新的宇宙。我将采用他的观点。在宇宙中，奇点代表着时间的起始与终结。假设量子引力理论可以将这样的奇点从宇宙中排除，我们就会得到黑洞诞生新宇宙的观点。目前，我们积累了很多理论上的证据来证明这一假设的正确性。我们的宇宙有亿万万个黑洞，也就是说，它可能有许许多多的后代。我们完全可以假设，我们的宇宙本身就是一个古老家族的其中一员。

变异。基因在复制时的突变和随机重组，是自然选择机制的工作原理之一。只有这样，后代的基因才能和父母的基因不同。我们可以作出类似的假设，每当一个新宇宙诞生时，它的物理定律中的参数会发生一次小小的随机改变。我们可以根据这个宇宙的参数值，在理论景观中标注这个点。最终，在景观中，我们将得到一个庞大且不断增长的点集，它代表了这些定律参数在多重宇宙间的变化。

适应度差异。在种群生物学中，个体的适应度度量着它的繁衍成功率。具体来说，适应度表征个体能够继续繁衍的后代个数。同样，黑洞的适应度度量着黑洞后代的个数。这个数字严重依赖于黑洞的参数。制造黑洞很难；很多参数可以让宇宙中根本不存在黑洞。只有一些特别的参数可以让宇宙拥有很多黑洞。在参数空间中，这些宇宙所占的空间很小。我们会假设，这些高黑洞生育率区域是参数空间中的孤岛，它们被低生育率区域围绕。

典型性。我们需要假设，在进化了很多代之后，我们的宇宙是宇宙种群中典型的一员。因而我们知道，这个宇宙的属性也是其他许多宇宙的属性。[4]

自然选择机制可以从极少的假设中得出极强的结论。这正是这套方法论的力量所在。自然选择机制的一个基本结论是，在许多世代以后，大多数宇宙

的参数都会处于参数空间中的高孕育率区域。对一个典型的宇宙来说，如果我们改变了它的参数，那么它最终形成的黑洞很可能会少许多。我们的宇宙具有典型性，因此以上结论也适用于我们的宇宙。

这一预言可以通过一些间接的方法得以检验。我们已经知道，改变标准模型的参数很可能导致宇宙无法产生寿命足够长的恒星，进而无法制造碳元素和氧元素。这是个关键性的不同。大质量恒星形成黑洞的过程发生在冷却了的气体云中，而碳和氧是冷却气体云的必要元素。改变其他一些标准模型参数可能导致宇宙中不存在超新星。这也很关键。超新星的坍缩不仅可以直接产生黑洞，其坍缩过程释放的能量还将进入星际介质，驱使气体云坍缩形成更多大质量恒星。现在我们已经知道，想要宇宙少一些黑洞，我们至少有 8 种方法来微调标准模型的参数。[5]

我们的宇宙中遍布长寿的恒星，随着时间的推移，它们让这个宇宙充满碳、氧和其他化学元素。化学上的复杂性使得我们的宇宙得天独厚。为什么这个宇宙的标准模型参数会允许长寿恒星大量存在？宇宙自然选择假说对此提供了一个真正的解释。在某种程度上，它解释了质子、中子、电子和电子中微子的质量，以及 4 种基本相互作用力的强度。这一假说还给了我们一个额外的红利：尽管这一假说的初衷是要宇宙尽可能多地制造黑洞，但它也让宇宙适合生命生存。

此外，宇宙自然选择假说作出了许多实打实的预言。一些近期就能进行的观测可以将其证伪。其中一个预言是，中子星的质量存在一个上限。超新星爆发后，其核心要么坍缩成中子星，要么坍缩成黑洞。到底坍缩成哪一个取决于核心的质量；只有当核心质量低于某一临界质量时，它才会形成中子星。因此，如果宇宙自然选择确实存在，这个上限将会尽可能低。这是因为，上限越低，形成黑洞的可能性就越高。

这一临界质量取决于中子星的构成，它有如下几种可能性。一种可能是，中子星纯粹由中子构成，在这种情况下，临界质量会比较高，大概是太阳质量的 2.5~2.9 倍。另一种可能是，中子星由 K 介子构成，在这种情况下，临界质量比纯中子情况下的低。尽管具体低多少取决于理论模型的细节，但大多数模型都认为这个临界质量大概是太阳质量的1.6~2倍。

如果宇宙自然选择假说是正确的，我们会预期自然将尽可能多地让K介子处于中子星的核心。这样才会有一个较低的临界质量。事实证明，只要将K介子的质量调整得足够低，就能实现这一点。而想要让K介子的质量变低，同时又不影响恒星的形成速率，我们需要调整奇夸克的质量。在我刚刚提出宇宙自然选择假说的时候，观测到的最重的中子星的质量小于太阳质量的2/3，但最近发现的一颗中子星的质量略低于太阳质量的1/2。如果我们取K介子中子星临界质量的理论下限，这一观测就会推翻宇宙自然选择假说；如果我们取临界质量的理论上限，即2倍于太阳质量，宇宙自然选择假说还有一息尚存。

然而，另有一个不是那么精确的中子星观测，发现了一颗大约2.5倍于太阳质量的中子星。[6]如果更为精确的测量证实了这一观测，那么宇宙自然选择假说就被彻底证伪了。[7]

宇宙自然选择假说的另一个预言基于早期宇宙的一个惊人特征，即极端的规律性。通过对宇宙背景辐射的观测，我们发现早期宇宙的物质分布非常均匀，从一个地方到另一个地方的变化相当小。为什么会这样？为什么宇宙不从一个大幅变化的密度分布开始？如果宇宙的密度分布大幅变化，那么那些高密度的区域会马上坍缩成黑洞。在这种场景下，“原初黑洞”将布满早期宇宙。这个世界中的黑洞数目将比我们宇宙的黑洞数目多得多。而宇宙自然选择假说预言，无法通过微调物理定律的参数，使得某个宇宙的黑洞数目超过我们宇宙的黑洞数。以上论证似乎又一次证伪了我的假说。

宇宙学家通过一个名为“密度涨落尺度”（scale of density fluctuations）的参数来描述宇宙中物质密度的变化。虽然它不是一个粒子物理标准模型参数，但许多早期宇宙模型都可以调整参数来增大密度涨落尺度。所以，我们应当考察一下这些模型是否与宇宙自然选择假说不相容。在大多数暴胀模型中，只有一个参数能增加密度涨落，并因此增加宇宙原初黑洞的数目。然而在某些极为简单的暴胀模型中，增加这个参数会大大地缩短宇宙暴胀时间，从而减小宇宙的尺度。较之我们的宇宙，增大这个参数所形成的宇宙会更小，所含的原初黑

洞会更少。[8] 这也就意味着，宇宙自然选择假说仅与这些不能大量制造原初黑洞的简单暴胀模型相容。如果观测证实暴胀要用一些复杂得多的模型来描述，那么我们就能排除宇宙自然选择假说。[9] 反过来说，宇宙自然选择假说预言了这样的观测不可能存在。

当然，暴胀可能不是正确的早期宇宙理论。这里，我们仅仅以此为例来突显宇宙自然选择假说的脆弱性。对任何能在宇宙早期大量制造原初黑洞的机制来说，一旦有观测将其证实，我们就能将宇宙自然选择假说证伪。[10]

如果时间不是真实的，宇宙自然选择就无从谈起。其中一个原因如下：这一假说仅仅需要相对的适者生存。我们宇宙的竞争对手是那些在参数上与这个宇宙略有差别的其他宇宙。这是一个很弱的条件。在这个条件下，我们无须假设我们宇宙的参数对应于全局最大概率；其他宇宙完全可能拥有不同的参数选择，致使它们拥有更高的生育率。这一假说仅仅作出以下预言：不可能通过微调我们宇宙的现有参数使其拥有更高的生育率。

因此，我们可以有许多不同种类的宇宙，多重宇宙具有种群多样性。对于每一种宇宙来说，生育率都不可能靠微调参数来提高。随着时间的推移，不同种群的宇宙会不断混合，通过不断试错来达到更高的生育率。这正是生物圈的工作原理。没有一个种群能永远站在生物圈的顶端；生命史的不同阶段，代表生物总是不一样。它们由那些相对适者混合而来。生命不会到达理想态或平衡态；它总是在不断进化。同样，伴随着宇宙种群的演化，典型的自然规律也会随时间而改变。如果不同种的宇宙间的混合方式不再改变，此时多重宇宙就到达了一个终极状态。在这种状态下，时间将不再起作用，我们称多重宇宙到达了一个永恒的平衡态。当然，自然选择既没有假设、也没有暗示终极状态的存在。在宇宙自然选择场景中，时间总是出现。

除时间真实性以外，宇宙自然选择假说还要求时间是普适的。宇宙的总数变化飞快。每当一个宇宙制造一个黑洞时，这个数字就发生一次改变。如果想从这一假说中提炼出某个预言，我们就必须知道在某个时刻，存在多少具有某某性质的宇宙。要实现这一点，对每一个宇宙而言，时间必须是有意义的。

这还不够，在不同的宇宙种群之间，时间也必须具有意义。所以我们需要一个普适的时间概念，它既能给出一个宇宙内的同时性，也能给出不同宇宙间的同时性。[11]

指数级膨胀的宇宙

现在，让我们看看与之相对的永恒暴胀理论。在早期宇宙中，构成粒子和力的量子场处于一个特殊的相态。这一相态下，宇宙能产生大量的暗能量。暗能量使得宇宙以指数级快速膨胀，这便是暴胀。通常，当“泡泡”形成时，暴胀就会停止。这些泡泡是量子场相变的产物。这和水的沸腾很相似。当我们加热水时，水中会有泡泡出现。泡泡内是气态的水，它由液态的水相变产生。在宇宙学中，泡泡内的量子场处于缺乏暗能量的相态。这个泡泡膨胀减慢，最终成为我们的宇宙。

维兰金和林德注意到，尽管泡泡膨胀的速度变慢，可它四周媒质中的量子场仍然具有很高的暗能量，仍然在快速暴胀。媒质中会生成更多的泡泡，这些泡泡将变为更多宇宙，正如我们的宇宙一样。两人发现，在某些条件下，处于暴胀状态的媒质永远不会消失，以上过程将永远地进行下去，纵使无数多的宇宙泡已经诞生。如果以上场景确实发生，那么我们的宇宙只是无穷多的宇宙泡中的沧海一粟。它们都来自永恒暴胀的媒质。

在最简单的永恒暴胀模型中（我们将集中讨论这类模型），每个宇宙泡中的自然规律都由理论景观随机产生。[12] 就许多讨论而言，这个理论景观专指弦景观。但事实上，任何包含变量参数的理论都可以构成景观，比如说标准模型景观。

在最简单的永恒暴胀模型中，不同的物理定律所对应的宇宙泡比例都是常数。因而，不同物理定理成立的可能性不会因为宇宙泡数量的增多而改变。在这一简单场景下，时间以及动力学不会在宇宙定律取舍的过程中（可能要舍去无穷多个）发挥任何作用。在某种程度上，宇宙的分布（指含有不同定律或

性质的宇宙的出现概率）达到了一种平衡态，并会永远维持这一平衡态。这样的场景不含时间，它与宇宙自然选择图景截然不同。

每个宇宙泡中的自然规律都随机产生，因此想要允许生命存在，自然规律势必要经过精确的调控。于是，适宜生命生存的宇宙少之又少。于是，我们的宇宙是所有宇宙泡中的异数。

想要将以上场景联系于真实的观测，宇宙学家势必有求于人择原理。就如上文所说，人择原理指出，只有一些宇宙拥有适宜生命生存的自然规律和初始条件，我们只能生活在那些宇宙。人择原理将指导我们从一大堆毫无生机的宇宙之中，挑选出那一小部分宜居宇宙，因为我们所生活的宇宙正属于那一小部分。

值得注意的是，适宜生命生存的宇宙和高产黑洞的宇宙之间有很多共同的特征。两者背后的理论——人择原理与宇宙自然选择假说，都可以解释标准模型参数表现出的精细调控。但是，两个理论提供的解释截然不同。在宇宙自然选择假说中，我们的宇宙是一个典型的宇宙，它的特征使其具有高度的适应性，其他许多宇宙也会享有这些特征；而在永恒暴胀模型中，与我们这个宇宙相似的宇宙极为稀少。在前一理论中，我们得到了一个真实的解释；在后一个理论中，我们仅得到了一个取舍的原则。

解释的不同导致了理论在预言能力上的不同。预言能力指的是，实打实地预言出尚未观测到的宇宙特征的能力。如同上文所见，宇宙自然选择假说已经给出了一些真实的预言。而对于那些通过人择原理来解释宇宙规律或初始条件的理论来说,它们尚未对可行的实验作出任何一条可被证伪的预言。我怀疑，它们永远都给不出这样的预言。

以下是我这样怀疑的理由。任选一个你想解释的宇宙属性，它要么是允许智慧生命存在的必要属性，要么是不必要的属性。如果是前者，我们存在这个事实本身就解释了这条属性的原因。那一小撮允许智慧生命存在的宇宙都必须具有这个属性。再让我们看看后者，那些对智慧生命来说不必要的属性。对于每个宇宙泡来说，自然规律的选择都是随机的，那么后一类宇宙的属性也就随机分布于各个宇宙之中。同样，因为这类属性和生命无关，对于那些存有生命的宇宙来说，这类属性也是随机分布的。于是，这些理论不会对我们宇宙中所观测到的后一类属性作出任何预言。

前一类属性的代表是电子的质量；有很多证据表明，如果电子质量与目前的观测值有很大不同，生命存在的条件会遭到破坏。[13] 后一类属性的代表是顶夸克的质量；据我所知，它的值可以大幅变化，我们宇宙的生存条件不会受到丝毫影响。因此，人择原理无法解释目前我们观测到的顶夸克质量。

当然，永恒暴胀理论还是作出了一个有可能被验证的预言：它预言宇宙泡的空间曲率略小于零（空间曲率小于零的空间呈马鞍形；空间曲率大于零的空间呈球形）。如果我们的宇宙真的来自暴胀多重宇宙中的泡泡，那么这条预言肯定也适合我们的宇宙。

这是一个实打实的预言，但想要测试它，我们还要克服许多问题。首先，这个略小于零的曲率其实很接近于零。不管是正是负，我们总是很难区分零和一个小小的数字。事实上，就目前的实验误差而言，时空的曲率好像是零。退一步说，假设未来我们进行了更好的实验，得到了更好的数据，区分空间曲率略大于零、略小于零还是刚好是零，仍然很难。任何科学实验总伴随着测量中的不确定性。鉴于这些不确定性的存在,想要通过观测证伪这一预言尚需时日。

纵使验证了我们宇宙的空间曲率稍小于零，这一观测本身并没有证明多重宇宙的存在。许多其他宇宙模型也和这一观测相容。举个例子，我们的宇宙就是爱因斯坦方程在负曲率条件下的一个简简单单的解，这并不需要多重宇宙。此类解确实存在，我们也确实无须借助暴胀理论对它们的存在进行论证。再举个例子，暴胀就仅仅制造了一个宇宙泡，而没有制造多重宇宙。没有任何观测可以验证其他宇宙的属性，因为这些其他宇宙不会影响我们的宇宙。

你要从帽子里同时取出两个数字

永恒暴胀模型需要构筑于一组可能的理论集合之上。数量庞大的弦论为之提供了选择。

正如此前提到的那样，斯特罗明格于1986年撰文指出，存在许多不同版本的弦论，它们构成了一大片弦景观。2003年，这一场景恶化成了一场难以忽视的危机。人们发现，大约有10^{500}种不同弦论可以给出略大于零的宇宙学常数。[14]当然，尽管这个数字很大，它仍然是个有限数。2005年，麻省理工学院的物理学家华盛顿·泰勒（Washington Taylor）和同事一道发现，存在无穷多个不同版本的弦论可以给出略小于零的宇宙学常数。[15]

对此，南非物理学家乔治·埃利斯（George F. R. Ellis）指出了一个有趣的推论。[16]如果真有无穷多的弦论预言宇宙学常数略小于零，而只有有限多的弦论预言宇宙学常数略大于零，那我们就应当预言我们宇宙的宇宙学常数略小于零。如果宇宙学常数确实在不同宇宙中随机分布，那么我们生活于负宇宙学常数的宇宙中的概率，无穷多倍于生活于正宇宙学常数的宇宙中的概率。这就该是弦论作出的一个实打实的预言，但弦论很少作出此类预言。我们实测的宇宙学常数为正，简单来说，观测证伪了弦论。

一些弦论学家认为这样的论断还言之过早。可能还有许多种构造弦论的方法尚未发现，其中一些方法或可构造出无穷多个可以给出正宇宙学常数的弦论。另有一些人回应称，人择原理可以化解以上矛盾，他们认为，泰勒及其同事发现的负宇宙学常数的宇宙并不适合生命的存在，因而可以排除。[17]然而，在这无穷多的负宇宙学常数的宇宙中，如果有一小部分适合生命生存，那么负宇宙学常数的宇宙又将主宰多重宇宙世界。

在人择宇宙学中，当你要处理理论上就不可观测的对象时，比如其他宇宙，你总可以摆弄一些假设条件。[18]你无法验证到底存不存在无穷多个其他宇宙，你也不知道各种属性在这些宇宙中如何分布。你可以论证某个和我们的宇宙不尽相同的宇宙到底有没有生命，但我们无法通过观测验证你的声明。

人择理论和宇宙自然选择假说大相径庭，两者间的不同在解释宇宙学常数时体现得尤为明显。如前文提到的那样，人们测量了这个重要的物理学常数，发现它是个极小的正数：10^{-120}（普朗克单位下）。问题在于，宇宙学常数为什么这么小？一个事实与这个常数的取值有关。如果我们将宇宙学常数自它的观测值开始不断加大，同时保持所有其他物理学常数和宇宙学常数不变，我们很快能达到一个"临界值"。再往上变大，宇宙将膨胀得非常快，从而无法形成星系。这一临界值大约是目前观测值的 20 倍。

为什么这个事实和宇宙学常数相关？请让我从一个错误的论证讲起。这个论证如下：

（1）生命要存在，星系必不可少，否则就没有恒星。没有恒星意味着星际间没有碳元素，也没有足够的能量，而两者都是行星表面诞生复杂结构和生命的条件。

（2）宇宙中处处都是星系。

（3）要形成星系，宇宙学常数的取值必须比临界值小。

（4）因此，人择原理预言了宇宙学常数必须比临界值小。

你看出哪里出问题了吗？步骤（1）是正确的，但它在整个论证中不起什么作用。真正的论证从步骤（2）开始，"宇宙中处处都是星系"是得到实验确认的；而生命是否要依赖星系完全与此无关。因此，我们能删除步骤（1），它对我们的结论毫无影响。但 4 个步骤中，只有（1）提到了生命，如果它被删除了，人择原理就无的放矢了。正确的结论应该是这样的：

（4）我们观测到，宇宙中充满了星系。因此，这一观测结果意味着宇宙学常数必须比临界值小。

如何辨别论证中的谬误？你可以问以下问题：如果观测到的宇宙学常数比临界值大，我们该如何调整我们的解释？我们不会改变步骤（1），它和整个论证无关；我们不会改变步骤（2），因为它也是我们观测到的事实；我们只能改变步骤（3）。步骤（3）基于理论，或许我们算错了临界值。

> 1987 年，物理学家史蒂文·温伯格（Steven Weinberg）为宇宙学常数之小提供了一个精巧的解释。这个解释没有犯以上逻辑错误，但还是用了人择原理。[19] 他的解释是：假设我们的宇宙是多重宇宙中的一员，假设宇宙学常数在多重宇宙中随机分布，取值总是介于 0 和 1 之间。[20] 既然我们必须生活在星系中，所以我们必须生活在一个宇宙学常数比临界值小的宇宙中。

只要宇宙满足这个条件，对我们来说就没什么区别。因此，我们面对着这样一个场景:我们将一堆介于零和临界值之间的宇宙学常数放到一顶帽子里，再从帽子里随机抓一个宇宙学常数。这意味着，我们的宇宙学常数不会比临界值小太多，因为过小的值的存在可能很小。我们应当预期宇宙学常数和临界值处于同一个数量级，因为同一数量级的取值会比过小的值多很多。

根据以上理由，温伯格预言，宇宙学常数会比临界值低，但低不过一个数量级。令人惊讶的是，10 年后人们测得了宇宙学常数，[21] 这一数值是临界值的 5%。根据上文推理，如果我们从帽子里随机取出 20 个数，仅有一次能取到这个观测值。这不算很低的概率。真实世界中，很多概率低于 1/20 的事件不断在发生。于是，有些宇宙学家认为，基于温伯格的成功预言，我们应该接受这个理论的基础——即我们生活在多重宇宙中。

以上结论存在一个问题。上面我们说，宇宙学常数在临界值之上意味着宇宙无法形成星系，它的大前提是，我们只改变宇宙学常数而保持其他物理学或宇宙学参数不变。但是，在早期宇宙理论中，这些常数当然也可以改变。当我们将宇宙学常数连同其他常数一起改变时，以上论证将丧失它的预言能力。[22]

让我们来看一个例子。上文提到过，宇宙的密度涨落尺度决定了早期宇宙中物质分布的均匀程度。让我们将这个常数连同宇宙学常数一起变大，此时，星系能在宇宙学常数远大于临界值的情况下形成。因为密度涨落尺度的变大补偿了宇宙学常数变大的效应，它造成了宇宙中非常致密的区域，星系可以从中诞生。当然，对于宇宙学常数来说，它还是有个临界值，但这个临界值随着密度涨落尺度的增加而不断增加。

于是，你可以再来一遍此前的论证，即让宇宙学常数连同密度涨落尺度一起在不同的宇宙间变化。也就是说，针对每一个宇宙，现在你要从帽子里同时取出两个数字。你将第一个数字赋予宇宙学常数，再将第二个数字赋予密度涨落尺度。这两个数字的取值范围要保证星系的形成。在这个约束下，它们的取值完全随机。[23] 最终我们发现，这两个随机数字与它们的观测值相符的概率约在 1/100 000 上下，大大小于此前的 1/20。[24]

我们无法观测到其他宇宙，因而无法确定哪些参数会在多重宇宙中变化。如果假定只有宇宙学常数能在不同宇宙间变化，那么温伯格的论证就是成功的；如果假定宇宙学常数和密度涨落尺度都能发生变化，那么温伯格的论证就不怎么让人满意了。由于没有任何独立的证据证明哪种假设才是对的，温伯格的论证其实还没有定论。

因此，那些声称温伯格的论证成功地预言了宇宙学常数的人过于武断了，他们犯下了一个较之上文所讨论的谬误更为微妙的谬误。如果你不是概率论专家，你完全意识不到这个谬误。有些对象无法被我们观测，因此也无法被我们独立检查，如果你借机任意赋予这些对象概率分布，就会犯下这个概率论中的谬误。温伯格的原始论证因此没有逻辑说服力，因为你总可以针对那些不可观测的宇宙作出不同的假设，从而得到不同的结论。[25]

想要解释同样的事实，宇宙自然选择假说做得更好。它可以同时确定宇宙学常数的取值和密度涨落尺度的取值。回想一下，在简单的暴胀模型中，密度涨落的大小同宇宙的大小存在很强的负关联，即密度涨落越小，宇宙尺度就越大，因而（假定其他常数

相同）能产生更多黑洞。于是，密度涨落尺度应该尽可能地接近星系形成条件所要求的下限。这个要求也意味着，宇宙学常数的临界值会变小。因此，宇宙自然选择假说与简单暴胀模型的组合预言了，宇宙学常数和密度涨落尺度都应该是很小的值。这个预言不是任意的，它和实际观测完全相符。

反过来看人择原理，它允许一个极小宇宙的存在，因为只有一个星系的宇宙也能够孕育智慧生命。观测发现，大多数恒星都有行星，所以一个星系中的行星数量就足够产生生命了，增加星系的数量并不会增大宇宙孕育生命的概率。

人择原理的一些狂热爱好者会对该原理稍加修饰，以图将之保留。他们认为，如果一个宇宙有更多宜居的行星，那我们就更有可能出现在这样的宇宙中。这一原则偏好尽可能大的宇宙，这也意味着，这个宇宙的密度涨落尺度和宇宙学常数会尽可能小。

我们没有改变一个理论的基本事实，却似乎改变了这个理论的预言。这其中肯定发生了一些有趣的事。两个版本的人择原理在多重宇宙的描述上没有任何区别，两者间的区别仅仅在于筛选宇宙的标准。

“等等，”人择原理爱好者或许会这样回答，“多重宇宙中的文明更有可能发现自己处在一个有多种文明存在的宇宙中，所以宇宙中更可能有多个星系而不是一个星系。”这个论证貌似挺有说服力。不过我们会这样追问：“你怎么知道呢？”如果宇宙很小的话，多重宇宙中就可能有更多宇宙，随机产生的文明更有可能出现在这些小宇宙中。到底是有很多星系的大宇宙，还是只有一个星系的小宇宙？哪种场景正确取决于大小宇宙在多重宇宙中的分布，我们不可能独立验证这一分布。理论物理学家可能会构造出许多种模型，各个模型有各个模型的大小宇宙分布。但是，尽管你能调整这些不可观测对象的特征，尽管你能使它们同你的理论符合得更好，这并不能证明你的理论。

在宇宙自然选择假说中，我们的宇宙只是芸芸宇宙中典型的一员。此处，我们无法加入一些选择条件，来挑选宇宙中的异数。

请注意，以上论证所针对的问题，并不是到底该从黑洞中创造宇宙，还是该从泡泡中创造宇宙。它针对的是，时间和动力学在解释已知宇宙特征、预言未知宇宙特征的逻辑推理过程中到底扮演何种角色。一个暴胀模型可以采用时间和宇宙泡长链—— 一层泡泡套一层泡泡再套一层泡泡，来避免对人择原理的依赖，享受宇宙自然选择假说的优点。

我们讨论的关键并不在于，随时间演化的理论在拟合观测结果上比独立于时间的理论做得更好。我们讨论的关键在于，**一个随时间演化的理论能够给出清晰的预言，而基于人择原理的理论总是可以遵从人的意志不断调整预言。**这或许与我们的第一印象不同。基于自然规律随时间演化的理论假说，较之于不含时间的理论假说，更加脆弱，也更容易被证伪。如果一个观点强硬到不能被证伪，那它肯定不属于科学。

00:12
解放量子力学

Time Reborn

From the Crisis in Physics to the Future of the Universe

我们已经看到，若想知道物理定律是如何被取舍的，时间的真实性是回答这一问题的关键。在真实的时间之上，我们可以假设物理定律随着时间演化。认同时间的真实性，或许还能帮助我们解决另一大物理学未解之谜——如何诠释量子力学。**一套新的量子理论将从时间的真实性中诞生。**与此同时，它也会再一次向我们展现，物理定律到底是如何随时间演化的。

量子力学是有史以来最为成功的物理学理论。今天，我们所依赖的数字科技、化学科技、医药科技，几乎无一例外地源自量子力学。然而，我们有充分的理由相信，量子力学仍然是不完备的。

理解量子力学无疑是我们理解世界过程中的一大挑战。自 20 世纪 20 年代被提出以来，物理学家为了理解量子力学构造了各种稀奇古怪的场景。既死又活的猫，粒子间超光速的信息传递，无穷多的平行宇宙，观测者不看就不存在的真实世界……这些充满想象力的观点都是为了解密亚原子世界。

所有这些都在回应一个事实：量子力学无法给出单个实验的物理图景，

这一事实毋庸置疑。**量子力学的一个公理是，量子力学仅能对实验结果作出统计式的预测。**

爱因斯坦很早就认为量子力学是不完备的，这是因为量子力学无法精确地描述单个实验。电子到底是怎样在能量态之间跃迁的？相隔遥远的粒子之间到底是怎么做到瞬时通信的？为什么它们似乎发生了瞬移？量子力学无法回答这些问题。尽管如此,量子力学依然非常有用。在整理大量经验数据的过程中，量子力学为物理学提供了一个框架、一种语言。纵使它确实无法解释亚原子世界中到底发生了什么，它仍然为我们提供了一套预测实验结果的算法。迄今为止，这套算法非常有效。

不靠谱的量子力学

真的存在这样一个总能进行成功预测，但本质上还是不靠谱的理论吗？未来真的可能有新的理论推翻量子力学对这个世界作出的假设吗？纵观科学史，我们可以发现许多先例。千年以来，托勒密的太阳系模型工作得很好，但它的基本观点却大错特错；牛顿运动学对这个世界的假设被后来的相对论和量子力学彻底推翻。似乎，一个理论的有效性无法保证这个理论就是真理。

在我看来，量子力学无法摆脱托勒密理论和牛顿理论的宿命。或许，我们无法理解量子力学的原因就在于它并不是真理。量子力学似乎更可能是一个深层次理论的近似。对于我们而言，理解这个深层次理论或许是项简单得多的任务。这个深层次理论就是本书集中讨论的未知的宇宙学新理论。我想再一次强调，时间的真实性是这个理论的关键。

之所以说量子力学有很多问题，我们主要基于以下三个紧密关联的理由。

第一，它无法给出单个实验过程的物理图景；与此前的物理理论不同，我们采用的量子力学形式无法向我们逐帧展示实验过程中到底发生了什么。

第二，在多数情况下，它无法“精确地”预测实验结果；量子力学并没有告诉我们实验会得到什么结果，它给我们的只是出现可能结果的概率。

第三，量子力学中测量、观测和信息没有得到很好的定义，这是量子力学最大的问题所在。没有这些概念，我们无法表达量子力学。在量子力学中，这些概念一定作为第一性概念出现，我们无法将它们解释为量子过程。**从某种程度上，与其说量子力学是个理论，不如说它是实验者解码微观系统的一套方法。**测量量子系统用的仪器、测量时间用的时钟，以及身为观测者的我们，都无法用量子力学的语言来描述。这就意味着想要得到一个正确的宇宙学理论，我们就必须放弃量子力学。我们需要找个替代理论，它能扩展到整个宇宙，它将涵盖测量仪器、时钟和我们这些观测者。[1]

在寻求替代理论的过程中，大自然通过实验为我们展示了三条必须牢记在心的线索：不相容问题（incompatible questions）、量子纠缠（entanglement）和非定域性（nonlocality）。

每一个系统都有很多性质。举例来说，粒子有动量和位置[2]，鞋子有颜色和鞋跟样式。针对每个性质，我们都可以提一个问题：粒子现在在哪里？她鞋子的颜色是什么样的？我们通过实验询问系统，以获得这些问题的答案。如果你关心的系统完全属于经典物理学的范畴，那你一定能回答所有的问题，从而知道系统所有的属性。如果系统是量子的，你针对一个问题的实验设置往往意味着你无法回答其他问题。

举例来说，你可以问一个粒子的位置，也可以问一个粒子的动量，但你不能同时两个问题一起问。这就是尼尔斯·玻尔所谓的“互补性”（complementarity），这也是一些物理学家口中的“非对易变量”（noncommuting variables）。如果鞋子也属于量子世界的话，那或许鞋的颜色和鞋跟样式也是这样一对不相容的属性。这种情况在经典物理学中没有发生。在经典物理学中，你无须选择测哪个属性不测哪个属性。这里，问题的核心在于，实验者不得不做的选择到底是否影响了他所研究的系统的真实性。

量子纠缠同样也是一个纯粹的量子现象。量子纠缠认为，一对量子系统可以共享一个属性，可每个系统不独立具有那个属性。换句话说，你可以问一对量子系统的相互关系，这个问题具有明确的答案；但如果你对单个系统询问相关的问题，答案就不存在。

> 让我们考虑一双量子鞋，我们可以先定义一个叫作“逆反”（contrary）的属性。如果你问两只鞋子相同的问题，总是能得到相反的答案，这种性质就叫逆反。举例来说，你问两只鞋子的颜色，一只鞋子回答“白色”，另一只鞋子就回答“黑色”。如果你问两只鞋子鞋跟的样式，一只回答“高跟”，另一只就会回答“平跟”。如果你只问一只鞋子的颜色，你有 50% 的概率听到“黑色”、50% 的概率听到“白色”；只问一只鞋子鞋跟的样式，你有 50% 的概率听到“高跟”、50% 的概率听到“平跟”。如果这对量子鞋具有逆反属性，那么针对一只鞋子发问，你会得到随机的答案；针对两只鞋子同时发问，你会得到逆反的答案。

在经典物理学中，一对粒子的属性总可以被还原为每个粒子的属性。量子纠缠的出现意味着这一规律在量子系统中并不成立。此处的讨论非常重要，因为我们可以通过量子纠缠创造出自然界的新属性。如果你让两个从未接触过的量子系统相互纠缠，你可以让这对系统具有自然界中从未存在过的逆反性。

我们通常将两个亚原子粒子放在一起，让它们相互接触，借此产生量子纠缠对。这对粒子一旦纠缠，就会始终保持，无论它们之间相隔多远。只要此后两者没接触其他系统，它们就会始终共享诸如逆反性之类的纠缠属性。于是，我们有了量子世界的第三条线索，也是最为惊人的一条：非定域性。

让我们在蒙特利尔将一双鞋进行量子纠缠，使它们具有逆反性，再将左脚的鞋子送到巴塞罗那，右脚的鞋子送到东京。巴塞罗那的实验者选择测量左脚鞋子的颜色，这一选择会瞬间影响远在东京的右脚鞋子的颜色。这是因为，一旦巴塞罗那的实验者测得了左脚鞋子的颜色，他们就能正确地预言东京的鞋子具有的相反颜色。

20 世纪，我们熟悉了“定域性”这一物理作用属性。定域性指信息只能一个地方接一个地方地传播，它只能通过粒子或波传播。考虑相对论，传播的速度不能超过光速。量子物理似乎违背了狭义相对论的这一核心要义。

量子力学中的非定域性效应是真实的，也是微妙的。我们无法通过非定域性在巴塞罗那和东京之间瞬时传递信息。东京的实验者若要测量鞋子的某个属性，无论选择如何，结果在他们看来都是随机的。他们会发现鞋子黑和白的概率各为一半。只有当他们得知巴塞罗那的测量结果后，他们才能马上确定他们的鞋子颜色肯定相反。但是，一个消息从巴塞罗那传到东京需要时间——信息传播速度不会大于光速。

为什么东京的鞋子会和巴塞罗那的鞋子发生关联？为什么两地的实验者打开盒子总会发现鞋子的颜色是相反的？这些问题并没有被解决。有人或许这样想，在蒙特利尔负责发货的人总能保证，装有相反颜色鞋子的盒子被分别送往东京和巴塞罗那。但一系列实验结果加上理论论证否定了这种假设。相反，从某种程度上说，关联建立于盒子在东京和巴萨罗那被打开的一瞬间。

假设我们有一大盒鞋子，让每一对鞋子纠缠并使它们具有逆反性。我们将所有左脚鞋子寄往巴塞罗那，将所有右脚鞋子寄往东京。两个城市的实验者被允许随机选择他们关心的鞋子的属性，对之测量并记录测量结果。之后，他们会将测量结果送回蒙特利尔的鞋厂。在那里，我们将对这些信息进行比较。最终我们发现，想要搞清为什么这些结果会相互关联，我们只能假设非定域性的存在。也就是说，我们选择测一只鞋子的哪种属性，都会影响与之纠缠的另一只鞋子的属性。这便是1964年爱尔兰物理学家约翰·贝尔（John Stewart Bell）提出的定理的大意。自此以后，一系列聪明的实验展示了贝尔定理。

穿越量子力学的迷雾

量子力学提出后的90年间，量子力学的上述特征和问题一直是人们关注的焦点。人们提出了许多方法以更深入地了解量子力学。但大家忽略了一个关键：**量子力学之所以有这些奇怪特征，正是因为它是一个被截断的宇宙学理论，从而使它适用于小型亚宇宙系统。而接受时间的真实性，将为我们打开一条理解量子物理的新途径，它将穿透量子力学的迷雾，解决量子力学的谜题。**

进一步来说，我认为在真实的时间基础上，我们可以构造一种新形式的量子力学。[3]这一新形式还具有很多猜测性。它还没有给出任何精确的实验预测，更别提实验检验了，所以我不能说它一定正确。可这一新形势为我们观察物理定律的本质提供了一个不同的视角，它通过一种不同寻常的新方式展示了物理定律随时间演化的观点。并且，我们即将看到，它很有可能被实验观测检验。

可我们真能放弃独立于时间的自然规律吗？我们是否同时会丧失物理学解释我们周遭世界的能力？我们习惯性地认为自然规律都是决定论式的。决定论的推论之一就是，宇宙中不可能有真正的新鲜事物——万事万物都是不随时间变化的基本粒子在不随时间变化的物理定律指导下进行的排列组合。

在很多情况下，未来确实就是过去的不断重演。如果有一个实验，我们做过很多次，且每一次得到相同的结果，我们就会相信，在未来进行这个实验，一定也会给出相同的结果。（每次的实验结果可以不同，但我们相信这些不同的实验结果间的比例一定会在未来实验中重现。）我们预期下一次投球时，球还会沿抛物线运动。因为过去我们每一次做实验时，球都这样运动。通常我们会说，这是因为物体的运动是由不随时间而变的物理定律决定的。物理定律的时间独立性保证了它在未来和过去所起的功用相同。因此，**不含时间的自然规律严禁任何真正新鲜的事物出现。**

要解释为什么现在是过去的镜像，我们真需要不含时间的自然规律吗？仅当一个实验过程不断重复进行时，我们才会需要一个“定律”来描述。可事实上，这并不必要。要解释这些实验过程，我们可以用一个比定律弱得多的概念，比如，一个声称重复测量总会得到相同结果的原则。实验过程并没有遵循某个具体的物理定律，它们只在遵循“先例原则”（principle of precedence）。这一原则可以解释此前需要定律才能解释的种种场合。这一原则也不禁止新的测量得到超出旧有知识预言的结果。它既承认物理定律适用于过去反复出现的场景，又允许一小部分自由度存在于新鲜事物的演化过程中。英美法系的运行原则正是先例原则。当法官遇到一个与过去案例相似的案例时，他就会受制于过去的判决先例。自然世界也按照类似的原则运行。

当我构思这一观点时，我震惊地发现哲学家查尔斯·皮尔士又一次走在了我的前面。他认为，自然规律随时间的演化形如习惯随时间的发展：

> 一切事物都有形成习惯的趋势。就原子及其构成部分、分子及分子群等我们能够想象的真实对象而言，它们都有较大概率重复先前的场合，而非另起炉灶。这种趋势本身形成了一种规律。随着时间发展，趋势不断加强。而回溯过去，趋势则变得越发不明显。[4]

对于真实的新鲜事物来说，这个原则至关重要。如果自然确实依照先例原则运行，而不依照永恒不变的定律运行，那么当先例回溯到头时，我们就无法预测系统的行为。如果我们确实制造了一个全新的系统，那仅凭我们已有的信息就无法预测系统的测量效应。仅当我们大量复制同一系统时，先例原则才会开始发挥效应。在那以后，我们才可以预测系统的行为。

如果自然确实是这个样子的，那么我们就有真正开放的未来。我们仍可以在有很多先例的情况下依赖可靠的自然规律，而不再受决定论的束缚。

在经典力学中，所有粒子都遵循固定的物理定律运动。所以公平地说，经典力学排除了新鲜事物存在的可能性。但量子力学与之不同，我们可以通过两种方法将永恒的物理定律替换为先例法则。

- **量子纠缠可以制造自然界崭新的属性。**你可以测试一对纠缠的粒子是否具有逆反性之类的纠缠属性。倘若将它们分开看，你就无法找到这些属性。
- **量子系统对环境的响应体现出真正的随机性。**即使你知道一个量子系统的所有历史，你仍然无法可靠地预言，在测量系统属性时系统会发生什么。

以上两个量子系统的特征促使我们将永恒的物理定律替换为先例原则。后者可以保证，自然界中未来重现过去。先例原则足以在需要决定论的场合充当决定论，但它同时也意味着，当自然界中出现新的属性时，自然世界可以演化出新的规律并加以应用。

以下是先例原则应用于量子世界的一个简单示例。考虑一个量子过程，你先准备一个量子系统，随后予以测量。假设这样的过程在过去重复出现，这将给予你大量过去的测量结果：对于一个是非问题，有 X 次系统告诉你对，有 Y 次系统告诉你错。未来的测量结果将从过去的测量结果集合中随机生成。假设准备系统时，我们赋予系统的某个全新属性以确定值，那么这个系统就没有先例。于是乎，系统的测量结果不会受到任何过去事件的约束。

这个观点是不是在说，自然世界确实可以自由自在地挑选实验结果？从某种意义上说，的确是这样，人们已经知道量子系统确实拥有一些自由的元素。约翰·康威（John Conway）和西蒙·库克（Simon Kochen）新近提出并证明的定理正是在说明这一点。我不太喜欢他们给自己的定理所起的名字，但又不得不承认这个名字朗朗上口且引人注目：自由意志定理（the free-will theorem）。[5]这一定理适用于两个原子（也可以是其他的量子系统）在相互纠缠后被分离，随后每个原子的某一属性得到了测量。自由意志定理声称，假设在某种意义上，两个实验者可以自由地选择对其所持原子进行何种测量，那么在相同的意义上，原子对测量的响应也是自由的。

这个定理其实和难以名状的自由意志没有什么关系。如果我们断言实验者拥有选择何种测量的自由，我们其实在说，他们的选择不会取决于之前的历史。我们无法通过实验者过去的经历以及世界的历史，来推断出他将要作出的选择。于是，原子们也是自由的。这其实在说，如果我们测量两个原子的某个性质，无论过去的信息有多么多，它们也无法帮助我们预测出测量结果。[6]

在我看来，想象原子的自由，哪怕是在最狭义的层次上，都是非同凡响的。这意味着当我们测量电子时，它可以毫无理由地做任何事——因此，决定论或算法式的框架注定无法囊括一个系统所具有的所有信息。这个消息令人又惊又怕。原子的真正自由（不受前因决定）并不满足充足理由律的要求，后者认定我们向自然提出的每个问题都必然存在答案。

假定量子力学是正确的，我们能否定量描述自然世界的自由？经典力学中没有这样的自由，因为它所描述的世界是决定论式的，我们完全可以基于过去的知识预测出这个世界的全部未来。当然，统计和概率在描述经典世界中也会起作用，但它们仅仅反映了我们在描述过程中所忽略的东西。因为我们总是可以通过了解更多信息作出百分之百正确的预言，这样的世界完全没有自由。

康威和库克的定理认为，量子系统拥有某种程度上的真正自由。但是，自然是否可以在某种新的物理学中表现出更大程度的自由？我曾问过自己这个问题，发现它并不是特别难以回答。想要回答此问，我要借助量子基础理论的最新发展，这些发展使得我可以准确地定义一个量子系统可能拥有的自由。

吕西安·哈迪（Lucien Hardy）在牛津大学短暂工作后就加入了圆周理论物理研究所。2000年前后，他构思了一大类可以预测测量结果概率的理论，这类理论不仅涵盖了经典力学和量子力学，还包括了许多其他理论。对于这类理论，哈迪的要求仅有两点：概率的使用自洽；当被应用于单一孤立系统或多个孤立系统的组合时，表现良好。哈迪通过若干个假设或公理表达了这些要求，并称其为“合理公理”（reasonable axioms）。[7]之后，理论物理学家们进一步发展并完善了这些公理。我所用的正是路易斯·马萨纳斯（Lluís Masanes）和马库斯·穆勒（Markus Müller）版的拓展公理[8]，这一公理允许我精确地定义一个理论到底有多少自由。

自由的多少被表示为预测系统未来所需信息的多少。我们可以准备许多全同的系统拷贝，询问它们不同的问题，借此获得信息。通过这套询问方法，我们作出的预言依然可能是概率式的。未来的系统观测无法改变预言的精度，从这种意义上讲，它们恰恰是最佳的预言。就哈迪研究的系统而言，想要探明系统对任意可能测量的响应，你会需要一定数量的信息。你为了作出最佳预言而测的东西越多，系统的自由度就越大。

想要知道这到底意味着多少自由度，我们需要比较一下预言所需信息的多少和特定测量下的系统的大小。其中一种特别有用的度量，便是看看系统针对某个问题所能提供的答案的数目。在最简单的情况下，我们只有两个选择：如果你问一只量子鞋的颜色，它要么是黑色要么是白色；如果你问一只量子鞋的鞋跟的样式，它要么是高跟要么是平跟。

正如前文所述，量子力学会将每次选择时你所需要的信息最大化。这也就是说，在量子力学所描述的宇宙中，我们能对系统的行为进行概率性的预测。比之其他能用概率来描述的物理系统，量子系统偏离决定论最多。从这个意义上说，量子系统是自由的，量子系统拥有着最大化的自由。我们将此称为“最大化自由原则”（principle of maximal freedom）。如果将先例原则和最大化自由原则相结合，你就可以获得一套量子力学的新形式。因为区别过去和未来对于这套新形式不可或缺，所以它只能在时间真实性的框架下得以表达。所以我们可以抛弃自然规律必须是不含时间的、决定论式的观点，而无须担心物理学丧失解释自然世界的能力。

因为有了哈迪、马萨纳斯、穆勒的早期工作，想要证明量子系统拥有最大化的自由就变得非常简单。我所做的，是将时间的真实性带入人们的视野。

当我向朋友和同事解释这一观点时，他们的第一反应常常是哈哈大笑。是的，这个理论还留有许多细节有待填补，其中包括：最早几个例子中的自由到底如何构造先例？如果有多个先例，到底要遵循哪一个？[9] 除了以上细节问题以外，优先原则假说确实还有其他一些可疑之处。系统是怎么知道先例的？系统到底是靠什么机制从一堆先例中挑出某一元素的？想回答后一问题可能需要假设一种新的相互作用，即真实的物理系统与它过去拷贝之间的作用。

先例原则并没有告诉我们这个原则是怎么发生的；从这个方面来说，它同量子力学的传统形式半斤八两。在传统形式中，测量是个第一性的概念；而在我们的新形式中，同类量子系统是个第一性的概念（同类是指，两个量子系统的准备过程和变换过程完全一样）。然而无论新旧形式，还是有人会好奇地问：自然规律到底是如何作用于自然的？到底是如何产生运动和变化的？电子是怎么“知道”自己是电子的？为什么它受制于狄拉克方程，而不是其他什么方程？夸克是怎么“知道”自己的种类和质量的？一个诸如自然规律一样的永恒个体，到底是如何进入时间长河之中，作用于每一个电子之上的？

不含时间的自然规律作用于随时间变化的世界。对于这种观点，我们早已习以为常，见怪不怪。但退一步看，我们发现这一观点根植于一个极其隐晦的形而上学推定；先例原则同样也依赖这类推定。只是两相比较，我们更熟悉永恒自然规律所依赖的推定。

如果先例原则的新颖之处仅仅在于形而上学，那在我看来，它比当下许多奇幻的量子力学诠释（比如假设同时存在无穷多个平行世界）要保守许多。一旦谈及量子理论，你总要接受一些奇怪的概念，除非实验物理能告诉你某一量子理论更为巧妙，你可以自由选择你的奇怪概念。我愿意在先例原则上下注，它会为实验物理学带来新的灵感，这些实验或许会将我们指向量子力学以外的全新物理学理论。

你或许会对此提出异议：量子力学已经预测了量子系统的新鲜属性。我的观点会和这些预言相冲突吗？如果有冲突，那很有可能意味着我的观点不对。假设我们在一台量子计算机中制造了一种自然界中从未有过的纠缠态。在传统量子理论中，我们可以在测量这一纠缠系统时预测它未来的行为。而在我的先例原则下，实验完全可以超出这些理论的预测。换句话说，先例原则认为，在自然界中，从未有过的量子纠缠态能够带来自然界中从未有过的相互作用，或使现有作用在这个新系统中发生变化。我们从未观测到这些新鲜作用，也从未观察到已有作用会随系统变化而变化，我们当然可以因此质疑先例原则。

纵观人类历史，古人的智慧并没有创造出新的量子纠缠态，我们才刚刚学会如何制作它。如果先例原则正确，未来的量子计算机实验将带来惊人发现。至少，我们可以对含有新量子态的量子装置进行测试，从而证伪先例原则。先例原则违背了还原论的基本原则。还原论认为，复合系统不管多么复杂，其未来可通过已知基本粒子的相互作用进行预测。不过，先例原则对还原论的违背是温和的、罕有的。在此，我认为还是应该让实验来判定这一原则的真伪。

这一量子力学新诠释符合新宇宙学理论的两点要求。**它满足解释的自给自足性**（严格来说，满足这一原则的特殊版本，即要允许新鲜情况下的真正自由）。先例原则认为，过去情况的集合决定了未来实验观测的结果。由于这些过去情况是真实的，所以未来的真实事物仅受过去的真实事物影响。先例原则还很明显地满足另一条新宇宙学原则，即自然规律随时间的演化。它对这一原则的拥护达到了挑衅的程度。先例原则认为，没有先例的测量不受此前的物理定律约束。随着实验结果的不断积累，先例不断被建立；仅当我们积累足够多的先例时，实验结果才会受定律的约束。

随着新的状态在自然界中产生，新的定律也会随之而来，这意味着，我们所观测到的标准模型相互作用是某种"禁闭"了的全新物理定律。这种全新物理定律可以描述大爆炸后刚刚演生出的电子、夸克和其他粒子态。

这一新原则并没有满足充足理由律。从某种程度上看，量子系统拥有真正的自由——单个实验的结果总是不确定的，因为单个实验的结果并没有相对应的理性解释，充足理由律因此受挫。放射性原子核的衰变，或其他任何只给出概率式预言的量子力学实验结果，就是简简单单地没有任何相应的理由。

如同其他许多新观点一样，先例原则可能行不通。我们应对此做好思想准备。然而，无论这一新观点的命运如何，我们可以看到假设时间的真实性所能带来的丰厚回报。时间的真实性并不仅仅是一个形而上学的假设；这个假设可以激发崭新的物理学观点，也能推动扎实的科研项目。

00:13

相对论与量子力学之战

Time Reborn

From the Crisis in Physics to the Future of the Universe

充足理由律在我们将物理学拓展到整个宇宙的过程中至关重要，它要求我们为自然世界的每一次选择都找到一个合理的理由。然而，量子系统的行为却常常貌似是自由的、毫无理由的，这对充足理由律来说，是一个严峻的挑战。

量子物理学到底能不能满足充足理由律的要求？这个问题的答案取决于量子力学能否拓展到整个宇宙，能否在最基本的层面上描述自然，又或者只是某种全然不同的宇宙理论的近似。如果能将量子力学拓展到整个宇宙，那么我们就能在宇宙尺度上应用自由意志定理。我们假定没有比其更基本的物理理论，这就意味着，自然世界拥有真正的自由。倘若宇宙尺度上的量子系统是自由的，就意味着充足理由律是存在局限的。如果量子系统有五花八门的自由选择，世上就没有理性或充分的理由。

然而，在给出以上量子力学拓展时，我们犯下了宇宙学谬误。我们再也无法将理论与实验相比较，它被扭曲地拓展到适用范围之外。如果我们更为小心，我们需要探索一下到底量子力学是不是某种深层次理论的近似，它是否只适用于小规模的子系统。或许在宇宙的某处，还有一些我们错过了的信息，它们可以决定量子系统的未来行为。在我们将小系统的量子描述拓展成整个宇宙的理论时，这些信息将会发挥作用。

是否存在这样一个决定论式的宇宙学理论，当我们将其应用于孤立的子系统并忽略掉子系统外的一切事物时，它会变成量子力学？这个问题的答案是肯定的。但我们马上会看到，为了这个肯定的答案，我们将付出高昂的代价。

在这样的理论中，量子力学中的概率起源于我们忽视了作为整体的宇宙。如果能站在整个宇宙的层次上思考量子问题，概率将让位于确定性的结果。在将宇宙学理论截断成描述宇宙局部的理论的过程中，量子不确定性油然而生。

人们称这样的理论为“隐变量”理论（hidden variables theory）。在隐变量理论中，实验者所关注的孤立量子系统以外的宇宙信息将解决量子不确定性。人们提出过许多此类理论。这些理论所给的量子现象预言同量子力学的预言相符。所以我们知道，至少从原则上说，此类量子力学的诠释是可能的。此外，在将量子力学扩展到宇宙学理论的过程中，如果决定论得以恢复，那么与其说隐变量和单个系统的超精确描述有关，不如说隐变量和这个系统同宇宙其余部分的关系有关。我们称这样的隐变量为“相对关系隐变量”（relational hidden variables）。

根据第 12 章提到的最大化自由原则，量子力学是内在不确定性极大的概率式理论。换句话说，如果我们想在一个原子上重现决定论，就需要最大化的信息量。这里，信息指这个原子和宇宙整体的诸多相对关系。对于宇宙中的每一个粒子来说，它们的属性都最大限度地取决于它们与宇宙整体的隐藏关系。于是乎，量子力学诠释紧密关联于本书的主题——寻找一个新宇宙学理论 。

在进入这个主题前，我们先要支付一笔“门票费”：我们要放弃同时的相对性，回到旧有的世界图景。那里，同时性在整个宇宙中有着绝对的定义。

我们必须对此万分小心——我们不想与相对论的诸多成就相矛盾。这些成就中，有一个名为“量子场论”（quantum field theory）的理论。它是狭义相对论和量子力学的成功结合，也是粒子物理标准模型的基础。它对实验物理作出了许多精确的预测，得到了大量实验结果的支持。

然而，量子场论本身有诸多问题，其中之一便是针对无穷大的微妙处理。如果这些无穷大一直存在，那么量子场论什么预测都做不出来。此外，量子场论继承了所有量子力学的概念问题，它对这些问题的解决毫无作为。量子力学的老问题，加上无穷大的新问题，暗示了量子场论本身也是某个更深层次、更为统一的理论的近似。

因此，尽管量子场论极为成功，自爱因斯坦以来的许多物理学家仍然希望超越它。他们渴望得到一个更深层次的理论，这个理论能对单个实验给出完整的描述。但正如我们此前所见，没有一个现有量子理论能做到这一点。在他们求索的过程中，量子物理与狭义相对论的矛盾不断出现，越发不可调和。当思考如何让时间在物理学中重生时，我们必须对这一矛盾进行深入理解。

旧世界的图景

自尼尔斯·玻尔开始，物理学界有个传统，即声称量子力学无法给出单个实验的图景并不是理论的失败，而是理论的优点。正如第 7 章中提到的那样，玻尔巧妙地争辩到，物理学的目的不是给出自然的图景，它只是创造出一门可以让我们针对实验设置与实验结果进行交流的语言。

我认为玻尔的说法很有想象力，却没有说服力。我对当代许多理论物理学家的印象也是如此。这些理论物理学家认为，量子力学与现实世界无关，而与我们拥有的关于现实世界的“信息”相关。他们认为量子态不对应于任何物理上的真实状态；相反，它们是系统观测信息的编码。这些理论物理学家都很聪明，我很享受和他们争辩的过程。但是，我发现他们贱卖了科学。如果量子力学只是一套预测概率的算法，我们是否能够改进这套算法？毕竟，单个实验中有些东西存在。它们正是被我们称作电子、光子的真实存在。只有它们，才能被冠以电子、光子之名。难道我们不该构造一套概念化的语言、一个数学框架，借此紧紧抓住单个电子的本质吗？或许，没有一个原则能保证我们可以理

解每一个亚原子过程中所含有的真实，没有一个原则能保证我们可用自己的语言或数学描述这些真实。难道我们不应该至少试一次？于是，我决定站在爱因斯坦一边。我相信存在着一个客观的物理现实，我相信原子中电子的能级跃迁可以被我们描述。于是，我决定探寻能给出这一描述的理论。

第一个隐变量理论由物理学家路易·德布罗意于1927年在第5次索尔维会议（Fifth Solvay Conference）上提出。会上，量子物理学家云集。会议前不久，量子力学最终成型。[1]德布罗意理论的灵感来自爱因斯坦提出的波粒二象性（详见第7章）。德布罗意理论解决波粒难题的方法非常简单。他假设存在一个真实的波和一个真实的粒子。波和粒子都是真实的物质存在。在1924年的博士论文里，德布罗意提出波粒二象性是普遍存在的。诸如电子之类的粒子也存在波的属性。在1927年的论文里，德布罗意的物质波如同水波一样，能发生干涉和衍射。粒子随波运动。在常见的电力、磁力和引力之外，电子受到一种名为“量子力”的新型力。量子力将粒子推往波峰；因此，我们更有可能在波峰发现这些粒子。但请注意，这是个概率式的描述。为什么概率会出现？因为我们不知道粒子的初始位置；继而我们也不能准确地预测它将来出现的位置。这里，我们一无所知的隐变量正是粒子的精确位置。

约翰·贝尔后来把德布罗意的理论称作一个关于“可存在量”（beables）的理论。[2]这与量子力学正好相对，量子力学是一个关于“可观测量”的理论。可存在量指的是某些一直存在着的东西，它与可观测量不同。在实验诱发之下，可观测量才会存在。在德布罗意的理论中，粒子和波都是可存在量。特别值得注意的是，理论中的粒子总是有个位置，尽管量子理论不能对其作出精确预测。

然而，认为粒子和波均为真实存在的德布罗意理论并没有受到人们的重视。

1932年，大数学家约翰·冯·诺依曼（John von Neumann）出版了一本著述。在那本书中，他证明了隐变量不可能存在。[3]几年之后，年轻的德国数学家格蕾特·赫尔曼（Grete Hermann，后来被称为“代数女皇”）指出冯·诺依曼证明中的重大纰漏，[4]冯·诺依曼错误地将他想要证明的结论作为证明的前提假设。随后，冯·诺依曼将这个前提假设伪装成了一条技术上的公理。这愚弄了别人，也愚弄了他自己。然而，赫尔曼的论文被人们忽略了。

足足20年之后，才又有人发现了冯·诺依曼的错误。20世纪50年代初，美国量子物理学家戴维·玻姆（David Bohm）撰写了一本量子力学教科书。[5]在认真思索量子力学的奥秘之后，玻姆重新提出了德布罗意的隐变量理论——他对这个20多年前的理论一无所知。玻姆写完了关于新量子理论的论文，并将它投到一家物理学杂志。可他收到了拒绝信。信中说，这个理论和冯·诺依曼大名鼎鼎的证明有矛盾，隐变量不可能存在。玻姆很快就发现了冯·诺依曼证明中的错误，并专门写了篇文章指明这一点。[6]此后，一小部分专家开始致力于探索这种被当代人称为“德布罗意-玻姆理论”的量子理论。它是通往量子理论基础的道路之一。今天，人们还在积极地发展这一理论。

由于德布罗意-玻姆理论的存在，我们知道隐变量理论仍是解释量子力学之谜的办法之一。对德布罗意-玻姆理论的研究令人受益。这是因为这一理论的很多特征，被证明适用于任何可能存在的隐变量理论。

德布罗意-玻姆理论和相对论的关系非常纠结。一方面，德布罗意-玻姆理论给出的统计预测和量子力学的预测相符。而且，这些预测还能与狭义相对论相容，特别是，它能与同时的相对性相容。然而另一方面，德布罗意-玻姆理论在给出统计预测外附赠了其他东西，这与量子力学不同；它给出了单个实验过程中的详细物理图景。在这个理论中，波随时间演化，不断影响粒子的位置；这样就意味着，理论违背了同时的相对性，因为描述波如何影响粒子运动的定理只对某一特定参考系上的观测者成立。因此，从这种意义上说，如果我们认为德布罗意-玻姆隐变量理论是真正的量子力学诠释，那么就要相信最佳观测者的存在。最佳观测者携带的时钟所测的时间就是最佳物理时间。

这种与相对论模棱两可的关系在所有可能的隐变量理论中出现。[7] 这些理论给出的统计学预测与量子力学相符，与相对论相容。然而，近看每个单独事件上的细节图景时，我们发现理论与相对性原理相悖，只能从某一特定观测者的视角出发进行诠释。

德布罗意 - 玻姆理论存在一个重大缺陷，它没有满足新宇宙学理论的一个要求——所有的作用必须是双向的。理论中波能影响粒子出没的位置，而粒子影响不了波。因此，德布罗意 - 玻姆理论不可能成为我们想要的新宇宙学理论。然而，其他隐变量理论可能没有这个问题。

爱因斯坦错了，牛顿错了，伽利略错了

作为爱因斯坦的追随者，我同样相信量子力学背后还有更深层次的理论。所以，自学生时代开始，我便尝试发明隐变量理论。每隔几年，我就会把手头的研究放到一旁，开始尝试解决这一关键难题。多年以来，我致力于研究一条新的隐变量理论途径，它的基础是普林斯顿大学的数学家爱德华·尼尔森（Edward Nelson）的隐变量理论。我的这些尝试常常奏效，但得到的理论总包含一个不自然的元素：理论只能在精细平衡某些相互作用的情况下，重现量子力学的预测。2006 年，我撰文解释了这个不自然元素背后的技术原因，[8] 随后便将这一方法放弃。

> 2010 年初秋的一个下午，我来到咖啡馆，打开记事本，翻到了新的一页，回想了自己为了超越量子力学所作的种种失败尝试。一个名为“系综诠释”（ensemble interpretation）的新型量子理论开始在我的脑海中浮现。这个诠释没有描述单个实验的图景，它无视了这个徒劳的愿望。相反，它想描述的是在实验中所有“可能”出现的事物的假想集合。诚如爱因斯坦所言：“如果将量子理论描述理解为针对单个系统的完整描述，这样的尝试一定会导致不自然的理论诠

释。可如果接受以下诠释，以上尝试马上就会显得毫无必要：我们所描述的不是单个系统，而是许多系统组成的系综（或集合）。”[9]

让我们考虑一下氢原子中绕质子运动的电子。在系综诠释看来，理论中的波和单个原子无关，而和许多原子拷贝所组成的假想集合相关。取出这个集合的不同个体，我们会发现其中的电子位置各不相同。因此，你对氢原子的观测结果，和你从这个假想集合中随机挑出一个原子、进行观测所得的结果相同。理论中的波给出了找到所有不同位置的电子的概率。

我曾很喜欢这个想法，但后来我发现这是个疯狂的主意。一个假想的原子集合怎么可能影响针对一个真实原子的测量呢？宇宙之外空无一物，不可能作用于宇宙之内的事物。我的想法违背了这一原则。于是，我问自己：是否可以将假想的原子集合替换为真实的原子集合？如果这个集合是真实的，那么它必定存在于宇宙的某处。想当然地说，宇宙之中确实有数量庞大的氢原子。可是它们真的能成为系综诠释所需要的原子集合吗？

想象一下，宇宙中所有的氢原子都参加了一场游戏。在游戏中，每个原子都要识别与自己状态相似、经历相似的其他原子。这里，“相似”是指它们可以被同一个量子态进行概率式的描述。量子世界中的两个粒子可能有全同的历史，因而可以被同一个量子态描述。不过它们的可存在量取值可能不同，例如，它们的位置可能不同。当一个原子发现另一个有着相似经历的原子时，这个原子会拷贝另一个原子的全部属性，其中包括可存在量的精确值。这一拷贝过程并不需要两个原子相互靠近。我们只需要二者都存在于宇宙的某处。

这是一个有着高度非定域性的游戏。但我们知道，隐变量理论必须要显示量子物理的非定域性。这个想法看似疯狂，不过和假想原子集合影响真实原子的观点一比较，就不那么疯狂了。于是，我决定继续研究这个想法，看看能够从中得到什么。

电子相对质子的位置是游戏中拷贝的属性之一。当一个原子拷贝另一原子的电子位置时，你将看到电子在原子中的位置不断在跳变。当我测量某个特定原子的电子位置时，这些跳跃的结果，好似我从一堆相似原子的集合中随机挑选一个原子而测得的结果。于是，量子态可以被相似原子集合取代。为了让整套机制工作，我发明了特别的拷贝规则。这些规则将使原子响应测量所产生的概率等同于量子力学给出的概率。[10]

在这套理论中，有一点让我兴奋无比：如果一个系统在宇宙中没有拷贝，那又会发生什么呢？我们不能再继续拷贝游戏，我们无法重现量子力学。这或许能解释为什么量子力学不适用于诸如猫或你我之类的庞大而复杂的系统——我们是独一无二的。这将解决量子力学应用于宏观事物时所产生的悬而未决的悖论。量子系统的奇特性质之所以只在原子中出现，是因为宇宙中有许多全同的原子拷贝。正是因为一个系统持续不断地拷贝另一个系统的性质，量子系统才会产生不确定性。

我将这套理论称为量子力学的“真实系综诠释”（real-ensemble interpretation），但在我的笔记中，我称之为“白松鼠诠释”。这个名字来源于一只在多伦多好几个公园里出现过的白松鼠。想象一下，几乎所有的灰松鼠都是一模一样的，因而适用于量子力学——如果你想看某只灰松鼠到底在哪里，你或许会看到许多其他的灰松鼠。白松鼠在树枝上只栖息一小会儿，它拥有独一无二的性质。这一性质无法和宇宙中的任何事物共享，也并非由其他事物拷贝而来。

电子跳跃游戏和狭义相对论相悖。电子能在瞬间跨越任意大的距离，因而它们需要一种适用于相隔遥远事物的同时性，而这又要求信息的传播速度快于光速。无论如何，理论的统计预测重现了量子力学的结果，所以这些结果可能与相对论相容。可当你窥视幕后时，你会发现某个最佳同时性的存在。因此，最佳时间也将存在。这和德布罗意 - 玻姆理论的情况差不多。

在上述两个隐变量理论中，充足理由律都得到了满足。对于单个事件过程来说，它们给出了细致的物理过程图景。这些图景可以解释量子力学所说的“不确定性”。但为此我们要付出高昂的代价——抛弃相对论原理。

到底有没有隐变量理论可以和相对论原理相容？这个问题的答案是否定的。假设真存在这样的理论，那它必定违背自由意志定理。自由意志定理指出，只要定理的前提假设得到满足，就没有任何办法预测量子系统的行为（因此隐变量理论不存在）。这些前提假设之一便是同时的相对性。

另一方面，前述贝尔定理排除了定域隐变量理论——这里，定域指的是这些理论中通信速度小于光速。但只要隐变量理论和相对论相悖，它就会成为一种可能的选择。

只要我们一直在统计层次上验证量子力学的预测，我们就不需要知道量子间的关联到底是如何建立的。仅当我们试图描述纠缠粒子间的通信方式时，才需要瞬时通信的概念；仅当我们试图超越量子力学的统计预测，抵达隐变量理论后，才需要面对量子理论和同时的相对性之间的冲突。

想要描述量子关联的建立方式，隐变量理论就必须接受特定观测者定义的同时性。进一步看，这意味着存在一个绝对静止状态；再进一步看，这意味着运动是绝对的，因为我们可以谈论某人是否相对于某个特定观测者运动。于是，运动便有了绝对意义。不妨让我们称那个特定观测者为亚里士多德。亚里士多德处于绝对静止状态，他看到的所有运动事物都在绝对运动。至此，故事结束。

换句话说，爱因斯坦错了，牛顿错了，伽利略错了：相对运动并不存在。

这就是我们要面临的选择。要么量子力学就是终极理论，我们无法穿透它的统计学外衣，一窥量子力学背后的深层次描述；要么亚里士多德是对的，绝对运动和绝对静止都是真实的。

00:14

时间于相对论中重生

Time Reborn

From the Crisis in Physics
to the Future of the Universe

我们已经看到，承认时间的真实性为我们开辟了一条认识世界的新途径。通过这一途径，我们得以了解宇宙如何选择自身的规律，也得以一探量子力学的神秘本质。然而，我们依然需要跨越一个巨大的障碍，一个来自狭义相对论及广义相对论的强大观点：块状宇宙图景。这一观点认为，宇宙的历史是一个超脱时间的整体，而这一整体才是唯一的真实。[1]

块状宇宙图景依赖于狭义相对论的一个重要概念：同时的相对性（见第6章）。但如果我们假设时间是真实的，更具体地说，假设每一个现在的瞬间是真实的，那么在真实的现在与尚不真实的未来之间存在着一道真与虚假的边界。这道边界在所有参考系下的观测者眼中相同，这样的边界给出了一个普适且客观存在的同时性的概念。这种同时性适用于任何相隔遥远的事件，事实上，它适用于整个宇宙。这种同时性可以被称为“全局最佳时间”（preferred global time，这里冠以“全局”之名，是因为我们可以将以上时间的定义延伸到整个宇宙）。全局最佳时间的存在与相对论直接相悖。同时的相对性原理排除了这

样的时间。另一方面，在第13章中我们看到，任何隐变量系统必然依赖一个全局最佳时间，这意味着充足理由律与同时的相对性原理存在矛盾。

本章我们将解决以上矛盾，我们会选择支持充足理由律。这意味着我们将放弃同时的相对性，并采纳它的对立观点：全局最佳时间确实存在。值得注意的是，我们的取舍并不是对相对论的全盘摈弃，我们只需要对相对论进行一次改写。对于广义相对论深层次的全新解读构成了以上观点的核心，同时也向我们揭示了一个关于时间真实性的全新概念。[2]

全局最佳时间

全局最佳时间可以挑选出这样一批观测者：他们散布于宇宙的各个角落，却都用全局最佳时间校准自己的时间。这种观测者的存在意味着绝对静止状态的存在。绝对静止状态，这一概念使人回想起亚里士多德的静止观，或是19世纪物理学中的以太说。爱因斯坦以狭义相对论一举击败了以上两种观点。爱因斯坦之前的物理学家，往往相信光的传播需要媒介，因而认为以太不可或缺。同时的相对性原理声称，没有任何物体可以处于绝对静止状态。据此，爱因斯坦否认了以太说。

这样看来，重提绝对静止状态不仅会制造矛盾，同时也令人沮丧。否认以太说常常被认为是一次批判性推理战胜惰性思考的典范。早先，人们可以相当容易地通过亚里士多德的观点来描述世界。后来，伽利略和牛顿建立了惯性系的相对性原理。据此原理，人们再也无法通过观测物体的运动与否来探测物体是否处于绝对静止状态。但是，静止就是不动的观念依然在物理学家的头脑中默默潜伏。当理论物理学家需要一种光的传播媒介时，绝对静止的观念就导致了以太说的流行。唯有爱因斯坦具备了破除以太说的洞见。然而现在，我们要重返全局最佳时间，它否认了爱因斯坦击败以太说的伟大胜利。这一忧虑成为一道心理障碍，阻碍着人们接受时间的真实性。至少当我试图说服自己时是如此。

在讨论如何从理论上解决两者之间的矛盾之前，让我们先听听实验物理学有何意见。全局最佳时间的存在意味着最佳观测者的存在。这些观测者通过全局最佳时间校准自己的时间。他们的存在与惯性系的相对性原理相悖。相对性原理告诉我们，一个观测者静止或是以某个恒定速度运动，两者无法通过实验观测加以区辨。

实验物理学告诉我们的第一点是，宇宙的特别结构确实可以挑选出绝对静止状态。透过望远镜对四周天空的观测，我们看清了这一点。我们发现，绝大多数星系正在以相同的速度朝各个方向离我们远去，但这种观测结果只会对一个观测者成立。假设另外一个观测者以很快的速度远离我们，他会发现那些在他前方，正被他追赶的星系的移动速度小于那些在他身后的星系。此外，我们有很好的证据证明，在大尺度下，宇宙中的星系分布均匀。也就是说，从任意方向观测宇宙，它看上去都差不多。根据以上事实，我们可以推断，空间中的任何一点，都可以有一个特别的观测者。在他眼中，星系以同样的速度朝各个方向离他远去。[3] 由此，星系的运动挑选出了该点处的最佳观测者，进而挑选出了空间任何一处的绝对静止状态。

微波背景辐射是另一种挑选最佳观测者的方法。在最佳观测者眼中，各个方向上的微波背景辐射的温度相同。[4]

令人欣喜的是，通过以上两种方法挑选的观测者其实为同一类。因为一般来说，在微波背景辐射各向同性的参考系中，星系保持静止。如此看来，宇宙的构造确实可以挑选出唯一的绝对静止状态，这一事实的存在不一定与运动的相对性原理相矛盾。一个理论所展现的对称性并不一定要在其预言中呈现。事实上情况往往正好相反——预言常常不遵守理论中的对称性。空间中没有绝对方向并不意味着今天不会刮北风。我们的宇宙仅仅是广义相对论方程的一个解。现在这个解展现出了不对称性，具体来说就是允许绝对静止状态存在，这并不意味着需要破坏相对论本身的对称性。或许是我们宇宙的某个初始条件引发了这一不对称。

另一方面，我们很想知道宇宙为何可以明确地挑选出最佳观测者，为何它处在这样的一个特殊状态。这又是一个有关宇宙初始条件特殊性的问题，也是一个广义相对论无法回答的问题。据此可以看出，宇宙中似乎还存在着一些无法被广义相对论涵盖的东西。这样看来，绝对静止状态的存在似乎指向了一些更深层次的东西，一种比广义相对论更深层次的物理。这值得我们深思。

扭转乾坤的形状动力学

如果绝对静止状态确实标志着更深层次的理论，那么在许多其他类型的实验中，我们也应该看得到它的身影。然而在亚宇宙学尺度的实验中，惯性系的相对性原理相当好地通过了各种测试。爱因斯坦狭义相对论的预言被大量实验证实。这其中的许多实验可以被理解为是在检验自然界中是否存在绝对静止状态。[5]

因此，实验观测带给我们的消息有好有坏。在大尺度上，我们有证据支持绝对静止状态的存在。这一存在必须由宇宙初始条件的特殊性来解答。但在小尺度上，相对论原理掌控着一切。最近，这一谜题有了巧妙的解答。广义相对论可以被优雅地重写，它可以包含最佳时间。这一改写不仅仅是对相对论的一次重新理解，它揭示了一种客观存在的最优时钟同步机制。这个机制使得宇宙各处的时钟保持同步。进一步看，物质和引力能量在宇宙中的分布决定着最优同步机制的选取。因而我们并没有倒退回牛顿的绝对时间观。这个同步机制无法被任何局域的测量所发现，所以它与相对性原理在亚宇宙尺度的系统中完全相容。

这一扭转乾坤的理论被称为“形状动力学”（shape dynamics）。[6] 它的主要原理是：**物理学中所有的真实性均为与物体形状相关，所有真实的变化都是形状的变化。物体的尺度在这一理论中没有意义，认为一个物体有一个内在不变的尺度，不过是一种假象。**

我们在第 7 章中讨论了朱利安 · 巴伯的无时量子宇宙论。形状动力学正是构筑于他提出的一系列想法。巴伯是相对论哲学的重要提倡者。形状动力学起源于他对物理理论相对性孜孜不倦的追求。10 年来，他同尼尔 · 墨菲（Niall Ó Murchadha）以及其他年轻合作者，完成了许多理论所需的重要步骤。但让形状动力学在2010年夏秋之际成型的最终一步，是由加拿大圆周理论物理研究所的年轻科学家合作完成的。他们是：研究生肖恩·格力布（Sean Gryb）、研究生恩里克·戈麦斯（Henrique Gomes）以及博士后蒂姆·科斯洛夫斯基（Tim Koslowski）。[7]

如果你知道相对论的基本概念，那么理解形状动力学就变得非常简单。形状动力学不过是相对论非常自然的延伸。让我们回忆一下“同时性”这个概念：**只有当两个事件在空间上相邻，我们谈论两个事件是否同时发生或是排列两个事件在时间上的先后，才是有意义的。**当我们讨论事件的因果关系时，往往会引发后一个话题。但当两个事件在空间上相隔甚远，对于不同的观测者来说，它们在时间上的先后变得不再绝对。对于一些观测者来说，两件事同时发生，对于其他人来说，两件事有前有后。

巴伯告诉我们，物体的尺度遵循同样的规律：**只有当两个物体在空间上相邻，比较它们的大小才有意义。**举例来说，如果你能把一只老鼠放到一个盒子里，你才可以说老鼠比盒子小。同样，当你手上有两个足球，你才可以说这两个足球直径相同。这些例子中的尺度比较具有物理意义，所有参照系下的观测者都会同意比较的结果。

现在让我们试着问一问，这只老鼠是不是比隔壁星系的某个盒子小？问这样的问题有没有意义，比较的结果是否能被所有参照系下的观测者一致同意？我们面临的难题是，老鼠和盒子相距过于遥远，你无法通过将老鼠放入盒子里的办法判断两者大小。

为了回答上述问题，我们可以将盒子移到老鼠旁边，然后再尝试将老鼠放入盒内。可是上述操作偷换了我们的问题，因为我们又在同一个地方比较了老鼠与盒子的大小。假设某个物理过程可以将一切移入银河系的物体变大，那么在我们将盒子从另一个星系移到这里的过程中，本来较小的盒子扩张到足以容得下老鼠。或许我们也可以送一把尺子出去测量盒子的大小。可是谁又知道，尺子会不会经历相反的物理效应，在从老鼠到远方盒子的途中收缩。

就是这个简单的想法使巴伯和他的朋友们提出了尺度的相对性。**比较两**

个不相邻的物体的大小是不明智的，你唯一能够比较的是物体的形状。因为无论尺度如何伸缩，形状不受影响。所有的尺度都有相对性，宇宙的总体积是唯一的例外，这个体积在给定的时刻必须保持不变。要阐明这个例外，我们不得不借助一些术语。大致来说，如果我们在空间的某处收缩万事万物，那么我们必须在另一处扩张万事万物。收缩和扩张总是保持等量，因而两者相消。所以宇宙的总体积在那一瞬间保持不变。当然，宇宙的膨胀会导致宇宙的总体积随时间而改变。

形状动力学在描述物体尺度方面显得相当激进，但当其描述时间时，却显得相当保守：形状动力学中的时间以唯一的速率流动，在宇宙的各个角落，时间均以这个速率流动，无人可以改变。

广义相对论与形状动力学正好相反。在广义相对论中，无论你是否移动、如何移动，物体的尺度都保持不变，因此我们才可以比较不相邻的物体的大小。在广义相对论中，时间的流动相当灵活，比较远处的一个时钟较之近处的一个时钟的快慢毫无意义。不同参照系下的观测者犹如置身恐怖欢乐屋，对于远方的时钟，有的说它快，有的说它慢，莫衷一是。即使你用自己的手表校准了远方的时钟，很快，手表和时钟会变得不再同步，因为两地的时间流动速率可能不同。强制性地让两者的速率相同，缺乏物理意义。

总而言之，**广义相对论中的尺度是普适的，时间是相对的；形状动力学中的时间是普适的，尺度是相对的。**值得注意的是，这两个理论事实上是等价的。通过一个聪明的数学技巧（这里我们不赘述），你可以将时间的相对性与空间的相对性互换。这样看来，现在你有两种办法描述宇宙的历史：用广义相对论的语言，或者用形状动力学的语言。两种语言描述的物理内容将是相同的，用其回答关于可观测量的任何问题，你也会得到相同的答案。

当我们用广义相对论描述宇宙的历史时，时间的定义是任意的，时间总是相对的，谈论远方的时间如何是没有意义的。当我们用形状动力学描述宇宙的历史时，我们获得了一个普适的时间概念，你所要付出的代价仅仅是承认尺度变得相对了，比较相隔遥远的物体的大小不再有意义。

如果对同一现象存在两种表述，而这两种表述自成一体，物理学家会称两者互为对偶。如同量子理论中的波粒二象性，上述广义相对论与形状动力学的关系是对偶的一个范例。这一对偶是当代理论物理学最重要的发现之一。1995 年，胡安 · 马尔达西纳（Juan Maldacena）基于弦论，提出过关于这一对偶的另一种不同表述。[8] 他的对偶在弦论学中影响极为深远。在撰写本文时，形状动力学与马尔达西纳对偶之间的确切关系依然不是很明朗，但我相信它们存在着某种对应。[9]

最佳时间并不存在于广义相对论中，却存在于它的对偶理论——形状动力学中。我们可以利用两个理论的可交换性，将形状动力学中的时间转换到广义相对论的世界中。转换后的时间确实是一个最佳时间，只不过先前它被隐藏于广义相对论方程中。[10]

这个针对时间的全局定义表明，每一个时空的事件都与一名最佳观测者相关。他们的时钟测量着绝对时间的推移。我们依然无法通过任何小尺度的测量挑选出最佳观测者。整个宇宙的物质分布决定着这个特别的全局时间。实验观测在亚宇宙尺度上支持相对论原理。我们的理论与这一事实相符。因此我们说，**形状动力学解决了相对论原理与全局时间之间的矛盾，前者被大量的实验成功证实，后者为规律的演变和量子力学隐变量诠释所需。**

前面提到，当我们扩张或者缩小尺度时，每一瞬间的宇宙总体积应当保持不变。这为宇宙的总体积以及宇宙的膨胀注入了新的意义，它们可以被当作新的时钟，普适又客观存在。至此，我们重新发现了时间。

00:15
空间的演生

Time Reborn
From the Crisis in Physics
to the Future of the Universe

摆在我们面前的是世界最为神秘的一面。再没有比空间更加司空见惯的事物了，但当我们凑近细看后，却会感叹再没有比空间更加神秘莫测的事物了。我相信，时间是真实的，对于自然的终极描述来说是不可或缺的。但我认为，空间可能终究不过是一种幻象，就如同温度、压力一样。它是我们在大尺度上组织事物印象的有效手段。但如果用它来看整个世界，这种方法就会显得粗略，且不基本。

相对论是空间与时间的结合，它产生了块状宇宙图景。在这一图景中，空间和时间都被理解为切割四维真实世界的主观方式。时间的真实性假说将时间从这种虚假的统一限制中解放。我们可以依据时间和空间截然不同的观点，发展我们的时间理论。这一时空的分离也解放了空间，它打开了理解更深层次自然的大门。本章中，我们将看到，它为理解空间带来了革命性的洞见。站在量子力学的层次上看，空间并不基本，它由更深层次的秩序演生而来。

我们受制于一个低维世界

在日常生活中，我们通过“远”与“近”来组织事物。这一简单的事实基于真实世界的两个基本特征：空间确实存在；我们只受相邻事物的影响（即前文提到的定域性）。世上存在万千事物，有的对我们来说是威胁，有的对我们来说是机遇。可任何时间，我们似乎对大多数威胁和机遇都漠不关心。为什么会这样？因为它们离我们很远。大洋彼岸生活着的老虎可以在一分钟内把你吃个精光，但你无须担心，因为老虎不在你的身边。这便是空间赐予我们的礼物；世上的绝大多数事物都离我们很远，我们完全可以在此刻将它们忽略。

想象一个充满了事物但没有空间结构的世界。在任何时间，任何事物都能够侵犯其他事物。在这个世界里，将事物分隔的距离并不存在。

通过五感，我们能够敏锐地察觉接近我们的物体。但与其说这是五感的功劳，不如说是空间的特征。这一特征决定了不可能有很多物体占据紧邻你的空间。这又是因为空间的维度不高。

> 想一下，有几户邻居紧挨着你家？两家，一家在房子一边，一家在房子另一边。再想一下，有几户邻居在你家四周？四家，两家紧挨着你家，一家在正门对过，一家在后门对过。如果你住的是公寓，那紧挨着你的邻居数量就增长到六家。你要算上楼下的人家，也要算上楼上那户每天凌晨三点还在看电视的大学生家。你的邻居数量随着空间维度的增加而增加—— 一维两家，两维四家，三维六家。这个比例关系很简单，邻居数目总是空间维度的两倍。
>
> 如果我们生活在一个50维的空间，那么我们就会有100户邻居。现实中，我们受制于三维空间，如果我们想在一个建筑里安排100户住家，这栋公寓一定很大。100户人家中的大多数肯定都不会相邻而居。在三维空间中，我们总会有些从未谋面的邻居。
>
> 在此我想多说一句，在规划研究所时，这是一个大问题。我们

> 试图最大化地让研究人员偶遇，以交换不同的想法和兴趣，进而相互受益。在圆周物理研究所刚刚成立之时，我们只有7位科学家，这个问题并不明显。可现在，研究所有100多位科学家，这就成了个大问题。作为理论物理学家，我们曾考虑过在研究所规模扩大的同时让研究所建筑的维度增加。但是，我们找不到一个能实现我们想法的建筑设计师。[1]

我们受制于一个低维世界。正是这个低维空间，使得我们免受老虎的威胁，免受晚上邻居家电视噪音的侵扰。然而，这个低维空间同时也是我们尝试增加未来机遇的过程中遭遇的主要障碍。

现代科技出现之前，地球的二维表面使得人与人之间相对隔离。多数人在一生中只能见到几百个人，且大多数都住在步行距离以内。古人竭尽所能来增加临近村子间的互动（就像科学家一样），比如举办酒宴和庆典。一些勇敢的商人会出国冒险。然而，空间还是使得我们中的大多数人彼此陌生。

25亿维，科技溶解下的空间

在我们生活的今日世界，技术突破了低维空间生活的固有限制。拿手机来说，我能拿起手机，马上同别人交谈。这是因为70亿世界人口中的50亿人拥有手机。科技已经有效地溶解了空间。站在手机的观点上看，我们生活在一个25亿维的空间，我们的邻居几乎包括了全部人类。

当然，互联网也起了同样的作用。分隔人类的空间被互联的网络溶解。本质上看，每个人都在相互靠近。实际上，我们共同生活在一个高维空间中。越来越多的人几乎整天就生活在这个高维世界。要完全实现这一点，我们只需再加些虚拟现实技术——比如，打手机时，呼叫人的全息影像就会马上出现。不论呼叫人身处何处，你的全息影像也会出现在他们眼前。

在一个充满无穷可能连接的高维世界，你将要面对比三维真实世界多得多的选择。我们面临的很多网络世界挑战，正是源于这片急速扩张的可能性之海。许多流行的社交工具，正是为了探索并管理这些可能性。

> 想象一个在高维世界中长大的孩子，这个世界中没有日常的空间。他会认为自己的世界是个巨型网络。网络连接处的流体系统或动力系统，使得人与人之间只有一步之遥。现在，假设有人拉了系统的电闸。因为供电不足，网络中的居民们从高维世界跌入了电力要求不高的低维世界。他们发现，自己实际生活于一个三维空间，大部分人被空间隔开。一个人周遭邻居的数目从50亿降到了区区几个。人与人之间的距离几乎都瞬间变得很远。

以上假想其实是个隐喻，代表了一些物理学家当下的空间观。我们（对，我也是其中一员）相信空间是一种假象。类似手机网络或互联网的动态网络，才是构成世界的真正相互关系。我们之所以会感知空间这个假象，是因为网络中的大部分连接被关闭了，事物间的距离也随即变得很远。

以上图景由一类量子引力理论产生。在这类理论中，时间是基本的，但空间不是。这些理论假定存在一种基本的量子结构——它的定义独立于空间。这类理论的题中之义在于空间是演生的，如同热力学演生于原子物理之中。这类理论是背景独立的，它们不需要假设固定背景几何的存在。相反，理论中的第一性概念是图或者网络，这些概念的定义不需要用到空间。

矩阵模型，当理论独立于空间

第一个得到发展的此类理论名为“因果动态三角刨分”（causal dynamical triangulations），它由杨·安别恩（Jan Ambjørn）和蕾娜特·罗尔（Renate Loll）创立,并由他们的合作者优化。[2] 紧接着这一理论的是“量子关系图”（quantum graphity），之所以这么叫是因为这个理论认为自然的基础是关系图。它由芙蒂尼·马可波罗（Fotini Markopoulou）[3] 创立，并被她的合作者们进一步探索。[4] 这个理论与我前面给的简单图像——空间由关掉连接的网络演生而来，极为贴合。第三个理论由切赫·霍拉瓦（Petr Horava）引入。[5] 霍拉瓦理论中存在一个基本的全局时间，但其中的空间不是演生的，这一理论可以用来描述一类名为“矩阵模型”的弦理论。[6]

旧的背景独立理论假设时空作为整体——就像块状宇宙图景中那样，必须从更加基本的自然描述中演生出来，时间和空间在理论中都不是第一性的。这类理论包括圈量子引力论、因果集合以及某些弦论。但上述几种新方法都认为时间是最基本的。因而，这类方法与旧有的背景独立理论并不相同。

新方法和旧方法各有成败，值得我们从中吸取教训，这些教训组成了本章的内容。

许多量子引力理论中都有一个有用的隐喻。它们假设空间不是连续的，而是一个由离散点组成的格点（见图 15-1）。粒子处于格点的节点上，它们的运动就是在相邻节点间反复跳跃。仅当两个粒子相邻时，它们之间才能发生相互作用。如果格点的维度较低，发生作用的粒子数就会很少。当格点的维度增高时，相互作用粒子数也会增加，这和前文的邻居例子一样。我们可以把光想象为一个格点粒子，它沿着格点跳跃，不断从一个节点移到邻近的另一个节点。这样一来，远距离的光传输一定会包含许多次跳跃，因而会花很长时间。

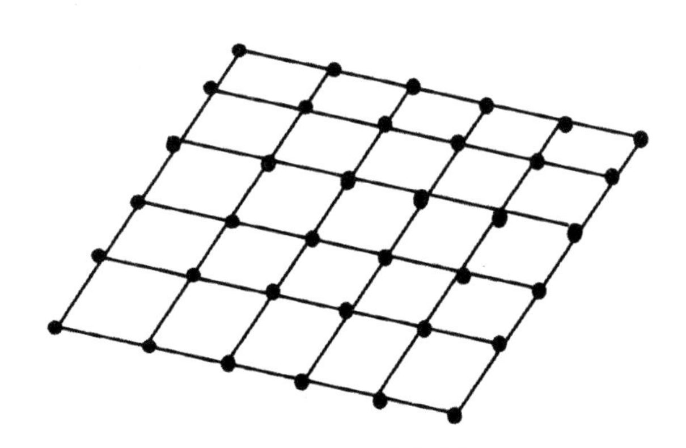

图 15-1　格点状的空间

一个粒子只能处于一个节点之上，粒子的运动就是节点间的跳跃。

世界是一个动态的关系网

现在，让我们考虑一个包含着很多连接的网络世界。较之现实世界，网络世界的物体更紧密地挨在一起。两个物体间的间隔步数比现实世界少，两个节点间的信号传播时间比现实世界短。

新宇宙学的原理之一就是作用的双向性。如果网络告诉粒子如何运动，那么粒子的运动是否也将告诉网络如何变化？由此问题导出的现实世界图像类似人类的社交网络。世界是一个动态的关系网；网络上生活的个体以及网络自身的结构都会发生演化。这便是背景独立量子引力理论眼中的世界。

圈量子引力论是最早、最成熟的背景独立量子引力理论。让我们从它讲起。在圈量子引力论中，空间被描述为一张动态的关系网。人们用图来描述典型的空间几何量子态。每个图含有许多条边线，边与边之间通过节点或顶角相连（见图 15-2），我们通过边线两头的节点关系来标注不同的边线（边线表示了节点间的第一性关系）。具体的记号可以是整数（也可以标注节点，但它们描述起来更为复杂，此处不赘述），在图 15-2 中，我们给每条边线标上一个整数。

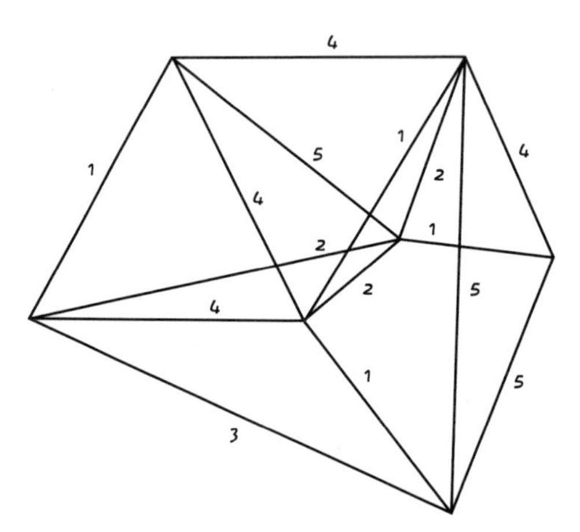

图 15-2　典型的空间几何量子态所对应的图

回想一下，在量子力学中，原子的能量是量子化的，每个态占据一个分立的能级，所对应的能量均为定值。而在圈量子引力论中，空间的体积是量子化的；量子态只能拥有分立的体积。空间的表面积和体积一样，也是量子化的。[7] 圈量子引力论准确地预测了空间的体积谱和表面积谱。或许，我们可以观测到这些谱的后继效应，例如，它们精确地预测了小型黑洞的辐射谱，而这些辐射或可被观测。[8]

让我们来看一件钢打制的器物，比如，缝衣针。它看似光滑，但我们知道，它由一个个的原子排列而成。如果站在原子的尺度来看缝衣针，我们发现金属的光滑性消失了。我们能看到一个个名为原子的离散单位。它们一个连着一个地正则排列。空间也是一样。它看上去“光滑”、连续。不过，如果圈量子引力论所言为真，那么空间也由离散的单位构成。我们可以把这些离散单位当作空间的“原子”。如果我们真能对普朗克尺度进行观测，就会发现光滑的空间也会变成一个“原子”连着一个“原子”的样子。

如前文所见，在广义相对论中，空间几何被证明是动态的，它随时间而变，物质的运动或引力波的传播都会对其造成影响。但是，如果在普朗克尺度，几何得到了量子化，那么能量尺度的改变就一定伴随着空间几何的改变。举例来说，当引力波穿过空间时，空间的量子几何将会发生振荡。爱因斯坦的广义相对论方程给出了时空的动力学。**圈量子引力论的一大胜利在于，它可以将广义相对论方程转换为图如何随时间演化的简单规则。**[9] 这些规则如图 15-3 所示（所示步骤仅作用于图的局部）。

我们将爱因斯坦方程转换为图演化的规则，这一转换可以从两个角度来看。我们可以从爱因斯坦理论开始，经由标准的步骤，把一个经典理论转换为量子理论。这一标准步骤是成熟的，它已经承受了许多不同理论的测试。从技术上看，将广义相对论转变为量子理论依然充满挑战。如果一切顺利，转换的结果就是我们之前所说的，图随时间演化所依据的精确规则。从这个角度看，我们称圈量子引力论为广义相对论的“量子化”。[10]

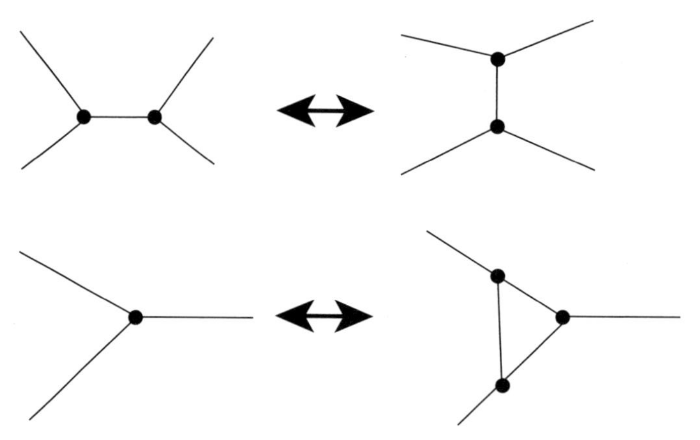

图 15-3　圈量子引力论中图演化的规则

换个方向，我们可以从图演化的量子规则出发，推导出它们在经典广义相对论中的近似版本。这和流体力学很相似。我们从水的原子物理基本定律出发，推导出描述水流运动的方程。这便是所谓的在经典极限下，推导量子理论所对应的经典理论。这个推导很难，不过最近，物理学家在圈量子引力论中取得了积极成果。[11] 这一成果即为自旋泡沫模型，它将处理时空的一些方法应用于量子时空。在这个模型中，构筑空间几何的网络成了一个超大网络的局部，这个超大网络涵盖了整个时空。因此，自旋泡沫模型是块状宇宙观的量子版本。两者之中，空间和时间都被统一为一个整体结构。特别令人印象深刻的是，很多独立的研究显示，广义相对论可以从自旋泡沫模型中演生出来。

在量子几何图景中，添加物质尤为简单。这个过程和格点模型一模一样，只是现在我们只允许格点发生改变。我们可以在网格的节点或顶角上添加粒子。粒子的运动和格点模型一样，还是从一个节点沿着边线跳到另一个节点。远观这幅图景，你看不到节点或图。你能看到的，只是由它们近似而来的光滑几何结构。于是，粒子看似在空间中正常运动。当你投出一个球时，真正在动的是构成球的原子。这些原子从一个空间节点跳到一个空间节点，然后又跳到下一个空间节点。

圈量子引力论可以演生出广义相对论。这些结果很重要，但它们还是有局限性。很多情况下，以上描述仅适用于带边界的小时空区域。边界的出现告诉我们，最好将圈量子引力论理解为对小时空区域的描述，因而它也属于牛顿范式。

一些弦论的结果同样表明，时空可以从带边界的区域中演生出来——至少这样的区域可以演生出负宇宙学常数的时空。这一情况正是第 14 章中提到的胡安·马尔达西纳猜想。它描述了广义相对论和共形场论间的对偶。如果马尔达西纳猜想正确的话——很多结果确实支持这一猜想，那么，有着固定经典几何边界的区域内部，可能演生出经典时空。

圈量子引力论和弦论都认为，量子引力描述的是带边界的时空区域。因此，它应属于牛顿范式。它们通过盒中物理学的办法，得出了一些极为有力的结果，但它们还是没有解决拓展性问题，即以上描述是否可以上升为整个闭合宇宙的理论。

在圈量子引力论演生出空间的过程中，还用到了另一个假设。描述空间量子几何的图，被局限到一种特别的类型，它们要和低维空间的离散图相似。[12] 此时，空间的定域性体现在，图的每个节点或顶角都只和很少的几个其他顶角相连。每个节点都只有很少的几个邻居，如同生活在郊区的人。一个粒子想要在两个相隔遥远的节点间移动，就要跳跃许多次。因而，粒子的长距离运动或信息量子的长距离传播，会很花时间。然而，很多量子几何态并不具备完美的定域性。在这些图中，从任意节点出发，走过区区几步，就能到达所有其他节点。目前，圈量子引力论还无法阐明这些量子态到底如何演化。

让我们考虑一个二维空间的例子，想象如图 15-1 那样的一张大平面。我们可以通过图对这个平面进行量子几何描述。现在，考虑图上两个中间隔了许多步的节点；不妨称一个节点为“泰德”，另一个节点为“玛丽”。我们可以给这张图加一条连接泰德和玛丽的边线，这样就成了一幅新图（见图 15-4）。新图所示的量子几何中，泰德和玛丽成了邻居。这就好像这两个人都买了手机；分离他们的空间就此溶解。

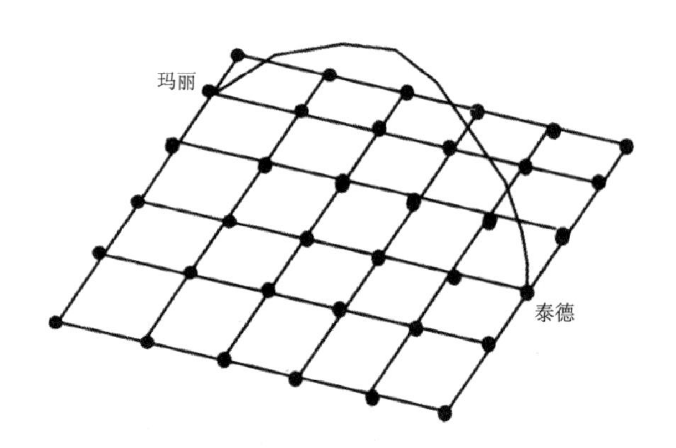

图 15-4 定域性被新加的非定域连接破坏

非定域连接可使两个相隔遥远的节点紧挨在一起。

如果空间几何确实是量子化的，那么假设每个普朗克尺度大小的立方中都有一个节点，我们的可见宇宙就可能有 10^{180} 个节点。如果每个节点只和很少几个邻近节点相连，那么从大尺度上看，量子几何就好似经典几何。特别的量子几何构造可以演生出空间的定域性。以上情况要求图的边数和节点数差不多，因为每个节点都只和少数几个邻居相连。但是，只要我们在这个数目庞大的边数基础上再多加几条边，让泰德、玛丽这样的相隔遥远的节点瞬间通信，那么空间的定域性就会被剧烈地破坏。我们称以上过程为“定域性紊乱”（disordering locality），我们称多加的边线为“非定域连接”（nonlocal link）。[13]

只需加上一条非定域连接，我们就能非常轻松地造成定域性紊乱。我们的可见宇宙含有 10^{180} 条边线，一条非定域连接不过是沧海一粟，不过我们却有 10^{360} 种不同方式插入这条非定域连接。如果你想给一个含有 10^{180} 个节点的图随机加上一条边线，由于插入非定域连接的方式大大多于插入定域连接的方式，你很有可能加上的是一条非定域连接，而不是定域连接。如果你在乎定域性，连接一端的节点只能和很少几个其他节点相连；如果你不在乎定域性，这个节点可以和宇宙中的任意节点连在一起。又一次，我们看到，定域性带来的约束性是多么大。

你或许会想，在宏观世界中发现非定域性之前，我们到底可以在空间量子几何中加多少条非定域连接。因为普通粒子的物质波波长比普朗克尺度大许多数量级，一个光子发现自己处在非定域连接末端的概率极小。粗略的估计显示，在物理实验能够轻易发现超光速通信之前，我们大概能添加 10^{100} 个非定域连接，这个数字相当大（然而还是比 10^{180} 小很多）。尽管如此，节点间的非定域连接应该相当普遍；平均来说，每立方纳米的空间中，就至少会有一条非定域连接。

一旦非定域连接被允许存在，就存在许多方式可使定域性紊乱。你可以让少数几个节点同许多其他节点相连。这些善于社交的节点类似社会中爱传闲话的人。它们充当了信息传播的捷径，宇宙各处的信息都可通过它们传播。

宇宙是否充满了非定域连接？我们到底如何探测它们的存在？

一个显然的想法是，量子力学中的纠缠和其他非定域现象就是定域性紊乱的表现。或许，终极版本的量子力学中没有空间，只有一个相互作用的网络，万事万物都可通过这个网络和其他事物相连。这个终极版本可能就是隐变量理论，我在第 14 章中论述过其存在性。如果事实如此，那么量子力学就会和空间交融在一起。[14]

另一个想法是（听上去略有些疯狂），非定域连接可以解释使得宇宙加速膨胀的暗能量。[15] 另外两种更加疯狂也更不现实的想法是，非定域连接可以解释暗物质[16]；带电粒子其实就是非定域连接的端点[17]。这让人追忆起约翰·惠勒的一个老观点。惠勒认为，带电粒子或许就是虫洞的入口。虫洞是细小的（假想的）隧道，连接相隔遥远的两个空间区。带电粒子的电场线（假设）可以从虫洞的一端扎入，再从另一端穿出。这些电场线终结于带电粒子，似乎也终结于虫洞的端点。虫洞的一端可以表现得像带正电荷的粒子，另一端可以表现得像带负电荷的粒子。[18] 非定域连接可以做到同样的事。它能捕获一条电场线，从而看上去像一对相距遥远的粒子和反粒子（见图 15-5）。

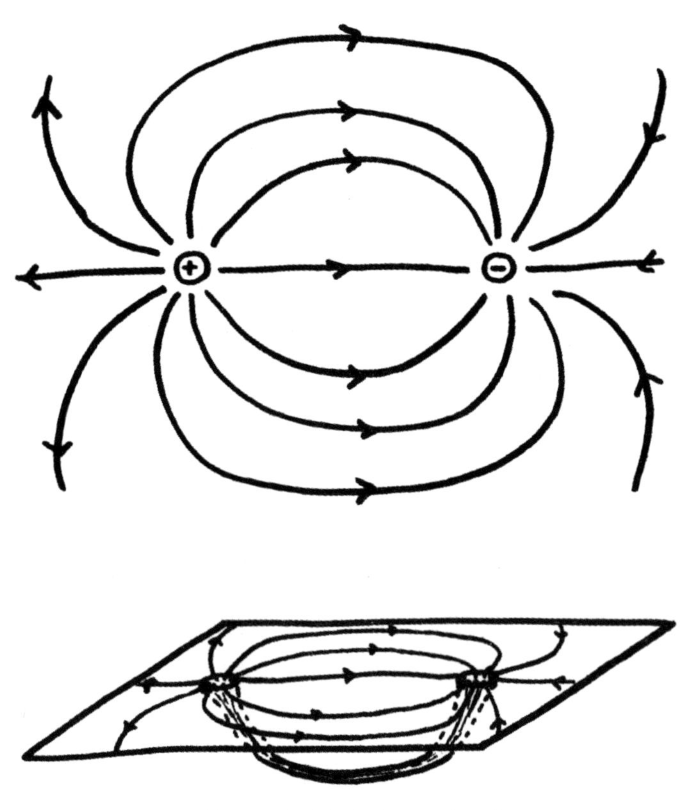

图 15-5　捕获了一条电场线的虫洞充当长距离连接

虫洞入口处的电场似乎起源于一个类似带电粒子的点。

为什么真实的世界好像只有三维

以上观点中如果有一条为真，那么这个世界就会容忍少量非定域连接的存在，甚至还会偏爱这些连接的存在。可如果非定域连接过多，我们会在空间演生过程中遭遇一系列问题，它们被称作“反问题”（inverse problem）。

选定一个光滑的二维表面，比如球面，我们很容易将其近似为一个三角形构成的网络（见图 15-6），最后得到的图被称作表面的三角刨分（triangulation of a surface）。这正是巴克敏斯特·富勒（Buckminster Fuller）发明球形穹顶时所做的事。这些穹顶在一小段时间内极为流行，直到人们回想起方形房间的优点。现在，让我们开始思考这样一个反问题。假设我给你一大堆三角形，然后让你把它们边对着边粘起来。我不会告诉你最终要粘的形状，只是让你随机地黏合这堆三角形。这一过程中，你很难会粘出球面。你很可能粘出如图 15-7 所示的各种不规则形状——充满了尖角以及其他各种不规则结构。

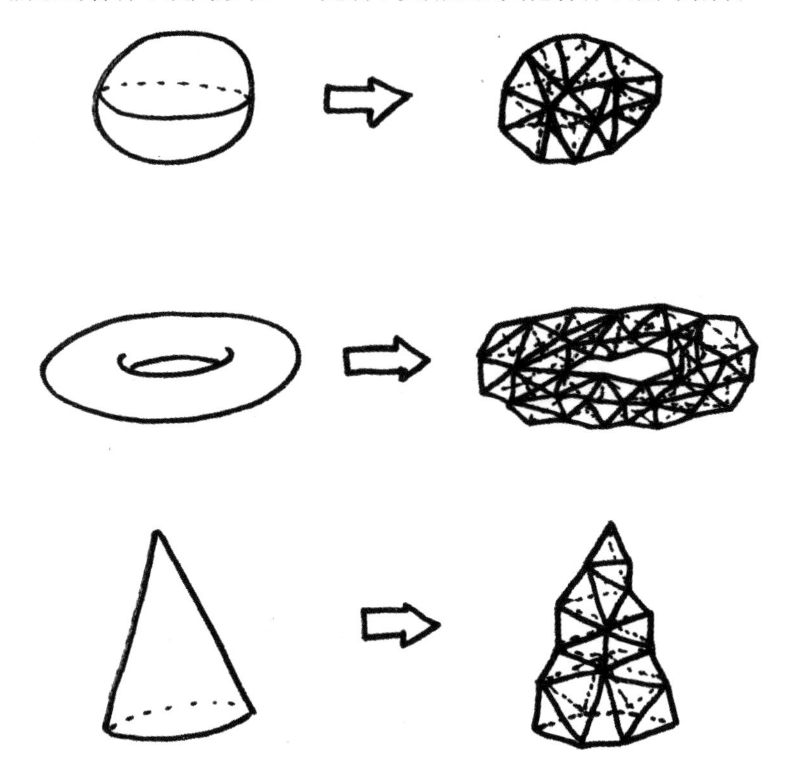

图 15-6　二维平面的三角刨分

这个问题的症结在于，将三角形拼成不规则形状的方式很多，拼出完美二维球面的方式却很少。在所有这些拼出来的怪异形状中，空间的“原子结构”

最为光怪陆离。这是因为在若干个三角形的尺度上，存在大量的复杂性。因此，一堆三角形无法自发演生出优质空间。

然而，圈量子引力论可以演生出广义相对论。这些结果基于一类对三角刨分空间图的特别选择，它们回避了反问题。这些结果本身当然非常出色，但它们并没有告诉我们，如果一幅图拥有许多非定域连接，这幅图的演化到底该怎么描述。

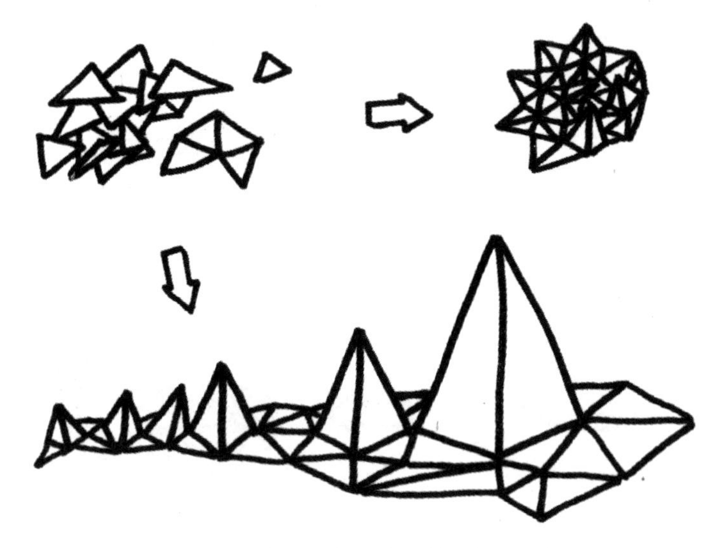

图 15-7　三角形随机黏合出的不规则几何体

这又一次强调了空间定域性的特殊之处，以及随之而来的强大约束。它告诉我们一条重要的教训，如果空间由量子结构演生而来，那么肯定有某些原则或作用，使得“空间原子”只能组合出“类似”空间的形状。其中一条原则或作用是，一个空间原子的周边只能存在少数几个其他空间原子，只有这样，才能避免空间原子的随机组合。

以上我所谈论的，都是从圈量子引力论出发构筑量子广义相对论的方式。然而，就其他量子引力理论而言，只要理论认为空间或时空存在原子结构，那这个理论就会受到反问题的折磨。这些方法包括因果集合理论、弦论中的矩阵模型、动态三角刨分。每个理论各有引人入胜之处，然而它们都面临反问题的挑战。这些方法面临的主要问题在于：**为什么真实世界好像就只有三维空间，而不是某种高度互联的网络？**

为了加深对问题难度的印象，让我们想象一下自己身处一个手机用户的网络中。空间并不存在，存在的只有距离的概念，即根据通话与否决定两个人是否邻近。如果你们两个人每天都打一次电话，我们就会认为你们是紧挨着的邻居。如果某人和你通话越不频繁，那个人就离你越远。请注意，这里距离的概念和空间距离的概念并不一样，前者更加灵活。我们知道，在真实空间中，每个人身旁的邻居数量都是一样的。三维真实空间和手机网络截然不同，三维空间中，没有人有 6 个以上的邻居。

> 在手机网络中，你可以完全自由地选择你和其他用户距离的远近。如果我知道你和 50 000 个用户之间的距离，这些信息无法帮助我分析你和第 50 001 个用户之间的距离。第 50 001 个用户可能与你素不相识，也可能就是你的妈妈。但对空间来说，远近是严格的。如果你告诉我你的邻居都有谁，我就知道你住在哪里。我可以知道你和其他所有人隔了多远。

列举网络连接所需要的信息，远远多于列举二维或三维空间中物体排列所需要的信息。想要列举 50 亿手机用户如何互连，我需要赋予每个潜在配对一位信息。对于 50 亿手机用户而言，可能的信息位数大概是这个数字的开方，即 2.5×10^{19} 位。但想要列举每个用户在地球表面的位置，我们只需赋予每个人两个数字：他的经度和纬度—— 也就是只需区区 120 亿个数字。因此，如果时空确实由关闭了连接的网络演生而来，那么必须要关闭的潜在连接一定非常多。

怎样才能关闭连接？量子关系图解答了这一问题。它假设在一个网络中，创造连接、保持连接都会需要能量。要形成一个如图 15-1 所示的二维或三维格点，只需要很少的能量，想形成高维的格点则需要更多能量。在这一理论中，早期宇宙拥有一幅非常简单的图景：宇宙初期非常炙热，它有足够的能量打开几乎所有连接。于是在早期宇宙中，万事万物紧紧相连，中间最多相隔区区几步。随着宇宙冷却，连接开始不断中断，直至能量降到维持三维格点所需的极小能量。这便是空间演生的过程（我的一些同事称它为“大冷冻”,而不是“大爆炸”)。这一过程也被称作“几何生成”(geometrogensis)。[19]

几何生成能解释大爆炸初始条件中的许多未解之谜。比如，为什么各个方向的宇宙微波背景辐射温度都差不多？背景辐射的涨落谱也差不多？这是因为早期宇宙是个高度互联的系统。所以，几何生成提供给我们一个暴胀理论之外的早期宇宙假说。

当然，细节决定成败。大冷冻如何生成三维规则结构（类似图 15-1 所示的二维格点)？它为什么生成规则结构，而不是其他更加混沌的结构？这些都是当下研究的热点。[20]

空间可以是假象，但时间一定是真实的

在解决反问题的过程中，我们学到了两个关于时间的重要经验。

第一个经验是，空间很有可能从一类量子宇宙模型中演生出来，这类量子宇宙模型假设全局时间确实存在。

动态三角刨分就是这类模型的示例。如前文所述，三角刨分指的是将一堆三角形相互连接，从而构造诸如球形穹顶之类的平面（见图 15-6)。我们也可以通过类似的方法构造三维弯曲空间。需要连接的不是三角形，而是其三维对应——四面体，动态三角刨分将这些四面体视作基本的空间原子。量子几何不再由图来描述，而由四面体之间面对面的黏合方式来描述。[21] 上述空间位形可根据一套规则随时间演化。从中，我们可以构建出一个由离散四面体组成的四维时空（见图 15-8)。

我们有两类动态三角刨分方法:在一类方法中，整个时空都是演生出来的，由时空原子构建，这和块状宇宙图景很像。在另一类方法中，我们假设存在统

一的时间，只有空间是演生出来的。除此之外，两类方法非常类似。从结果上看，那些假设了时间真实性的模型演生出了连续的时空。而那些没有全局时间的模型，都受到了反问题的迫害：它们演生出来的，都是些稀奇古怪的几何构造，看上去一点都不像真实空间（见图 15-7）。

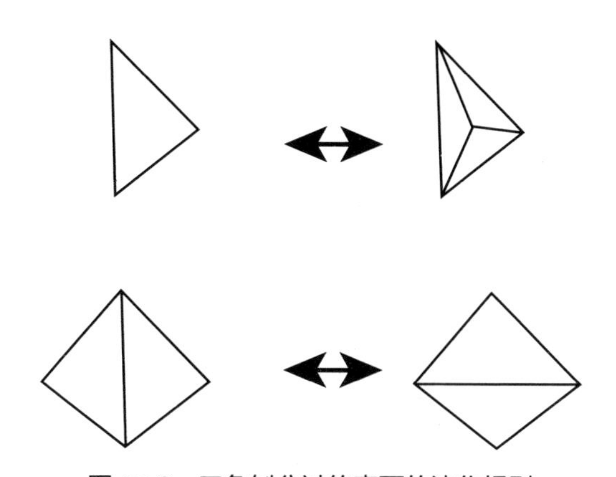

图 15-8　三角刨分过的表面的演化规则

解决了反问题的模型被称作“因果动态三角刨分”，由杨·安别恩和蕾娜特·罗尔创立。这些模型中演生出来的空间拥有部分的真实性，它们具有三维空间和一维时间，图 15-9 展示了其中的一些例子。因果动态三角刨分中的量子宇宙，在大尺度上，像是爱因斯坦广义相对论的解。它们甚至还能依照爱因斯坦方程，让空间的体积随着时间增大。

当然，还有些问题悬而未决。比如，演生出来的时空是否在细节上也像是广义相对论的解？它是否能够重现黑洞、引力波之类的现象？另一个挑战是，如何理解模型所需的全局时间概念。一个老问题是，全局时间是否违背了广义相对论中时间的多指性（见第 6 章）？这个问题的新版本是，广义相对论或经过修正的广义相对论，可否由形状动力学重现？我们在第 14 章中讨论过形状动力学，这个理论和广义相对论等价，却包含全局时间。

第二个经验是，如果空间是演生的，那么更深层次的理论就不可能具备同时的相对性。因为在这个理论中，万事万物都相互连接。在任意两个节点间

传送信号，你可能只需区区几步，所以，同步所有时钟就不成问题。于是，在这个更深的层次上，时间必须是全局的。

图 15-9　因果动态三角刨分演生出来的典型时空几何[22]

量子关系图阐明了这个经验。在量子关系图中，图拥有数目庞大的节点，任意两个节点间要么相连，要么不相连。任何连接所有节点的图都是量子几何结构中的一员。动力学定律可将连接打开或关闭。人们研究了许多种不同模型，在不同模型中，开闭连接的规则不同。这类模型似乎包含两个相态，和水的气液二相很类似。在高温相中，所有连接都开着，每个节点都和其他节点连接，相隔区区几步。由于信息可以快速且轻易地在任意两个节点间跳跃传播，定域性此时并不存在。在高温相中，不存在类似空间的东西。但如果你降低温度，模型会经历一次相变，进入几乎所有连接都关闭了的冷冻相中。这时的网络和低维空间很像，每个节点都只有很少几个邻居。从一个节点到另一个节点，要经历很多次跳跃。

你可以在量子关系图中加入物质。粒子存在于节点之上。仅当两个节点间的边线处于打开状态时，粒子才可以从一个节点跳到另一个节点。我们还能在这个模型中加入一种动力学，使它体现出作用的双向性，这一广义相对论的精髓——几何告诉物质如何运动，物质告诉几何如何演变。这些模型展示出一些演生空间的特征，同时还会有类似量子黑洞的引力现象。粒子经过这些量子黑洞时，会被捕获很长时间。然而，这些黑洞不是永久的，它会缓慢蒸发，其方式让我们回想起史蒂芬·霍金的黑洞蒸发过程。

在我们判断这类模型是否真实之前，虽然还有许多工作有待完成，但这些玩具模型已经给了我们大量启发。它们显示出，**万事万物若要相互连接，全局时间就必须存在。**狭义相对论中的同时的相对性是定域性的一个推论。我们无法判断相互间隔的两个时间是否同时发生,因为光速为信号的传播设了上限。在狭义相对论中，仅当两个事件在同一地方发生时，我们才能判定它们是否同时。而在量子宇宙中，每个粒子和其他粒子之间可能都只有一步之遥。从根本上说，一切事物都在“同一位置”，在这样的模型中，同步所有时钟完全不成问题，因此，一个统一的时间可以存在。

空间可以从这样的模型中演生出来，定域性也能从中演生出来，同样，信号传播的速度上限也能从中演生出来。（一些量子关系图模型已经展示了这一演生过程的细节。[23]）如果你只关注演生时空中的现象，不细究时空的原子结构，那么狭义相对论就是近似正确的。这再次强调了本章的模型和理论告诉我们的主要教训：**空间可以是个假象，但时间一定是真实的。**

我们对量子引力的理解还在不断深化。本章讨论的所有理论都具有重要意义。每种理论都告诉了我们一些潜在量子引力现象的要点，这些现象或许能被我们从自然界中发现。每种理论还告诉我们各自的假设的后果、所面临的挑战、可能的应对策略。其中一些较为成功的理论，要么回到牛顿范式，告诉我们如何在盒子中研究量子时空；要么直面宇宙学挑战，直指时间的真实性。

00:16

为什么宇宙如此有趣：宇宙中的生死

Time Reborn

From the Crisis in Physics to the Future of the Universe

让我们回到那个最为重要、也最为难解的宇宙之谜：为何宇宙适宜生命生存？我们将会发现，回答这一问题的重点在于时间的真实性。如果时间确实是真实的，那么宇宙的某些特征只有在承认时间基本性的前提下才能得到解释。而当我们假设时间是演生的，这些特征就会变得匪夷所思，好似机缘巧合。这样的特征确实存在。观测发现，我们的宇宙有着由简入繁的演化历史。这意味着时间具有很强的方向性——换个说法，我们的宇宙存在时间箭头。如果时间是演生出来的、非本质的，时间的方向性就不大可能存在。

翻越不可能的山

环顾四周，不论你借助肉眼，还是借助最先进的望远镜，我们都会看到一个高度结构化的复杂宇宙。复杂性是不大可能存在的，它的出现总是需要某种解释。没有任何简单组织可以一跃成为复杂组织。高度复杂性的出现需要一系列微小步骤的铺垫。这些步骤依照一个序列依次出现，这也意味着存在一个严格依赖于时间的事件序列。

一切对复杂性的科学解释总会要求历史的出现。随着历史的发展，复杂性不断积累，如棘轮般缓慢运转。这便是理查德·道金斯（Richard Dawkins）① 口中的“翻越不可能的山”。[1] 于是乎，宇宙肯定要有一段历史，这段历史随时间展开。要想解释宇宙如何成为今日之宇宙，因果秩序必须存在。

19 世纪的一些物理学家和一些当代的二流宇宙学家接受了无时宇宙图景。在他们看来，我们所看到的复杂性是偶然的、昙花一现的；宇宙的归宿是某个平衡态，这个平衡态被称为“宇宙的热寂”（heat death of the universe）。在热寂时，物质和能量均匀地分布于整个宇宙，什么都不会发生，除了随机涨落以外。[2] 大部分时间内，随机涨落在产生后会迅速消散，不形成任何结构。但我会在本章和下一章中解释，第 10 章中给出的新宇宙学原则可以帮助我们理解，为什么复杂性不断增加的宇宙自然而然而又不可避免。

因此，在我们面前有两条道路，通向两幅截然不同的宇宙未来图景。在一幅图景中，宇宙没有未来，因为时间并不存在。时间顶多是我们对变化的度量，它是一种假象，变化停止之日，便是假象终结之时。在另一幅图景中，宇宙受时间所制。宇宙不断孕育出新的现象和组织状态，它永远可以自我更新，不断进化出具有更高复杂性和结构性的状态。

观测记录明确地告诉我们，随着时间的推移，宇宙的趣味性不断增加。早期宇宙充满了处在平衡态的等离子体；从这种最为简单的初始状态开始，宇宙演化出了非常庞大的复杂结构。上至星系团，下至生物分子，这一演化发生在许多不同的尺度上。[3]

这些结构性和复杂性的不断增加令人困惑，因为它排除了一个最为简单的解释：我们所见的结构只是某种巧合。如果这些结构仅仅是巧合，它的复杂性就不会在过去 10 亿年间不断增长。我马上会在下文中解释，如果我们看到

---

① 理查德·道金斯，英国著名演化生物学家、无神论者。他改变了无数普通人看待生命的方式，同时受到了无数赞誉和攻击。想了解他的更多传奇故事，推荐阅读其唯一中文版自传《道金斯传》，感受这位无神论斗士的传奇一生。该书中文简体字版已由湛庐文化策划、北京联合出版社出版。——编者注

的复杂性不过是一些巧合，那它肯定会随着时间流逝不断降低，而不会升高。

宇宙的平衡态

在将时间驱逐出物理学和宇宙学的道路上，宇宙的热寂说是前进中的又一步。热寂说类似于一个古老的想法：宇宙的自然状态应该不包含任何改变。在思考宇宙的过程中，人们最古老的念头就是设想世界的自然状态应该是个平衡态。在这个平衡态中，所有事物都有自然的归属，结构不会形成。这个思想是亚里士多德宇宙学的精髓（在第 2 章中我们对此有所讨论）。亚里士多德学说的物理学根基是，一切事物本质上都处于自然运动状态，例如，土会往宇宙中心沉，而空气会向上浮。

在亚里士多德看来，尘世尚有变化的唯一理由，就是动因的存在。我们可以把动因归类为外加运动。外加运动可以将物体移出它们的自然状态，人类和动物通常被认为是外加运动的源泉。但还有其他来源存在。水蒸气容许气体进入其中，同时也会部分获得气体向上浮的自然运动，因此，水蒸气会向上升。当水蒸气冷却时，气体被排出，水就化为雨下落。外加运动的终极来源是太阳产生的热。不管外加运动的形式如何，它们都来自太阳。假如尘世和天堂被隔开，那么就尘世来说，一切事物都会归于平衡状态，即静止于各自的自然位置，尘世的变化也将终止。

现代物理定义了自己的平衡概念。它由热力学定律给出，热力学定律适用于盒中物理学。我们常常将热力学定律加在孤立系统之上。这些系统与周围环境之间没有物质和能量的交换。

当然，我们要特别小心，不然很容易混淆现代热力学中的平衡概念和亚里士多德或牛顿口中的平衡。亚里士多德和牛顿理论中的平衡来自力学平衡。桥之所以会屹立不倒，是因为它的每条梁、每个铆钉都处于力学平衡状态。现代热力学的平衡概念与之截然不同，它适用于拥有很多粒子的大系统，本质上反映的是概率的概念。

在我们聊宇宙的热寂之前，最好先理解一些术语。最值得了解的，就是熵和热力学第二定律的相关知识。

理解现代热力学的关键，是要明白热力学中存在着两个层次的描述。一个是微观层次。任意给定一个系统，微观层次要精确描述所有原子的位置和动量,我们称之为系统的“微观态”(microstate)。另一个是宏观层次或系统的“宏观态”(macrostate)，它用很少几个变量给出系统粗糙的近似描述，气体的温度和压强就属于这样的变量。研究一个系统的热力学，就要搞明白微观描述和宏观描述之间的关系。

> 让我们以一栋砖瓦建筑为例。这个例子中的宏观态就是建筑的设计图，微观态就是砖块的具体位置。建筑设计师只需指定砖墙要多大，要不要开门、开窗，而无须细究砖块的位置。大多数砖块都差不多，交换两块砖不会影响整栋建筑的结构。由此我们看出，一个宏观态可能对应于许多不同的微观态。
>
> 让我们将这栋砖瓦建筑同建筑大师弗兰克·盖里(Frank Gehry)设计的建筑作品做个对比。盖里的代表作是毕尔巴鄂古根海姆博物馆，其外墙由一片片特制的金属板构成。想要实现盖里设计的曲面，金属板必须各不相同，每片金属板的走向也相当重要。当且仅当每片金属板都按照设计图精确定位时，建筑设计师理想中的建筑才能成型。

在这个例子中，建筑设计师在指定建筑的宏观态之外，还要指定建筑的微观态——每块金属板的走向。同传统砖瓦建筑不同，我们不再有篡改微观态的自由，只有一种微观态可以给出设计师预想的宏观态。

到底有多少微观态对应于同一个宏观态？我们有个专门术语来表示微观态的多少，即“熵”。通过熵，我们可以看出盖里的建筑是多么具有革命性。实现一张建筑设计图，要对应多少种部件的组合方式，即一栋建筑的熵。标准砖瓦建筑的熵很高，而盖里设计的建筑熵为零，即只有一个微观态对应。[4]

从上述例子中我们看出，熵是信息的反面。想要描述盖里的建筑设计，需要有大量信息，因为你需要精确地指出每块金属板的制作过程和安装走向。想要描述一栋砖瓦建筑，你只需要很少量的信息，因为你仅需要知道墙的大小。

让我们通过一个典型的物理过程看看以上方法的工作原理。考虑一个充满气体的容器，里面存在大量气体分子。这个系统的终极描述存在于微观层次：微观描述必须告诉我们每个气体分子的位置和运动，这需要大量信息。但这个系统还有一个宏观层次，在宏观描述中，我们可以用密度、温度、压力来描述气体。

指明气体的密度和温度所需的信息，远远少于指明每个气体分子所处位置的信息。因此，**把系统的微观描述翻译为宏观描述相对简单，而反过来则非常困难**。如果你知道每个原子所处的位置，你就会知道气体的密度和温度，后者是气体原子的平均动能。而宏观描述却不可能翻译成微观描述。这是因为给定一个气体密度和压强，可以有许多不同的分子排列方式。

在将微观态翻译成宏观态的过程中，追踪给定宏观态所对应的微观态数量非常有用。在建筑的例子中，这个数字由宏观构造的熵给出。请注意，“熵”只可能是宏观态的性质。由此看出，熵是一个演生出来的性质；谈某个系统的微观态有多少熵，完全没有意义。

接下来，我们要把熵和概率相联系。你可以通过一个假设完成这一步，即所有的微观态都有相同的概率，这是个很现实的假设。气体中的每个分子都在混沌运动，它们的排列经常被推倒从来，它们的运动也因此非常随机。一个宏观态对应的微观态越多，换句话说，宏观态的熵越高，它就越有可能被实现。其中最有可能的宏观态被称为“平衡态”。在平衡态中，所有微观粒子都在随机运动。平衡态也拥有着最高的熵。

让我们把一只猫分解为猫原子，再和屋内的气体原子随机混合。结果，在大多数微观态中，猫原子中随机混杂着气体原子。只在极少的微观态中，猫原子重新组成了猫，坐在一旁的沙发上，边舔着毛边叫。混合原子的重新排列很难组合出猫。所以对比两种原子的随机混合，猫的熵很低，信息量很高。

气体中的分子运动更加混沌，分子间经常碰撞。当碰撞发生后，两个分子会互相远离，运动的方向有着或多或少的随机性。所以，随着时间发展，微观态更倾向于被推倒重来。即使初始时的微观态并不随机，很快，这个微观态也会变得随机。这意味着，如果初始态是个熵很低的非平衡态，那么随着时间发展，系统的微观态很有可能会变得越来越随机，系综的熵也会不断增加，即熵增。以上就是热力学第二定律。

让我们通过一个简单的实验看看热力学第二定律的工作原理。我们需要一副纸牌和一个庄家。实验开始时，牌依大小顺序排列。此后，每过一秒钟，庄家会洗一次牌。我们想要观测的是，多次洗牌后，这副牌的顺序会发生何种变化。

开始时，牌是按大小顺序排列的。每洗一次，牌的顺序就变得越发随机，这副牌的熵不断增加。洗了足够多次牌以后，我们再也无法将牌的顺序和随机顺序加以区别。于是，纸牌完全丧失了初始顺序的记忆。

热力学第二定律紧紧抓住了这一有序消散为无序的过程。在定理看来，洗牌的过程毁坏了实验开始时牌堆的特殊顺序，将其替换为随机顺序。

熵增不是永恒的。每过一段时间，纸牌的熵会在洗牌后下降——在我们的例子中，这意味着纸牌回归了初始状态。洗牌后熵增加的概率要比洗牌后熵降低的概率多很多。牌堆中的牌越多，通过洗牌重现初态的概率就越小。也就是说，从一次初态重现到下一次初态重现的间隔时间会变长。这段间隔时间被称为“庞加莱回归时间”（Poincaré recurrence time）。如果你观察系统的时间远远小于庞加莱回归时间，你很有可能会看到系统熵增；当你的观察时间大于庞加莱回归时间时，就有很大机会看到系统熵减。

随机性在洗牌中所起的作用完全可以照搬到气体之中。完全有序的气体原子位形确实存在。在这样的位形中，所有的气体原子都在箱子的一侧，并向同一个方向运动。这些位形类似于完全按大小排列的纸牌。但是，尽管这些完全有序的位形存在，它们较之原子随机分布、随机运动的位形要稀有得多。

如果让所有的原子在初始时都聚在箱子的一角，朝着同一方向运动，我们将会看到，伴随着原子运动，它们之间相互散射，原子朝着各个角落扩散，很快就会布满整个盒子。经过一段时间之后，原子的位置变得完全随机，原子的密度变得非常均匀。

与之同步，原子的运动方向及其动能也因碰撞而随机化。最终，大多数原子的能量将接近平均能量，也就是系统的温度。

无论初始时间的位形是多么有序、多么不平凡，一段时间之后，盒中的原子将被随机化，有均一的密度和温度。这个状态就是平衡态。气体一旦抵达平衡态，就很有可能一直保持平衡态。

在这个背景下，热力学第二定律指出，系统的熵在短时间内极有可能增加，至少保持不变。如果你从非平衡态开始系统演化，这样的初始位形出现概率比较低，熵也比较低。这类情况下，最有可能发生的事情就是，系统将进一步通过原子碰撞随机化，以增加系统位形的出现概率。于是，系统就会熵增。如果从平衡态开始演化，系统位形的随机度已经达到了最大值，因而熵也达到了最大值。此时，最有可能发生的事情是系统会继续保持在随机状态。可如果你对这些原子进行很长时间的观测，就像上文提到的那样，一些不大可能发生的涨落将会发生，原子会回到更加有序的状态。在这些小概率的涨落中，最有可能发生的涨落最不易察觉：盒中某处的原子密度略有增高，其他地方的密度略有降低。有些涨落可以将所有粒子归位到盒子的一角，这种涨落发生的可能性较前一种涨落要小很多。但只要时间足够，所有涨落都可能发生，无论它们的发生概率多小。

无须长时间的等待，你便可以看到这些涨落的物理效应。让爱因斯坦名满天下的成就之一，就是研究液体中分子的涨落，以阐明原子的存在。他假设，构成诸如水之类的液体的分子都在进行随机运动。接着他设想，如果把类似花粉的小颗粒浸到水中，这些分子的随机运动会对颗粒的运动产生影响。水分子实在太小，无法观察。但是，我们可以通过显微镜观察颗粒的运动，间接测得它们的影响。大量分子不断随机碰撞着颗粒。颗粒因此开始随机舞蹈。

通过测量花粉粒子的舞蹈强度，能推算出每秒钟作用在花粉上的分子有多少，作用的力是什么力。在 1905 年的一篇论文中，爱因斯坦对原子的性质作出了可被实验验证的预言，其中包括一克水中含有多少原子。[5] 这些预言后来被实验证实。通过花粉实验和其他许多类似实验，我们知道，这样的涨落确实存在，它们是热力学故事的一部分。

这些涨落解决了早期热力学研究中的一个主要难题。最早，热力学定律的引入没有使用原子或概率的概念。气体和液体被认为是连续介质。熵和温度被认为是第一性的，其定义完全和概率无关。在最初的版本中，热力学第二定律就是在简单地声明，熵在任何过程中要么增加，要么保持不变。另一条定律声称，当熵取最大值时，系统有一个唯一的温度。

我们总是从过去移往将来

19 世纪中期，詹姆斯 · 麦克斯韦（James Clerk Maxwell）和路德维希 · 玻尔兹曼开始假设，物质由随机运动的原子构成。他们试图将统计学应用于大量原子的运动中，从而重新推导热力学定律。举例来说，他们提出温度就是原子随机运动的平均动能。他们引入了现在我们看到的熵和热力学第二定律。

但当时大多数物理学家并不相信原子说。相应地，他们拒绝接受热力学定律起源于原子运动，并提出了一些强有力的论证，以说明原子运动无法推导出热力学定律。其中一个论证如下：原子的运动定律（假设存在）一定具有时间可逆性（正如我在第 5 章中讨论的那样）。如果有一段电影，讲的是一堆原子按照牛顿定律如何运动，当你把电影倒放时，你看到的影像和牛顿定律并不矛盾。但是，热力学第二定律不具有时间可逆性，因为熵永远在增加，或至少保持不变，但永远不会降低。这些怀疑论者认为，具备时间可逆性的定律——那些掌管原子运动的定律，一定推导不出不具备时间可逆性的定律。

这个问题的答案由保罗 · 埃伦费斯特（Paul Ehrenfest）和塔蒂亚娜 · 埃伦费斯特（Tatiana Ehrenfest）给出。这对年轻夫妇是玻尔兹曼的门徒，后来他们成了爱因斯坦的朋友。[6]他们的研究显示，原子论之前的热力学第二定理是错误的。因为有时熵确实会降低，只是降低的概率很低。但只要你等待足够长的时间，偶然涨落有可能降低系统的熵。因此，想要弥合热力学定律和原子所遵循的时间可逆定律，涨落必不可少。

然而，即便在这幅被修正过的图景之中，我们仍然看不到未来的希望。根据以上原则，任何孤立系统最终会抵达平衡态——在平衡态中，有意义的累积变化并不存在，结构或复杂度也不会成长。唯一存在的是那漫无边际的平衡状态，什么都不会发生，除了随机涨落之外。

处于平衡态的宇宙不可能具有复杂性。倘若复杂结构存在，随机过程可以将其破坏，使系统重回平衡态。这并不意味着，我们可以用熵有多低来描述复杂度有多高。想要全面塑造复杂度，我们需要一些超越平衡态热力学的概念（这是第17章的主题）。

时间箭头问题

为什么我们的宇宙这么有趣？当我们站在热力学的角度来看宇宙时，这一问题变得越发匪夷所思。站在牛顿范式的角度来看，某个终极定律的解支配着宇宙。这个定律的近似版本或许就是广义相对论和粒子物理标准模型的组合。这里，终极定律的细节并不重要。终极定律有着一个无穷大的解集，支配我们宇宙的那个解是其中之一。当大爆炸初始条件或近大爆炸初始条件选定后，这个解也被选定。

在研究热力学的过程中，我们知道，这个定律的每一个解几乎都在描述着一个处于平衡态的宇宙。因为从定义上看，那些最有可能出现的位形，组合形成了平衡态。另一方面看，平衡态也意味着终极定律的解具有“时间对称性”——系统通过定域涨落，进入更有序状态的概率和进入更无序状态的概率一样高。如果把平衡态宇宙的历史倒放，其可能性和正常历史可能性一样，一般来说也具有时间对称性。所以在这样的宇宙中，全局时间箭头并不存在。

我们的宇宙和终极定律的典型解不同。大爆炸已经过去了130亿年，可今日的宇宙还未达到平衡态。描述我们宇宙的解不具有时间对称性。如果描述我们宇宙的解确实是从无穷大的解集中随机挑选出来的，那么，我们的宇宙具备以上性质的可能性微乎其微。

我们发现，“为什么这个宇宙这么有趣”“为什么它正变得越来越有趣”等问题和另一个问题相关，即“为什么热力学第二定律没有让宇宙在百亿年间进入平衡态”，而它明明有很多机会。

一些迹象提醒我们，我们的宇宙尚未进入热力学平衡态。最简单的一个迹象便是时间箭头的存在。**时间的流逝蕴含着很强的不对称性，我们感觉并发现自己总是从过去移向未来。**

> 证明时间方向性的现象不计其数。很多事情不具有时间可逆性（比如，一场车祸、一杯泼出的牛奶、一番措辞不当的对话）。一杯热咖啡能变冷，但很难再变热；糖能溶入咖啡，但很难再析出；掉落的咖啡杯会摔成碎片，如果你什么都不做的话，碎片永远不可能自动复原。我们沿着时间的箭头老去：如果某本书或电影讲述一个人返老还童，那它一定是科幻片，不可能在现实生活中实现。[7]

平衡态中没有时间箭头。在平衡态中，有序度只能通过随机涨落临时地增高。正放或倒放系统偏离平衡态的过程，一般来说并没有什么区别。假设有一段影片，讲的是处于平衡态的气体原子的运动，当倒放这段影片时，你无法区别你观看的到底是原始版本，还是倒放版本。我们的宇宙与此截然不同。

我们需要解释宇宙中出现的强时间箭头，因为物理学的基础定律都具有时间对称性。这些定律的任意解都存在一个魅影，后者的行为类似于前者的行为，是同一段过程（在互换左右、互换粒子和反粒子后）的倒放。因此，一个人逆时而进、一杯售出的咖啡变烫、四散的碎片自发聚成完整的杯子，这些过程都没有违反基本的物理定律。

为什么从没有发生过上述这些过程？为什么这些不同过程的时间不对称性都指向了一个共同目标——无序度的增加？这一问题称作“时间箭头问题”（problem of the arrow of time）。在我们的宇宙中，有若干个不同的时间箭头。

宇宙在不断膨胀，而不是收缩，这被称作“宇宙学时间箭头”（the cosmological arrow of time）。

如果我们忽略宇宙的一些小区域，这些小区域会随着时间推移变得更加无序（例如，洒出的牛奶、趋于平衡态的气体），这被称作“热力学时间箭头”（thermodynamic arrow of time ）。

人类、动物、植物，都会历经生老病死，这被称作“生物学时间箭头”（biological arrow of time）。

我们经历的时间总是从过去流向未来，我们能记住过去，却记不住未来，这被称作“经验时间箭头”（experiential arrow of time）。

还有一个时间箭头，它比以上这些箭头都要隐晦，却是一个促进我们理解的重要线索。光从过去移向将来，因此，抵达我们双目的光线总是告诉我们有关过去世界种种，而不是未来的世界，这被称作“电磁波时间箭头”（electromagnetic arrow of time）。

电荷的运动产生了电磁波。如果让一个电荷上下，电磁波便能从中涌出。这些电磁波总是移向未来，而非移向过去。以上场景在引力波中也同样会出现，所以我们又有了“引力波时间箭头”（gravitational-wave arrow of time）。

我们的宇宙中似乎存在许多黑洞。黑洞具有很强的时间不对称性。任何物质都能掉进黑洞，但出来的只会是霍金辐射。黑洞是个神奇的装置，它能把所有输入其中的物质转变为一团处于平衡态的光子气。这一不具备时间可逆性的过程制造了大量熵。

那白洞呢？白洞是人们假想中的天体，它们也是广义相对论的一类解，是黑洞的时间反演。白洞和黑洞的行为相反。白洞不吸收任何物体，任何物体都可能由白洞生出。白洞就像一颗自发产生的恒星。如果你有一段恒星坍缩成黑洞的短片，把它倒放，就是白洞产生恒星的过程。天文学家尚未发现白洞存在的一丝痕迹。

即使只考虑黑洞，你也会察觉出我们的宇宙有些怪异。从广义相对论公式出发，我们的宇宙完全可以在早期就充满了黑洞。然而，在早期宇宙中似乎一个黑洞都没有，我们所知的黑洞形成于大爆炸后的很长一段时间，它们源自大质量恒星的坍缩（见第 11 章）。

为什么宇宙中只有黑洞，没有白洞？为什么宇宙开始时没有充满黑洞？宇宙早期没有黑洞存在，似乎意味着还有一个“黑洞时间箭头”（black-hole arrow of time）。

宇宙的另一边是否存在一个时间倒着流的星系？没有证据支持这一点。在我们生活的宇宙中，从一个地方到一个地方，时间箭头完全可能相反。但很明显，我们并未发现这一点。这又是为什么呢？

以上诸多时间箭头都是关于我们这个宇宙的事实，需要我们去解释。任何时间箭头的解释，都要假设时间的本质。如果一个人认为时间由无时宇宙演生而来，另一个人相信时间是本质的、基础的，那么二人给的时间箭头解释肯定会有所差异。

倒过来看宇宙

物理定律到底有没有时间可逆性？第 5 章中提到，自然规律具有时间可逆性，这被视作时间非基础性的证据。如果自然规律果真如此，那我们又该怎么解释时间箭头呢？每一个时间箭头代表着一种时间的不对称性，那为什么时间对称的物理定律会带来时间不对称性？

这个问题的答案在于，物理定律作用于初始条件之上。物理定律具有时间反演对称性，但初始条件无须如此。初始条件可以演化出末态条件，而两者的区别非常明显。事实上，在这种情况下，我们宇宙的初始条件似乎被精细地微调过，使它能够产生时间不对称的宇宙。

> 下面来看一个例子。宇宙的初始条件之一便是宇宙的初始膨胀速率。它的值似乎正好能制造最多的星系和恒星。如果初始膨胀速率更大，宇宙会被快速稀释，星系和恒星将无法形成。如果速率很小，这个宇宙很可能会直接坍缩到黑洞，恒星根本没有机会形成。现在的值对于恒星的大量产生来说非常理想。正是这些恒星，10 亿年来一直将大量光子倒入冰冷的空间，使得宇宙远离平衡态。这便解释了热力学时间箭头。

我们同样也可以通过初始条件的时间不对称性来解释电磁波时间箭头。[8] 宇宙一开始时并没有电磁波，后期的物质运动才产生了电磁波。这就解释了，为什么我们环顾四周所见的光图像可以告诉我们宇宙的物质信息。只从电磁学定律出发的话,两者可以无关。电磁学定律允许宇宙初始时就有自由运动的光。也就是说，电磁波由大爆炸直接产生，而不是由后期的物质运动产生。在这样的宇宙中，任何一张承载着物质信息的光图像，都会混入直接产自大爆炸的电磁波。在这样的宇宙中，如果我们用望远镜观察四周，可能看不到恒星或星系，可能只会看到一片随机混沌。又或许，来自大爆炸的光将带给我们一些未来之物的图像。例如，一群在花园里大嚼芦荟的大象。

如果我们在遥远的未来拍摄了一段宇宙的短片，然后将其倒放，就会看到上文所述的宇宙。在那遥远的未来，存在着许多四处漂泊的图像——那些过去之物的图像。如果将宇宙的短片倒放，我们就会看到宇宙充满了这些未来之物的图像。事实上，承载着图像的光终会流入图像所代表的事件。在这样的宇宙中，我们看到的光只能告诉我们未来之物的故事。

上述宇宙并非我们生活的宇宙，但如果上述宇宙也是物理定律的解，我们就有生活在这种宇宙中的可能性。**为什么我们只能看到过去发生过或正在发生的事情？为什么看不到将要发生或永远不会发生的事情？想要解释这些问题，我们必须给宇宙加上严格的初始条件。这些初始条件将禁止宇宙初始时携带着图像的电磁波自由地飞来飞去。这是个严重的初始条件不对称性，想要解释电磁波时间箭头，它不可或缺。**

引力波时间箭头和黑洞时间箭头的故事也非常相似。如果基础物理定律具有时间对称性，那么时间不对称性的重担便会落在初始条件的选择上。因此要限制，在宇宙初始时，没有自由运动的引力波，没有初始黑洞，没有早期黑洞，也没有白洞。

罗杰·彭罗斯强调了以上观点,并提出了一个名为“外尔曲率假设”（Weyl curvature hypothesis）的原则作为解释。[9] 外尔曲率是个数学量，如果宇宙中没有引力波、黑洞或白洞，其值为零。外尔曲率假设：宇宙初始奇点的外尔曲率为零。彭罗斯指出，我们目前所知的早期宇宙与这一原则相符。这是个时间不对称的条件，因为在宇宙后期，外尔曲率显然不为零。在宇宙后期，宇宙中会有很多引力波和黑洞。因此，彭罗斯认为，想要解释我们所见的宇宙，（时间对称的）广义相对论方程的解必须要接受外尔曲率假设的筛选。

想要解释我们的宇宙，就一定要有时间不对称的初始条件。这大大削弱了那些从自然规律的时间对称性出发，来反对时间真实性的论证。为了不和现实世界失之千里，宇宙的初始条件必然和那些随后演化出来的条件截然不同。此时，初始条件的重要性不容忽略，宇宙的过去也注定不同于宇宙的未来。[10]

“如何选择初始条件”这一问题承担起了解释时间箭头的重担。可我们知道，初始条件选择的背后并不存在什么理性解释。于是，我们走进了一个死胡同，一堆宇宙的关键问题并没有得到回答。

还有另一种选项，一种更为简单的选项。我们相信我们的定律是某种更深层次定律的近似，或许，更深层次定律本身具备时间不对称性。如果真是这样，又会有什么发生呢？

如果终极理论具有时间不对称性，那么它的大多数解也会具有这一性

质。[11] 这样，我们就无须解释，为何我们不会看到自然过程倒放所带来的千奇百怪的图像。之前时间对称的解，不再是终极理论的解。为什么我们只见过去不见未来的谜题也得以解决。宇宙所具有的高度不对称性，可以直接被终极理论的时间不对称性来解释。具有时间不对称性的宇宙不但很有可能产生，而且会不可避免地产生。

这就是彭罗斯提出外尔曲率假设时，我对其想法的揣摩。初始奇点附近的物理和宇宙后期的物理存在区别,这些区别必须体现于一种量子引力理论中。在彭罗斯看来，这一量子引力理论要具有高度的时间不对称性。但是，如果时间是演生的，时间不对称的理论就会显得不自然；如果终极理论中没有时间的概念，我们就无法区分过去和将来。我们的宇宙极有可能不会存在。它仍需要我们去解释。

如果时间是真实的，一个具有时间不对称性的理论就会自然许多。确实，没有什么比一个能区分过去和现在的终极理论更为自然了，因为过去和未来截然不同。在一个形而上学的框架中，如果时间是真实的，如果从过去流往将来的时刻是真实的，那么时间不对称的自然规律支配时间不对称的宇宙，就是一幅完美的场景。因而，从这些方面来思考，我们应该更倾向于时间的真实性。它让我们不做任何解释，就可以扫除一个发生概率极小的事件——我们的宇宙具有很强的时间不对称性，让我们将此算作重新发现时间道路上的又一大步。

不可能存在的宇宙如何存在

我们是否能对不大可能存在的宇宙说点什么？

我在本章多次提到，我们的宇宙不大可能存在，它不大可能拥有某些初始条件，例如，我提到一个被时间对称定律支配的宇宙不大可能拥有时间箭头。但当我说宇宙不大可能存在时，指的到底是什么？**宇宙是唯一的，它只发生过一次，宇宙没有同类。**那我们又怎么可能用概率来谈论它的性质呢？

为了厘清这一困惑，我们需要知道，当我们说一个系统处于一个不大可

能存在的位形时，我们到底指的是什么。在牛顿范式中，这个说法讲得通，因为牛顿范式所描述的系统总是亚宇宙系统，亚宇宙系统有很多同类。但这样的论证显然不适用于作为整体的宇宙。

或许你会假设，宇宙的初始条件由某个位形空间随机产生。这样你就可以定义我们的宇宙拥有某个独特性质的概率。但这样的假设是不成立的，因为产生宇宙的初始条件不是随机的。我们的宇宙具有诸多非常特殊的性质，很难想象它们是随机生成的。

如果你假设还有数目庞大的其他宇宙存在，那么你或许可以避开以上矛盾。然而，正如我们在第 11 章中所见，**多重宇宙理论有两类：一类多重宇宙中，我们的宇宙是个异数，因而非常不可能存在，永恒暴胀理论产生的就是这类多重宇宙；另一类多重宇宙，以宇宙自然选择假说为代表，在这些理论产生的宇宙系综中，我们的宇宙很有可能存在。**正如第 11 章所述，只有后一类理论可以作出能被可行的实验观测证伪的预言。在第一类理论中，我们必须要用人择原理挑出我们这类不大可能存在的宇宙。人择原理无法得到独立测试，这类理论无法作出任何预言。我们只能得出如下结论：无论有多个宇宙还是只有一个宇宙，说我们的宇宙不大可能存在，并没有实证内容的支持。

不过，整个热力学的基础在于，将概率的概念应用在一个系统的微观态上。所以，当将热力学应用于整个宇宙时，我们犯了宇宙学谬误。[12] 避开宇宙学谬误的唯一方法、避开宇宙存在可能性悖论的唯一方法，就在于，用具有时间不对称性的物理理论来解释宇宙产生复杂性和趣味性的原因。这样的物理理论使得我们的宇宙不再不大可能产生，而是不可避免地注定要产生。

以上悖论的产生并不唯一。在此之前，也有人试图将热力学理论应用于整个宇宙。他们犯下了宇宙学谬误，得到了其他悖论。路德维希 · 玻尔兹曼提出了熵和热力学第二定律的统计解释。他似乎也是试图回答宇宙为什么不处于平衡态的第一人。玻尔兹曼并不知道宇宙在膨胀，也不知道宇宙大爆炸。在他的宇宙观中，宇宙是永恒的、静止的。永恒的宇宙令他困惑不已，因为这意味着它早就应该到达平衡态。它拥有无穷长的时间来抵达这一状态。

宇宙为什么不处于平衡态呢？玻尔兹曼想到的一个理由是，我们的太阳系及周边区域正处于一个发生在不久之前的巨大涨落之中。这一涨落中,太阳、行星以及我们周遭的恒星，会从平衡态气体中自发形成。随后，我们所处的宇宙区域会重回平衡态，这一过程使得我们看到这一区域的熵正在增加。对于生活在19世纪末的玻尔兹曼来说,这或许是符合当时人类认知的最佳答案。但是，这个答案不对。我们之所以知道它不对，是因为现在我们能够回溯时间到宇宙大爆炸之时，对应于130亿光年的可观测距离。但是在这片我们所在的宇宙区域中，我们没有证据证明宇宙由静止的平衡态涨落而来。相反，我们看到一个随着时间不断演化的宇宙。随着宇宙的膨胀,结构在各个尺度上不断生长发展。

玻尔兹曼不可能知道这一切。但是他和他的同代人还是可以通过一个论证看出玻尔兹曼解释中的可疑之处。这一论证基于以下观测发现：一次涨落越小，它就越可能从平衡态中出现。因此，对于某片空间区域来说，脱离平衡态越少，出现的可能性就越高。

玻尔兹曼时代的天文学家至少可以观测拥有上百万颗恒星的数万光年区域。因此，如果我们所在的空间区域是某次涨落的结果，那么这种涨落发生的可能性将非常低——远低于其他一些能够产生出你我的小涨落的概率。考虑某个仅能够产生太阳系的涨落。我们知道，这样涨落出来的世界并不是真实的世界。这个世界的夜晚，除了一些红外辐射，我们其他什么都看不见。这些红外辐射来自环绕于我们的热平衡气体。但根据玻尔兹曼的假设，这种小涨落发生的概率远远大于产生出整个可见宇宙的大涨落。大涨落要包含百亿颗恒星，而每颗恒星脱离平衡态的程度都要和太阳系差不多。我们发现自己处于太阳系尺度涨落的概率，要比发现自己身处银河系尺度涨落的概率要高很多。[13]

继续发展这一论证。太阳系的很大一部分和我们的存在毫无关联，因此，我们更有可能发现自己身处一个地球尺度的涨落中，涨落给出地球外加天空中的一个热源。而完整的太阳系包括太阳、行星、彗星以及一整套运转体系，其产生概率比前者低许多。这只是接下来一系列论证的开始。人类是会思考的动物，通过感知，我们发现自己处于一个世界之中。如果某次涨落能产生一个留

有记忆和图像的大脑，那这样的涨落较之地球尺度的涨落就会小许多。后者会产生一整颗充满生物、绕着巨大恒星旋转的行星。这种只产生一个大脑，接着赋予大脑虚拟世界记忆和感知的涨落，被我们称作“玻尔兹曼大脑”（Boltzmann brain）。

所以，我们的幸运存在在很大概率上可被解释为玻尔兹曼永恒平衡态宇宙中的涨落。我们可以处于一个银河系尺度的涨落中，处于一个太阳系尺度的涨落中，处于一个拥有千亿生灵的行星涨落之中，或者我们其实处于一个大脑尺度的涨落中，涨落出的大脑被赋予虚拟世界的记忆和图像。越靠后的涨落所需要的信息就越少—— 也就是说，熵距平衡态的缺失最少。所以在无时宇宙中，单个大脑尺度的涨落，要比包含着所有大脑的银河系尺度或太阳系尺度涨落频繁许多。

这被称为“玻尔兹曼大脑悖论”（Boltzmann brain paradox）。它指出，在无穷长的时间内，宇宙将充满玻尔兹曼大脑。这些大脑都在小涨落中形成，它们的数量远远多于生物进化产生的大脑，后者需要一个持续百亿年的大涨落。人类是智慧生物，因此人类是玻尔兹曼大脑的概率远远压倒其他动物的可能性。但是，我们知道自己并非此类自发产生的大脑。**假如人类的确是玻尔兹曼大脑，那我们的记忆和感知就很有可能会自相矛盾，无法自洽。此外，我们的大脑似乎也无法承载广漠宇宙中的所有恒星和星系的图像。因此，玻尔兹曼大脑其实是一个典型的“归谬”论证。**

我们不应对这个论证感到奇怪，因为我们犯了宇宙学谬误，它终将把我们引向充满悖谬的结论。在牛顿范式中，物理世界没有时间。这一范式在宇宙最基本的问题面前，表现得力不从心：为什么我们的宇宙这么有趣？为什么这个宇宙会有趣到允许我们人类这种生物存在，来感叹宇宙的神奇？

如果接受时间的真实性，我们就可以写下时间不对称的物理理论，理论中的宇宙最终会自然地演化出复杂性和结构性。并且，我们因此也回避了这样的宇宙不大可能存在的悖论。

00:17 时间于光与热中重生

Time Reborn

From the Crisis in Physics
to the Future of the Universe

在第16章中，我们考虑了宇宙的最大未解之谜：宇宙为什么这么有趣？为什么随着时间的推移，宇宙似乎变得越来越有趣了？一些回答是基于牛顿范式下的无时宇宙图景。我们看到，它们引发了两种悖论：一种悖论声称我们这个特别的宇宙不大可能存在，一种悖论即玻尔兹曼大脑悖论。可如果从第10章提到的新宇宙学原则出发，我们便可以理解宇宙为什么如此有趣，同时避开上述悖论。本章中，我将对此加以解释。

宇宙能否包含两个一模一样的瞬间

让我们从一个简单的问题开始：宇宙能否包含两个一模一样的瞬间？

时间箭头的存在意味着每一个瞬间都是独一无二的。至少到目前为止，不同时刻的宇宙都是不一样的。这些不同显现于星系的性质之中，或显现在元素的丰度之中。这里的问题在于：这个瞬间序列到底是偶然出现的，还是蕴含着某种深层次的原则？在牛顿范式中，时间箭头的存在似乎是偶然的；而在一个处于平衡态的无时宇宙之中，我们预期存在许多完全一样的瞬间或非常相似的瞬间。

有个更深层次的原则告诉我们，两个瞬间不可能完全相同，这便是莱布尼茨的“全同关系的同一性”。在第 10 章中，我们对此原则进行了描述，它来自莱布尼茨的充足理由律。这一原则认为，如果宇宙中的两个物体完全无法区分，那么它们就不可能不同。这不过是常识。如果事物间的区别仅在于可观测的性质，那么两个有所区别的物体就不可能具有完全相同的性质。

莱布尼茨的原则基于一个基本的想法：物体的物理性质是相对的。如果我们有两个电子，一个处于床罩的原子之中，一个处于月球背面的环形山顶，那么这两个电子是否一样呢？它们不是一模一样的粒子,因为它们的位置不同，而位置是粒子的属性之一。从相对关系的角度出发，我们可以说，它们因为所处环境有所区别，从而可以互相区分。[1]

世上没有绝对空间。所以，如果我们不给出某个空间点的识别方法，就无法问那个空间点上到底发生了什么。换言之，除非我们有办法指明某一地点，否则就无法将物体定位到那一点上。想要知道自己的位置，方法之一就是看看四周的风景有什么特别之处。假设一个人声称空间中的两个物体拥有完全相同的性质，处于完全相同的环境之中。那么，无论你离两个物体有多远，你会发现，它们之外的万物的组织结构也会完全相同。如果这种奇怪的情况确实存在，那么观测者就没有办法区分两个物体。

因此，要求世界上有两个完全相同的物体，是一件不可能完成的任务。这个要求意味着，宇宙中必定存在着两个一模一样的地方——在这两个地方看到的宇宙完全一样。**宇宙中不可能有两个完全相同的物体，这一简单的要求将极大地改变作为整体的宇宙。**[2]

同样的论证也适用于发生在时空中的事件。全同关系的同一性要求，两个时空事件不可能有完全相同的可观测性质，两个瞬间也不可能一模一样。

仰望夜空时，我们所见的宇宙，总是局限于一个特别的观测地点、一个特别的观测瞬间。我们的所见，包括那些进入我们眼帘的所有光子，无论它们的发源地是远是近。如果物理学果真构筑于相对关系之上，那么这些光子将构成一个特定事件的内在现实，即你在某个特定时间和空间仰望夜空这件事。但是，全同关系的同一性声称，观测者若从宇宙历史中的任意一个事件出发，他可能看到的宇宙将是唯一的。假设有群外星人在你入睡后绑架了你，把你送进他们的时间机器中。醒来后你发现自己离家有几个星系的距离。你可以环顾四周，将自己的所见做成地图，并由此准确地判断自己的位置。至少原则上你可以这样做。你或许还能更进一步地准确判断出自己是在什么时间被传送过来的。

这就意味着，我们的宇宙不可能具有精确的对称性。事实上它也没有，正如我们在第 10 章中看到的那样。在研究宇宙局部系统的模型时，对称性对我们的帮助很大。但到目前为止，物理学家假定的所有对称性，要么被证明是近似的，要么被证明是破缺的。

根据全同关系的同一性原则，在我们的宇宙中，每一瞬间都与其他瞬间截然不同；每一瞬间的每一地点都与其他地点截然不同；没有一个瞬间可以重复出现。如果我们看得足够细，宇宙中的每一事件都是唯一的。在这样的宇宙中，使牛顿范式具有意义的条件不可能被完全实现。如前文所述，牛顿范式要求我们反复进行实验，以确认它们的可重复性，并区分改变定律引发的效应和改变初始条件引发的效应。反复试验的条件可以被近似地实现，但不能被精确地实现。因为我们注意到的细节越多，一个事实就越发明显：没有事件或实验可以具有完全一样的拷贝。

是莱布尼茨宇宙，还是玻尔兹曼宇宙

我打算给每一个瞬间、每一个事件各不相同的假想宇宙起一个名字，这会让我们的讨论变得容易许多。就让我们称之为“莱布尼茨宇宙”，这样的宇宙满足全同关系的同一性原则。

莱布尼茨宇宙和玻尔兹曼想象中的宇宙有着天壤之别。在后一版本的宇宙中，大部分宇宙的历史都处于热平衡态；熵达到了最大值，不存在任何组织或结构。在这段死寂而又漫长的历史中，偶尔会有一些统计涨落产生出某些组织和结构。这些组织和结构仅能维持一小段时间，随后便会由于宇宙的熵增趋势而逐渐消散。我们将这样的宇宙称为“玻尔兹曼宇宙”。

我们的未来由什么决定呢？这个问题的本质是，我们到底生活在一个莱布尼茨宇宙中，还是一个玻尔兹曼宇宙中。**在莱布尼茨宇宙中，没有任何两个瞬间相像，从这个意义上说，时间是真实的。在玻尔兹曼宇宙中，许多瞬间会不断重复出现——即便这些瞬间不是完全一模一样的，它们的相似程度总能满足你要求的精度。近似地讲，几乎所有玻尔兹曼宇宙中的瞬间都完全相似。**这些瞬间同属平衡态，所以大致上一样。对诸如温度、密度等体积量来说，测量的平均值总是一样的。当然，原子可以在平均值附近涨落。但这些涨落，并不足以改变宏观尺度的组织和结构。

在玻尔兹曼的宇宙中，如果你等待的时间足够长，宇宙或许会以你要求的精度重现任一位形。一般来说，两次重现之间的间隔会是庞加莱回归时间。但如果时间是永恒的，那么每个瞬间都能重现无穷多次。

莱布尼茨宇宙与此截然相反：从定义上看，莱布尼茨宇宙不允许任何瞬间重现。一个宇宙不可能既是莱布尼茨式的，同时又是玻尔兹曼式的。我们的宇宙到底属于哪一种呢？

如果时间是真实的，两个完全相同的瞬间就不可能存在。只有在莱布尼茨宇宙中，时间才是完全真实的。莱布尼茨宇宙拥有极高的复杂度，产生出满是独特模式和结构的大规模阵列。这些模式和结构会随时间不断改变，以保证每个瞬间与其他瞬间有所不同。我们的宇宙确实就是这个样子。

动态稳态，自然选择是一套自组织机制

我们的宇宙满足一些宏大的原则，比如全同关系的相对性。了解这些原则使我们受益颇多，但仍不足以扫清所有的宇宙之谜。**原则不直接作用于物质，直接作用于物质的是定律。我们需要知道一个原则如何作用于定律之上，以保证定律满足这个原则。**在某种程度上，我们已经知道了答案——这个过程和引力与热力学间的扭曲关系有关。

我们现今的莱布尼茨宇宙中，有一个要素几乎达到了热平衡，它便是宇宙微波背景辐射。可是我们知道，宇宙微波背景辐射是早期宇宙的残留，于大爆炸后 40 万年产生。宇宙中，广袤的星际空间已经处于热平衡的支配之下。可宇宙还有许多部分，离热平衡很远。宇宙中最为常见的物体便是恒星，恒星并没有抵达周边环境的平衡态。恒星总是处于一种动态平衡之中：一面是内核核反应产生的能量，它会使恒星爆炸；另一面是引力，它会使恒星坍缩。仅当恒星的核能耗尽时，它才会抵达玻尔兹曼所说的平衡态，它会成为白矮星、中子星或者黑洞（黑洞是个例外。黑洞就像一台引擎，不断聚积物质，再把它们辐射出去）。但是，这些系统实际上并不处于平衡态，它们处在动态稳定态。

我们可以把恒星概括为这样一个系统。源源不断的能量通过这个系统，使得系统总是远离平衡态。有的能量来自核能，有的能量来自引力势能。它们缓慢地转变为多个频率的星光。这些星光照亮了地球在内的行星表面，使得行星进入了各自的非平衡态。

以上例子反映了一个大的原则[3]：开放系统中的能量流，往往推动系统进入组织度更高的状态（如前文所述，“开放系统”指的是能与环境进行能量交换的有界系统）。我们将此原则称为“受推动的自组织性”（driven self-organization）。**如果说充足理由律是自然世界中最重要的解释原则，那么全同关系的唯一性便是她的王子；受推动的自组织性则是一位能干的天使，她在无数的恒星和星系中作了大量细节工作，保证了宇宙的多样性和复杂性。**

把水壶灌满，再放到炉子上。这个系统（水壶和水）便是一个

> 开放系统。能量缓慢地从壶底进入这个系统，把水加热，再通过水的表面进入空气之中。为了更简单地弄清这个观点，让我们给水壶加上盖，这样化为蒸汽的水就无法离开这个系统。加热一会后，水会进入一个稳定态。在稳定态中，水的温度和密度不是统一的。壶底的水温最高，越往表面温度越低；密度的分布与此正好相反。流经水的能量使得水远离平衡态。很快，一个名为“对流循环”的现象开始在系统中显现。在对流循环中，水以水流的形式有规律地运动。从壶底进入的热能推动了水的循环。水受热、膨胀，然后成为上升水流。到了水的表面，水因为耗散了一部分的热，而变得比周围的水更密，于是下降并形成了下降水流。因为水不可能在同一个地方既上升又下降，上升水流和下降水流一定有所间隔，对流循环得以形成。

流经系统的稳定能量流可以制造复杂的模式和结构，它们是系统远离平衡态的证据。再例如，风在沙丘上留下的波纹或是站在复杂度谱顶端的生命。不管是沙丘波纹、生命，还是复杂度介于二者之间的系统，它们都源自流经系统的稳定能量流。这意味着，**复杂的自组织系统永远不可能是孤立系统。**

这些能量流制造了稳健的莱布尼茨系统。生物往往拥有许多拷贝，可每个拷贝都与其他拷贝有所不同。系统的复杂度越高，我们见到的个体间的不同也就越发明显。

这条道路通向非常优雅的科学。如同之前章节中指出的那样，这里的关键在于，热力学第二定律只适用于孤立系统；孤立系统被盒子封闭；盒子阻断了系统与外部的物质、能量交换。而任何生命系统都不是孤立系统。我们的生活总是伴随着物质流和能量流——它们的源头是太阳的能量。如果被一个盒子封闭（类似棺材），我们便会死去。

因此，亚里士多德弄对了一点。他认为，尘世因为流经其中的能量流而远离平衡状态。一些物理学家和哲学家没有认识到这一观点的重要性，在他们眼中，热力学第二定律和自然选择产生的复杂结构有着不可调和的矛盾。矛盾其实不存在，因为熵增原理不适用于生物圈，它只适用于孤立系统。事实上，自然选择是一套自组织机制。受到外部推动的系统会产生自我组织的趋势，自组织性由此自发产生。

在自组织性系统背景下，我们能更好地理解产生复杂性的特征。高复杂性的系统不可能处于平衡态，因为秩序不可能随机产生。因此，**高熵和高复杂性不可能共存**。说一个系统复杂不仅仅指一个系统的熵比较低。排成一排的原子的熵很低，但很难说它们很复杂。我和朱利安·巴伯发明了一个更好的概念来描述复杂度，我们称之为“多变性”。只给出一对子系统的相对关系或它们与系统之间的关系，看看这对子系统能否互相区别：如果一个系统中每对子系统都能互相区别,那么这个系统就具有较高的多变性。[4]一个城市的多变性很高，这是因为你能轻易地环顾四周，了解自己身处哪个角落。在自然界中，非平衡态系统具有高多变性，它们是自组织过程的结果。

自组织系统具有一个普遍的特征：反馈机制可以使这些系统稳定。任何生命都是一个反馈机制的复杂网络，这一网络可以调节、疏通、稳定流经其中的物质流和能量流。正反馈意味着事物加速生成（比如说，麦克风靠近扬声器时产生的尖叫声）；负反馈减弱信号，它就像房子的恒温器，室温过低时打开暖气，室温过高时将其关闭。

当不同的反馈机制对系统的控制权展开竞争时，时空中就有模式浮现。当相互竞争的正反馈机制和负反馈机制作用于不同的系统尺度时，你便可以得到空间中的模式。生物自组织的基本机制由“计算机之父”艾伦·图灵（Alan Turing）发现。[5]这个机制使胚胎产生模式，而这些模式标记出胚胎将来能够变出来的身体部位。在此之后，这个机制还能使生物产生其他模式，比如猫科动物皮肤上的图案、蝴蝶翅膀上的图案。

如果观测尺度超越了太阳系、超越了恒星，我们将会看到什么呢？恒星组织形成了星系，星系正是恒星的形成之地。星系本身处于非平衡态，它不仅包含恒星，也包括了产生恒星的星际气体和尘埃。外界的气体缓慢地在星系盘上累积；它是星系改变的驱动之一。尘埃则由恒星产生。生命尽头的恒星会发生超新星爆发。在爆发过程中，尘埃被注入星系盘。气体和尘埃可以处于许多不同的相态之中；有些炙热，有些则因寒冷而变得致密。星系的自组织过程由星光驱动——那些源自恒星的能量流。时不时地，大质量恒星发生超新星爆发。在这一过程中，大量的物质和能量被倒入星系之中。在比星系尺度更大的尺度上，我们也看到了结构的存在：星系被组织成了一个个被虚空隔开的星系团。我们相信暗物质的存在形成了这些模式，物质和暗物质的相互作用使得星系聚在一起。

因此，我们这个宇宙现在具有的特点，就是存在于不同尺度上的结构性和复杂性。从生物细胞中的分子重组，到星系组成星系团，结构性和复杂性无不存在。自组织结构存在层级结构，它被能量流推动，受反馈过程影响。这样的宇宙更像莱布尼茨宇宙，而非玻尔兹曼宇宙。

当我们回望过去时，我们会看到什么？我们会看到宇宙演化出了越来越多的结构，我们会看到宇宙从平衡态进入了复杂状态。

我们有充分的理由相信，早期宇宙中的物质和辐射接近热平衡态。在早期宇宙中，物质和辐射极为炙热，却有着非常均匀的温度。如果我们不断回溯时间，这一温度就会不断上升。在再复合时期以前（再复合时期发生在大爆炸之后 40 万年，光子和物质在这一时期相互分离），物质和辐射同处于一个平衡态。就我们目前所知，这一平衡态只受随机密度涨落的扰动。我们今天所见的所有结构和复杂性都始于再复合时期之后。最初的结构萌发于微小的随机密度涨落之中。随后，这些结构随着宇宙膨胀不断成长，它们形成了星系，又形成了恒星，接着，生命得以诞生。

简单地使用热力学第二定律显然无法得到以上图景。热力学第二定律声称，随着时间流逝，孤立系统的随机性会不断增加，变得越发无序，结构性和复杂性也相应减少。这和我们所见的宇宙历史截然相反。结构在许多尺度上生成，宇宙的复杂性也随之增加，越靠近今天，结构就越为复杂。

一个静止的复杂系统不可能存在

复杂性的演化需要时间，不可能存在静止的复杂系统。我们学到的一大教训是，我们的宇宙拥有一段历史，这是一段复杂性随着时间推移不断增加的历史。这个宇宙不仅不是玻尔兹曼宇宙，随着时间推移，它还会拉开与玻尔兹曼宇宙的差距。

这并不意味着我们应该废除热力学第二定律。热力学第二定律适用于孤立系统，那些随着时间发展最终抵达平衡态的系统。更进一步来说，只要复杂性增加的地方同熵增的地方不重叠，二者之间就没有矛盾。自生命起源以来，地球生物圈已拥有 40 亿年的自组织发展历史。来自太阳的能量流推动了地球生物圈组织度的增加。大部分能量以可见光的形式抵达地球，被植物的光合作用捕获。光合作用将光子能量转换为化学键。通过化学键的形式，这些能量催化了诸如蛋白质合成等化学反应。这些能量最终会历经整个生物循环，以热能的形式脱离生物圈，最终以红外光子的形式被地球辐射至外太空。接下来，这些光子或许还能加热环日轨道上的一粒尘埃。

或许，单个能量量子催化了一种复杂分子的形成，生物圈的熵因此有所降低。但当地球将这个量子以红外光的形式辐射进入外太空时，太阳系整个的熵却有所增加。只要加热尘埃所引发的熵增大于合成化学键所引发的熵减，系统长期演化的结果将与热力学第二定律一致。

所以，假如我们把太阳系当作一个孤立系统，那么太阳系局部进行自组织过程，就可以和太阳系整体熵增相容。作为整体的系统，太阳系总是试图抵达平衡态，总是试图增加其熵值。热力学第二定律竭尽所能地驱使太阳系进入平衡态。但是，只要太阳不断将炙热的光子释放进入冰冷的时空之中，平衡态的抵达就会被不断延迟。在这段时间内，分子可以利用能量流，进入具有更高组织度和复杂度的状态。百亿年后，恒星将燃尽余晖。复杂性可在这段漫长的时间内不断传播。为什么在大爆炸后 140 亿年的今天，我们的宇宙还是远离平衡态呢？恒星的存在是回答这个问题的关键。

可为什么会存在恒星呢？如果宇宙必须趋向高熵和无序的状态，到底是什么让恒星无处不在呢？毕竟，是恒星的存在让宇宙远离平衡态。让我们换个问法：如果我们的宇宙是莱布尼茨宇宙，某种类似恒星的物体必须存在，这又是由哪些自然规律的特征保证的呢？

恒星的物理有赖于两个自然规律的非常特征。第一个非常特征，是难以置信的物理参数微调。这些微调过的物理参数包括基本粒子的质量以及四大基本作用力的强度，它们的微调使得核聚变成为可能。被压缩在恒星内的氢气，也因为核力的存在，展现出不同寻常的行为。氢原子不再随机地动来动去，它们会紧紧地聚在恒星的中心，以一种全新的方式相互作用。它们将相互融合，形成氦元素以及其他少数氢元素。

> 以上过程似乎有如以下场景。你被困在一间囚室里，日复一日，你都生活在无聊的平衡态中。每一个小时都有如其他小时。忽然之间，本不存在的牢门被打开了，你逃脱囚室进入了一个崭新的世界。然而，适用于普通原子的热力学定律永远不可能预言核聚变的出现，也不可能预言其所带来的全新可能性。

第二个非常特征，与将系统绑在一处的引力有关。简单地说，引力颠覆了我们天真的热力学观点。

热力学第二定律制造了一个日常生活中司空见惯的现象：热能总是从高温物体流向低温物体。冰会融化，加热的水会沸腾，当两个物体温度相同时，热能便会停止流动。这两个物体抵达了平衡态。一般来说，当我们从一个物体中提取能量后，物体的温度会下降；当向一个物体内注入能量后，物体的温度会上升。所以，当热能从高温物体流向低温物体时，后者温度上升，前者温度下降。这一过程会不断持续，直到二者的温度相同。这便是一个房间里空气只能有一个温度的原因。假设空气温度有起伏，那么较热的地方的能量便会流到较冷的地方，直到室内空气达到一个共同的温度。

以上现象使得平衡态稳定，任何小的涨落都无法将其干扰。假设因为一些小的涨落，房间一侧的温度较另一侧略有升高。接下来，能量就会从温度较高的一侧流向温度较低的一侧。前者温度降低，后者温度升高。很快，室温又将回到一个均一的值。大多数系统似乎都按照以上符合直觉的方式运行。然而，有些系统偏偏不是。

> 想象一团另类的气体。当你向其注入能量时，气体的温度降低；当你从中提取能量时，气体的温度升高。这样的气体看似有违常识，但却真实存在。它们处于不稳定的状态。假设你的房间充满了这类另类气体，它们处于同一个温度。一个微小的涨落将一部分能量从左侧气体移到了右侧气体。于是，左侧气体温度升高，右侧气体温度降低。这就意味着，左侧气体的温度将不可能下降，它会变得越来越热。越来越多的能量流入冰冷的右侧，这会使得右侧的气体变得越发冰冷。很快，你会遭遇一个失控的不稳定状态。这一状态中，左右两侧气体的温度差不断加大。
>
> 现在，让我们专注于房间内热的一侧，在其中重复以上场景。假设另一个涨落在热的一侧发生，这一涨落使得中心点的温度下降。上文所述现象以一种正反馈的形式出现，中心点的温度将继续变低，中心点附近区域的温度将继续变高。随着时间推移，任何微小的涨落都能成长为一个特征。这样的过程将再三重复。很快，你就拥有冷热区域交错的复杂模式。

按照以上方式运行的系统，将自然而然地形成复杂的模式。我们很难预测此类系统的归宿。它们或将演化出大量非均质的模式位形。我们称这类系统为“反热力学系统”（anti-thermodynamic systems）。热力学第二定律仍然作用于这类系统。但由于能量的注入能让一个区域冷却，气体均匀分布的状态变得非常不稳定。

受引力约束的系统具有上述疯狂的行为，恒星、太阳系、星系、黑洞，它们都是反热力学系统。当你注入能量时，它们将会冷却，这意味着这些系统是不稳定的。**不稳定性驱使这些系统远离均一的状态，刺激时空模式的形成。**

大爆炸后 137 亿年宇宙仍远离平衡态的原因与此有着莫大关系。宇宙历史可被概括为结构性和复杂性增加的历史。很大程度上，这是由于宇宙中充满了引力约束系统。下至恒星，上至星系团，这些引力约束系统皆为反热力学系统。

想要理解这些系统为何会反热力学，其实非常简单。引力同其他力有两点基本不同：引力是长程力，且总是吸引力。让我们考虑一个围绕恒星运动的行星。当你向行星注入能量时，行星会移动到远离恒星的轨道上。在那里，行星的运动速度会变慢。因此，注入能量降低了行星的速度，也降低了系统的温度，因为温度与系统个体的平均速度成正比。反之，如果你从太阳系中提取能量，行星会相应地落入近日轨道。在这些轨道上，行星的运动速度会变快。因此，提取能量增加了系统的温度。

我们可以将行星的行为同原子的行为相比较。原子因相反电荷间的电场力作用而被绑在一块。与引力类似，电场力的作用距离可以非常遥远。可与引力不同，仅当电荷相反时，电场力才会是吸引力。带正电荷的质子可以吸引带负电荷的电子。一旦电子被质子束缚住了，由此产生的原子就没有净电荷。此时，我们会说原子的电场力饱和了，原子不再吸引任何其他粒子。太阳系的运行方式与此相反，因为当太阳吸引其他行星之后，产生的新系统拥有比太阳更强的吸引力。于是，又一种非稳定性出现了——受引力约束的系统会吸引更多的物体进入其中。

反热力学行为在星系团退化过程中变得很明显。倘若一个星系团按照热力学演化，它就将到达平衡态。在这种情况下，所有的恒星都拥有相同的平均速度，恒星将永远聚在一块。但事实与之相反，现实中，星系团将经历缓慢的耗散。这一过程非常有趣。每当一颗恒星接近一个双星系统（指两颗互相绕行的恒星）时，如果距离很近，双星的轨道就会变窄。轨道变窄意味着能量的流出，这些能量传给了第三颗恒星。第三颗恒星现在有了足够的能量来脱离星系团，开始它的太空之旅。经过很长一段时间后，星系团中除了一些沿闭合轨道运行的双星以及一团由高速逃逸的恒星组成的恒星云，就没有其他什么东西了。

只要我们不对这些事实进行过于简单的诠释，它们本身与热力学第二定律就没有矛盾。热力学第二定律不过吐露了这样一个真理：**如果一件事情可以通过很多方法去做，那它就越有可能被完成。正常的热力学系统终结于一个均一的、无趣的热平衡态；受引力约束的反热力学系统终结于为数众多的非均质态中的某一状态。**

因此，宇宙之所以有趣的原因有三："受推动的自组织性"作用于无数的尺度之上、无数的子系统中，上至星系，下至分子。这一原则使得系统的复杂度得以不断增加。驱动这一过程的引擎是恒星，正是"基本物理定律的精细调整"以及"引力系统的反热力学本质"使得恒星得以存在。但是，当且仅当宇宙的初始条件具有高度的时间非对称性时，这些作用才可以创造出一个充满恒星和星系的宇宙。

以上所有论证都可被纳入牛顿范式之中。某种意义上，我们能通过牛顿范式对此加以理解。但是，如果我们的思维一直跳不出这个范式，宇宙的组织结构似乎就构筑于那些不大可能存在的东西之上——对物理定律和初始条件极端特殊的选取。从没有时间的牛顿范式出发，我们唯一能够自然而然得到的宇宙，便是那些处于平衡态中的死宇宙。这是个令人悲伤的结论，也与我们所生活的宇宙明显不符。但是，如果我们从时间的真实性出发，与之相对的观点就会显得自然而然：宇宙及其终极定律拥有时间不对称性，由此得到的强时间箭头既能涵盖孤立系统中的熵增，又能涵盖系统结构性和复杂性的持续增长。

00:18

无限的空间，还是无限的时间

接受时间的真实性，使得我们能够理解宇宙为何充满结构性和复杂性。但是，这种结构性和复杂性能持续多久？我们能无限期拖延平衡态的到来吗？或许，我们生活的世界，只是广袤的平衡态宇宙中一个拥有复杂性的泡泡？这些问题把我们带到了现代宇宙学中最富想象力的主题面前：遥远的远方和遥远的未来。

让人困惑的“无穷”

“无穷”是一个非常浪漫的概念，然而在科学世界中，“无穷”往往会让人们感到困惑。想象一下，宇宙有无穷大的空间。再想象一下，宇宙的初始条件随机产生，而同样的物理定律却在无穷大的空间中处处成立。这样的宇宙便是终极玻尔兹曼宇宙。几乎所有无穷大的宇宙都处于热力学平衡状态；宇宙中任何有趣的事情都来自其中的涨落。但是，任何能在涨落中产生的事物都必将在宇宙某处产生。然后，由于无穷大的宇宙有无穷多的“某处”，那么每一种涨落，

不论存在的概率是高是低，都能发生无穷多次。[1]

因此，我们的可见宇宙可能仅仅只是一次大的统计性涨落。如果宇宙真是无穷大的话，我们横跨930亿光年的可见宇宙，将会在无穷大的空间中重复出现无穷多次。于是，如果宇宙是个无穷大的玻尔兹曼宇宙，那么类似我们的存在会有无穷多个，类似我们的行动也会被重复无穷多次。这当然违背了莱布尼茨的原则。该原则要求：宇宙中没有两个一模一样地方。

问题的严重性不止于此。请以你喜欢的方式想象一下，我们的今天可以有哪些不同。我可能没有出生；你可能嫁给了你的初恋男友；一年前，一个人可能没有听从朋友们的建议，开车回家的路上撞死了一个孩子；你的表弟可能在出生时被护士换错父母，成长于一个有暴力倾向的家庭，最终变成了一个连环杀手；一群恐龙可能通过进化拥有了智能，适应了当时的气候变化，从此占领了地球，哺乳动物再也没有机会接手……所有这些事情都有可能发生，给我们带来完全不同的今日宇宙位形。每一种这样的今日宇宙位形，都是你身旁的原子们可能作出的排列组合。在无穷大的空间中，每一种位形都会出现无穷多次。

无穷玻尔兹曼悲剧

我对这样的宇宙感到深深的恐惧。**它引发了一个伦理问题：在这个无穷大的宇宙中，如果其他宇宙区域中的“我”能够穷尽我的选择，那么为什么我还要关心自己选择的后果？**在这个世界中，我可以选择养育我的孩子；但其他世界中的我可能会作出错误的决定——不养育孩子，那这个世界中的我是否应该照看这些受苦的孩子呢？

除了这些伦理问题以外，无穷大的宇宙也会引发科学有效性的问题。如果这个世界上任何可能发生的事情都确实会发生，那么科学的解释能力就大打折扣。莱布尼茨的充足理由律要求，任何形如宇宙为什么是这样而不是那样的问题，都存在一个理性原因。但是，如果宇宙中任何可能发生的事都必然会发生，那就不存在需要解释的问题。科学或许能让我们深入了解宇宙局部的情况，但最终，科学不过是一种徒劳的练习。因为这个世界中的真理变得非常简单：每一刻，所有可能发生的事都会在无穷多的其他地方发生。这其实是一种归谬论证，说明了将牛顿范式应用于宇宙学中所产生的问题，也不过是宇宙学谬误的另一个示例。我将它称作“无穷玻尔兹曼悲剧”（infinite Boltzmannian tragedy）。之所以称它为悲剧，是因为物理学的预言能力被大打折扣，而且无穷大宇宙中的概率不再是你所认为的概率。

> 假设你在做一个量子实验，量子力学告诉你，实验结果有99%的概率是A，有1%的概率是B。假设你重复1 000次实验，那么你会预期大概有990次实验结果是A。你安心地赌A会出现，因为理性的预期告诉你出现99次A才会出现1次B。你有很大机会来确认量子力学的预言结果。但是，无穷大的宇宙中存在着无数个正在做量子实验的你。这其中，有无穷多个你观察到了结果A；但同样有无穷多个你观察到了结果B。

不过，我们无法在无穷大的宇宙中检验量子力学的预言。这便是量子宇宙学中的“测量问题”（measure problem）。许多聪明人都致力于解决这一问题，可在阅读或听取他们的方案后，我觉得这一问题是无解的。我宁愿把量子力学工作良好的事实当作一个证据，证明我们所生活的无穷宇宙中只存在一个我。

我们可以否认宇宙在空间上是无穷大的，这样就能避免无穷玻尔兹曼悲剧。当然，我们无法看到一定距离以外的东西。但我认为“假设宇宙的空间范围是有限的”既合理又明智——正如爱因斯坦提议的那样，宇宙是有限的，却没有边界。这意味着宇宙的整体拓扑是个封闭的曲面，比如球形或环形（甜甜圈状）。

这一提议没有违背我们的观测。到底哪种拓扑是正确的，取决于空间的平均曲率。如果空间的平均曲率为正，空间就呈球形，唯一可能的空间拓扑就

是类似于二维球面的三维球面。如果空间的平均曲率为零，空间就呈平面。如果要求宇宙有限大的话，那么唯一可能的空间拓扑就是类似于二维环面拓扑的三维环面。如果空间的平均曲率为负，空间就呈马鞍形，此时，可能的空间拓扑有无穷多种。此类拓扑过于复杂，在此不再赘述。对此类拓扑的正确分类是20世纪数学的一个伟大胜利。

爱因斯坦的提议是个可被验证的假说。如果宇宙闭合，且空间足够小，那么光就有可能绕行整个宇宙，我们就可以多次看到远方的星系。人们试图寻找过这样的图像，但到目前为止，尚没有什么发现。

我们还有一个偏好空间闭合的宇宙学时空模型的较强理由。如果宇宙不是空间闭合的，那么它一定是无穷大的。与直觉相反，这意味着空间存在边界，这一边界位于无穷远处，可它还是一个边界。信息无法通过这一边界。[2]于是乎，我们无法将一个空间无穷大的宇宙当作一个自给自足的系统。我们必须将其视作一个更大系统的局部，宇宙边界上的信息将被包含在这个大系统中。

如果宇宙的边界在无穷远处，你或许可以想象边界之外还有更多空间存在。到底有什么东西从边界之外进入边界之内呢？ 这类问题的答案给定了边界上的信息。[3]

无穷远处的边界却不允许我们想象边界以外的世界。我们需要做的，只是简单地指明进出边界的事物，而且边界的选择完全随意。从无穷远边界进入宇宙的信息，不需要更进一步解释：我们必须要作出选择，且这个选择完全随意。因此，我们需要承认，拥有无穷远边界的宇宙模型不存在任何解释。在这些模型中，解释的自给自足性遭到了违背，充足理由律亦是如此。

上述论证中还存在一些微妙的技术细节，在此我不赘述。但该论证极为重要，且据我所知，许多信奉宇宙无穷大的宇宙学家忽略了这个论证。在我看来，没有任何方法可以脱离空间闭合且没有边界的宇宙学模型。

因此，不存在无穷远处的事物，也不存在无穷大的空间。现在，让我们将关注的焦点从无限远的距离转向无限远的未来。

宇宙必有一死

许多宇宙学家的著述流露出了对未来的焦虑。如果我们目前生活的宇宙更像是莱布尼茨宇宙，而不像玻尔兹曼宇宙，这样的状态是否只是临时的？或许从长远来看，宇宙与我们一样，都有一个死期。

空间有限的宇宙让我们摆脱了无穷玻尔兹曼宇宙中的种种悖论和悲剧，然而，这并不彻底。空间有限的闭合宇宙可能存在无穷长的时间。如果它从未收缩过，它便会无限制地膨胀下去。于是，宇宙就有无限长的时间去抵达热平衡态。一旦宇宙抵达了平衡态，它便会永久地处于平衡态中，无论抵达过程耗费了多少时间。在平衡态中，空间会持续增长，其中的涨落可以创造所有不大可能存在的结构。于是，我们可以声称，在这样的场景中，所有可能发生的事物都必然发生，且会发生无穷多次。这又将我们带回了玻尔兹曼大脑悖论。如果充足理由律和全同关系的同一性得到满足，宇宙必须借助某些手段摆脱这类悖谬的宿命。这些原则限制了宇宙可能的未来归宿。

很少一部分科学著述探索了宇宙在遥远的未来将会发生什么。所有这些著述都没有事实依据，充满了想象。因为想要对遥远的未来进行推理，你需要作出一些宏大的假设。一条假设是，自然规律必须永恒不变，因为自然规律的改变将阻碍我们的预测能力。另一条假设是，尚未发现的自然现象不能改变宇宙的历史。举例来说，我们可能尚未发现一些非常微弱的力，但它们无法在大的空间尺度或远大于宇宙年龄的时间尺度上，对宇宙历史产生影响。这条假设是可能的，人们对此已经进行了深入的思考，但它阻碍了任何基于现有知识的预言。宇宙中不可能存在任何意外，可能的意外例如，宇宙泡的壁正以光速自视界之外朝我们袭来。

假设我们已经发现了所有的自然规律和自然现象，那么我们就能作出以下可靠的推论。

星系终将停止产生恒星。星系是将氢元素转化为恒星的巨大系统。但它的转化效率不是很高，一个典型的螺旋星系一年仅能产生一颗恒星。大爆炸之

后 140 亿年，原初氢元素和氦元素依然充满了宇宙。可是氢元素数量有限，至少，它无法形成无穷多个恒星。即便所有的氢元素最终转换为了恒星，我们总会见证最后一颗恒星的产生，恒星的数目存在上限；推动恒星形成的非平衡过程很可能在很久之前就开始趋向消失。

最后的恒星终将燃尽。恒星拥有有限的寿命，大质量恒星能存活几百万年，最后以超新星的形式绚丽死去。大多数恒星能活几十亿年，最终黯然地命归白矮星。总会有那么一天，最后的恒星也将死去。

那么，之后呢?

在最后的恒星死去之时，宇宙中充满了物质、辐射、暗物质和暗能量。宇宙的长远命运取决于我们知之最少的那个成分：暗能量。暗能量是真空的能量，它占宇宙物质能量总和的 73%[①]。我们远未触及暗能量的本质，不过我们已经观测到了它对遥远星系运动的影响。特别是，暗能量可以解释宇宙加速膨胀的原因。

除此之外，我们对暗能量一无所知。暗能量可能就是简单的宇宙学常数，也可能是某种有着统一密度的奇怪能量。尽管暗能量的密度看上去大致是个常数，但我们并不知道它到底是不是常数，还是在以极为缓慢的速率发生改变，这一速率可能远远低于目前我们所能探测的下限。**暗能量密度到底是常数，还是会发生改变，将对宇宙的未来产生极大影响。**

让我们先看一下暗能量密度随宇宙膨胀不变的场景。如果暗能量密度是个常数，那暗能量的行为就如同爱因斯坦的宇宙学常数。它不会随着宇宙的持续扩张而降低。暗能量之外的一切事物（比如所有物质和辐射）都会在宇宙膨胀的过程中被不断稀释，这些成分的能量密度之和将逐步降低。几百亿年后，除了同宇宙学常数相关的能量密度之外，一切事物都可以被忽略。

以上场景非常简单，我们知道其中发生的许多细节。宇宙呈指数级膨胀的后果之一是，星系团之间的距离将快速增长，最终会导致一个星系团再也看不到另一个星系团。离开一个星系团的光子以光速向另一个星系团运动，可它赶

① 根据最新观测，暗能量占宇宙质能总和的 68.3%。——译者注

不上两个星系团的分离速度。每个星系团中的观测者都拥有一个视界，他们看不到视界之外的邻居。于是，每个星系团都是一个孤立系统。视界的内边界就是某种意义上的盒子，将子系统同余下的宇宙相互隔离。所以，盒中物理学适用于每一个这样的星系团——这意味着，我们可以通过热力学对这些系统进行推理。

故事发展到了这里，一个源自量子力学的新效应开始现身。它会使视界内部充满处于热平衡态的光子气体——光子气体产生的过程类似黑洞霍金辐射。它被称作“视界辐射”（horizon radiation）。视界辐射的温度非常低，其密度亦然。但是，随着宇宙的膨胀，温度和密度会保持常数。与此同时，包括物质和宇宙背景辐射在内的一切其他事物，都会被不断稀释。在足够长的时间之后，宇宙将会充满视界辐射，宇宙也将抵达热平衡态。

平衡态将永远持续下去，没有任何办法可以避免宇宙终结于永恒的玻尔兹曼状态。平衡态的宇宙会有涨落和初态回归。当然，这样或那样的宇宙位形会非常偶然地反复重现——其中包括了玻尔兹曼大脑场景。在第 16 章中，我对玻尔兹曼大脑进行了描述，将其视作否认牛顿范式的终极归谬论证。按照这样的场景，貌似充满复杂性的宇宙历史，不过是宇宙在重回平衡态过程中的电光石火。

我们几乎百分百地确信，我们并非玻尔兹曼大脑。如果我们是（见第 16 章），我们将很可能看不到周遭这个广袤而有序的宇宙。我们不是玻尔兹曼大脑，就意味着这样的宇宙未来不是真的。充足理由律导出了全同关系的同一性，后者要求这样的场景必须不是真的。而问题在于，如何才能回避这样的场景？

要想避开永恒的死寂宇宙，最简单的方法就是假设宇宙拥有足够大的物质密度，它可以使宇宙膨胀停止，并开始坍缩。物质通过引力吸引其他物质，这种相互吸引减慢了宇宙膨胀的速度。如果宇宙中的物质足够多，它终将坍缩回奇点状态。或许，一些量子效应能在适当时机停止坍缩，让宇宙“反弹”，让坍缩中的宇宙膨胀出新的宇宙。但是，现实中宇宙似乎没有足够多的物质可以让膨胀停止，更别说对抗不断让自己加速膨胀的暗能量了。

第二种避免永恒的死寂宇宙的简单方法，便是假设宇宙学常数其实不是常数。我们有证据证明，在宇宙目前的年龄尺度上来看，暗能量密度是不变的——从各种意图和目的上来看，暗能量就是宇宙学常数。但是，我们没有证据证明，在更长的时间内，这个常数会不会发生变化。宇宙学常数的变化原因可能来自某个更深层次的定律。这个定律发挥作用的过程非常慢，我们只能在一个相当长的时间尺度上，才能感知其存在。或许，宇宙学常数的变化，仅仅是一种定律演化所带来的效应。事实上，单向作用的不存在性认为，既然宇宙学常数能够明显地影响宇宙的演变，那么宇宙的演变也将改变宇宙学常数。

宇宙学常数不会衰减至零。如果宇宙学常数为零，那么宇宙膨胀就会减慢，但不太可能会反向收缩。宇宙可能是永久的，但不会是静态的；它能避开玻尔兹曼大脑悖论。

宇宙学常数为零的宇宙膨胀与否,最终取决于宇宙的初始条件。如果最终，膨胀的能量足以克服万事万物之间的引力势能，那么宇宙就永远不会坍缩。但是，即便宇宙是永恒的，它也有充足的重生机会。因为宇宙中的黑洞，可能通过量子效应消除其中的本征奇点，从而催生新宇宙的诞生。如同在第 11 章中提到的那样，我们有足够的理论证据，证明这一过程会必然发生。

如果事实确实如此，那么离死期尚远的我们的宇宙，早已孕育了 10^{18} 个以上的后代。这些宇宙后代还将孕育各自的宇宙后代。在繁衍如此之多的后代之后，宇宙必有一死的事实似乎显得无足轻重。

宇宙重生

获得重生的还可能是整个宇宙，而不仅仅是其中的黑洞。这一假设下的一类宇宙学模型，被称作“循环宇宙模型”（cyclic models）。普林斯顿大学的保罗·斯坦哈特（Paul Steinhardt）和圆周理论物理研究所的尼尔·图罗克（Neil Turok）发明了一种特别的循环宇宙模型。在创立这一模型的过程中，他们假定宇宙学常数会不断变小，直至为零，再变为大的负值。[4] 这一过程会使得整个宇宙急剧坍缩（原因不再赘述）。然而，他们认为，一个反弹、再膨胀的过程将紧接着坍缩过程发生。反弹的原因或来自量子引力效应，或由于暗能量的极端取值。

由于存在量子效应，宇宙在终极奇点处反弹并再度膨胀，这一论断的理论证据比前述黑洞奇点模型还要充分。[5] 在圈量子引力论的框架内，人们已经研究了若干种宇宙学奇点附近的量子效应模型，这些模型都预测了宇宙大反弹现象。然而我们需要加倍小心，这些研究仅仅是模型。在建模的过程中，人们做了很多假设。其中一个关键假设是，宇宙具有空间均质性。我们确信的是，宇宙中的高度均匀区域将会反弹产生新的宇宙。在这些高度均匀的区域中，不存在引力波或黑洞。

在最差的情况下，那些高度均匀的区域也不会发生大反弹，这些区域只会坍缩为奇点。它们是时间的尽头。然而，即便在这种最差的情况下，我们仍有一丝希望：此类情况为我们提供了一种选择机制，可以帮我们决定哪些宇宙区域会坍缩，哪些宇宙区域会反弹并重生。如果仅有高度均匀的区域反弹，那么反弹后产生的新宇宙也会变得高度均匀。[6] 这作出了一个预言：刚刚经历反弹的宇宙，具有高度的均质性，这样的宇宙中没有黑洞、白洞、引力波，正如早期的宇宙那般。

若想宇宙大反弹模型呈现出科学性，它必须作出至少一个能被实验验证的预言。我们至少有两个这样的预言，这两个预言都和宇宙微波背景辐射的涨落谱有关。宇宙微波背景辐射中的某些涨落其实并不需要暴胀理论来进行解释，但人们常常认为暴胀理论是它们产生的唯一原因。循环宇宙模型为解释这些涨落提供了额外的选择。我们已经基于循环宇宙模型重现了我们所见的涨落谱。但是，循环宇宙模型的预言和暴胀模型的预言有两点不同，这些不同可以在现在或不久之后的实验中得到检验。其中一个检验是，看看宇宙微波背景辐射中有没有引力波信号：暴胀模型预测了引力波的存在，而循环宇宙模型预测它们不存在。循环宇宙模型还预测了宇宙微波背景辐射的不完全随机——更技术地说，它预测了非高斯性的存在。

循环宇宙模型认为时间是基础性的，即时间不始于大爆炸，而存在于大爆炸之前。这个观点催生了一个更具预言能力的宇宙学理论。其他一种理论则假设，在早期宇宙环境中，光速是不同的，而且可能比现在更快。这类理论被称为“光速可变理论”（variable-speed-of-light theories）。它们以一种违背相对论的方式，选出了一种时间的最佳定义。因此，这类模型并不流行。但是，无须暴胀模型，它们便有可能解释宇宙微波背景辐射中的涨落。

罗杰·彭罗斯提出了另一种宇宙重生的场景。[7] 大概来说，他接受了宇宙是个永恒的玻尔兹曼宇宙，宇宙学常数是个固定值的观点。然后，他问了这样的问题：在无穷长的时间之后，宇宙会发生什么？（也只有罗杰·彭罗斯会问这样的问题。）他怀疑在某个时间点后，所有带质量的基本粒子会发生衰变，其中包括质子、夸克和电子，而且只有光子及其他零质量粒子得以存在。如果真是这样，那么我们便没有任何方法测量时间的无限流逝。因为，对于以光速运动的光子来说，它完全感知不到时间。对于光子来说，晚期宇宙的永恒和早期宇宙的永恒没有任何差别，两者之间唯一的区别在于温度。诚然，两者间的温度相差极大，可这也只是一个尺度上的差距。彭罗斯认为，尺度上的差距无关紧要。对于一团可用相对关系加以描述的光子气来说，真正要紧的是彼时事物之间的比例、互相之间的对比；而系统的整体尺度无从探测。所以，对于充满了冷光子和其他零质量粒子的晚期宇宙来说，它和充满了同样粒子的炙热的早期宇宙没有什么差别。根据全同关系的同一性原则，一个晚期宇宙同时也是一个正在诞生的新宇宙。

彭罗斯提出的场景仅在无限长的时间后发生，所以它解决不了玻尔兹曼大脑悖论。可是它预言，大爆炸的遗迹中包括过去宇宙留下的化石。通过这些化石，我们便可以收集有关早期宇宙的信息。虽然大多数过去宇宙的信息都被永恒的平衡态“扫清”，但一种信息的载体永远不会变得无序，即引力波。通过引力波，信息可以穿越循环宇宙模型中的大反弹，进入新的宇宙。

在这些引力波中，最强的信号来自大黑洞之间的碰撞。这些大黑洞曾隐藏于那些早已消逝的星系中央。碰撞的涟漪向外传播，在天空中形成了一个个大圆。引力波的传播永不停歇，它们活过了新旧宇宙的过渡期。于是彭罗斯预测，在宇宙微波背景辐射中，我们应当能看到这些大圆。而宇宙的早期历史锁定了宇宙微波背景辐射的结构。那些大圆，是宇宙中过去发生事件的阴影。

此外，彭罗斯预言，在宇宙微波背景辐射中，应该有许多同心圆的存在，这些同心圆来自星系团。随着时间推移，不只一对的星系黑洞会在星系团中碰撞。这是个惊人的预测，它和大多数宇宙学模型预测的宇宙微波背景辐射模式不同。如果这些非常模式能够被验证，它便可以算作彭罗斯模型成立的证据。

在撰写本书时，宇宙微波背景辐射中是否存在彭罗斯所预测的同心圆引发了一场争议。[8]不管争议的结果如何，我们又一次看到这类循环宇宙模型作出了可被观测证实或证伪的预言。另一类模型与此大相径庭，这类模型预测有许多个宇宙同时存在，而我们的宇宙只是其中之一——此类场景还没有作出任何真正的预言，大概也没有作出真正预言的能力。

在第 10 章中，我论证过，想要对我们的宇宙的某个特定规律或初始条件进行合理解释，我们需要进行不止一次的选择，否则我们便无法得知选择的原因——如果同样的物理定律和初始条件反复出现，背后肯定存在某些原因。我考虑了两种大爆炸序列的组织办法——同时式的以及序贯式的。在我看来，只有在后一种情况下，我们才能得到一个满意的宇宙学理论：它既能回答“为什么是这些定律”这个问题，又能作出可被实验证伪的预言，从而确保科学性。在本章，我再次比较了宇宙的这两种组织方式。我们已经看过了许多细节，这些细节告诉我们，只有序贯式的宇宙序列才能为可行的实验作出可被验证的真正预言。

因此我们看到，如果承认时间的真实性和基础性，承认要想理解今日的宇宙就必须了解宇宙的历史，我们就能让宇宙学理论更具科学性，我们的观点也更容易被实验证实或证伪。形而上学的前提为科学加上了重担，它认为，科学的目的是发现由永恒数学对象组成的永恒真理。某些信奉这些前提的人试图消除时间，使宇宙类似于一个数学对象。他们认为这是科学宇宙学的正途，然而，事实被证明恰好相反。正如哲学家查尔斯·皮尔士在一个世纪前理解的那样："想要解释自然规律，就必须接受它随时间演化的观点。"

00:19

时间的未来

Time Reborn

From the Crisis in Physics
to the Future of the Universe

在本书第二幕，我们爬出了无时的深渊，让时间回归本位，回归我们世界观的核心。在第一幕中，我们呈现了诸多时间非真的论证，这些论证看似强大，实则基于一个谬误，即将牛顿范式扩展为一个能够描述整个宇宙的完整理论。正如我们所看到的那样，牛顿范式的成功之处在于，它是描述了宇宙局部系统的物理学。但这一特征，恰恰破坏了牛顿范式之于整个宇宙的适用性。如果想让宇宙学以及基础物理学继续向前发展，我们就需要一个自然规律的新概念：它应该能在宇宙尺度上成立，能够避开所有的谬误、困局、悖论，并能够回答旧理论框架无法解答的问题。此外，这个新概念应该是一个科学理论——这就意味着，它应该作出可被可行实验证实或证伪的预言。

第 10 章中，我们开始探索这样一个新框架，并提出了指引我们这一探索工作的基本原则。其中最为重要的原则，就是莱布尼茨的充足理由律，它迫使我们回答宇宙作出每一个取舍的理由。充足理由律导出了其他一些原则：全同关系的同一性，解释的自给自足性，单向关系的不存在性。这些原则限定了一

个框架，我们必须通过彻底的相对关系来理解自然界中万事万物的一切性质。

若想实现这些原则的要求，若想发现可行的宇宙学理论，那么，在我看来唯一的方法就是假设自然规律随时间演化。这又要求时间具有真实性和全局性。一个很有前途的进展正是第 14 章中描述过的形状动力学，形状动力学在广义相对论中重新唤醒了最佳全局时间的概念。

允许自然规律演化的真实时间，加上我们所列的这些原则，为新的宇宙学理论打下了基础。在本书第二幕第 11 章至第 18 章中，我们描述了迈向新宇宙学理论道路上的诸多发展。这些发展还不完备，还没有形成一个自洽的理论。相反，它们是一种愿景：它们告诉我们该如何重构宇宙，又该如何重构宇宙学要承担的任务。虽然所有发展都没有事实依据，但很多发展为可行的实验作出了可被验证的真实预言。无论最终是被实验证实还是证伪，它们至少展示出这样一个事实：从时间真实性的假设出发，我们能得到一个更具科学性的宇宙学理论。

真实的全局时间也能帮助我们解决其他一些物理学的未解之谜。举例来说，我们需要超越量子力学的统计式预言，才能描述并解释单个事件中到底发生了什么。在第 12 章和第 13 章中，我描述了两种通往更深层次量子理论的方法。这两种方法都要求时间是最为基本的。这两种方法与量子力学之间似乎有着非常大的差距，我们或可以通过实验对它们加以区别。

另一个时间真实性大显身手的场合，就是描述宏观世界的行为。宏观世界演生出了热力学，也一并演生出了温度、压强、密度、熵等概念。在经典层次，时间似乎拥有很强的方向性，我们可以识别出许多时间箭头，它们可以显著地区分过去和未来。有些理论中，时间不是基本的，而是演生的，宇宙的时间非对称性在这些理论中令人费解。时间非对称性要求我们把这个世界最为显然的特征，归因于极不可能的初始条件选择。如果我们认为时间是真实的，并认为宇宙的终极理论如宇宙一般具有时间不对称性，我们就能避开这一困难。

然而，我们一方面要论证时间的真实性，另一方面又要论证“宇宙各处正在发生什么”这个问题有没有意义 。这里，“正在发生”指的是和我们感知的时间流逝同步发生。全局时间观意味着，我们所感知的时间流逝可以被宇宙各处共享。当然，这直接违背了狭义相对论和广义相对论中的同时的相对性原理。我们必须直面这个冲突。因为同时的相对性，以及真实是一种共享概念的观点，产生了我们在第6章中所述的块状宇宙图景。在块状宇宙中，我们日常感知中最基本的部分——时间的流逝，并不是真实的。

有人会试图调和时间的真实性和同时的相对性之间的矛盾。这样做，要么需要唯我论的现实概念，要么需要因观测者不同而不同的现实概念。这些现实观中，真实的现在和尚未真实的未来之间没有客观区别，也没有所有观测者都能认同的区别。而且，正如我强调的那样，在超越量子力学理论或理解空间演生的过程中，全局时间假设对我们有莫大的帮助。还有一点值得注意，全局时间假设并没有和证实狭义相对论的实验观测相矛盾。在形状动力学中，我们看到过这一点。最后，自然界中是否确实存在最佳全局时间，还是要靠实验来判断。这也正是我赞同这一假设的原因，它可以作出可被实验验证的新的预言。

一个终极困局

自然规律随时间演化的观点作出了一个承诺：基础物理学会因此变得更具预言能力。但这也把我们带到了一个终极困局面前：我们自然会问，存不存在一种掌控自然规律演化的规律。我们称这样的规律为“元规律”（meta-law）。元规律作用于规律之上，而不直接作用于基本粒子之上。观测元规律的作用可能很难，因为它可能只现身于诸如大爆炸之类的巨变之中。然而，如果我们希望得到一个关于我们宇宙的完整解释，得到一个完全满足充足理由律的解释，难道元规律不该包含在内吗？

假设元规律确实存在。难道我们不应该探究为什么是这个元规律而不是那个元规律，在掌控自然规律的演化吗？如果元规律可以从过去规律的基础上制造未来的新规律，那么“为什么是现在这些规律”的部分解释就取决于过去的规律。因此，我们无法回避“为什么是这些初始条件”这个问题。元规律假设能引发无穷的递归，例如，为什么是这些元规律，是否还有元规律的元规律？这是困局的一面。困局的另一面在于，可能根本就没有元规律。如果这是真的，那么物理定律的进化过程就掺杂着随机因素。我们回到了同样的结果：不是一切事物都存在一个解释，在最为基础的科学层面，充足理由律没有得到遵守。我和罗伯托·昂格尔将这一困局称作“元规律困局”（meta-laws dilemma）。

第一眼看，元规律困局无解。可在反复思考数年之后，我相信这一困局其实是一次绝佳的科学机遇，它刺激我们探索出一个能够将其解决的新理论。我对元规律困局的解决很有信心。我相信，这个解决方案将开启21世纪宇宙学和基础物理学突破的大门。

对部分统计式的元规律来说，元规律困局可被宇宙自然选择假说（见第11章）临时性地回避。假想每次宇宙大反弹时，标准模型的参数都会发生略微变化，我其实描述了一种元规律。这种元规律可以部分地回避元规律困局。当然，我们很希望知道参数改变究竟如何发生，我们很希望能够描述参数的随机改变机制。诸如圈量子引力论或弦论之类的量子引力理论（人们首先在弦论的背景下提出了这个想法），或许能使我们更深入地了解这个问题。但即便没有更深入的了解，宇宙自然选择假说本身可被证伪，也具有解释能力。

先例原则是元规律的另一种形式。先例原则具有部分统计性。同宇宙自然选择假说一样,它能够回避（至少是推后）元规律困局。对于一个困局来说，即便是推后也能让我们收获颇丰。它打开了通过实验检验假设的空间，并最终提出了新的问题和解决方案。但是，想要彻底解决元规律困局，驱动自然规律演化的动力学，一定和我们熟知的规律有很大差别。这些差别非常大，不会再产生“为什么是这些元规律”“为什么是这些初始条件”等问题。

通用原则

以下让人意外的方法可以解决元规律困局：假设两个元规律提案可以等价——也就是说，在规律进化过程中，两者的效应相同。[1] 世界上存在“计算的通用性”原则，或许也存在“元规律的通用性”原则。在计算机科学领域，“通用性”是指，如果一个方程可以被一台计算机用于计算，一定也可以被其他计算机用于计算，无论其他计算机用的是什么操作系统。元规律的通用性原则与此类似。它认为，讨论实际运行的是哪个元规律并没有什么意义，因为两个元规律给出的所有实验预测完全相同。

还有一种超越牛顿范式的科学宇宙学方法，即将定律和位形结合起来。这样一来，我们就不必分别知道定律和位形。我们仅需知道二者的结合体——“元位形”（meta-configuration），它同时包括了二者的信息。这个观点符合一个假设，即所有的真实都是当下的真实。从某种意义上说，当一个定律作用于一个位形时，它的具体形式也是当下的一部分。定律的具体形式和位形的具体形式不可能有太大的差别，所以我们将它们统一为一个元位形。伽利略统一了尘世和天堂。现在，是时候统一它们的“影子”了，我们要统一受时间约束的位形和独立于时间的自然规律。

驱动元位形进化的规则非常简单，我们可以用通用性原则对其加以解释。初始位形的选择，可以同时指明初始物理定律以及初始条件。元位形的一些成分演化得快，一些成分演化得慢。前者可算作位形，后者可算作定律；前者的演化由后者决定。但从长远来看，定律和位形之间的区别并不存在。我依此想法构造了一个模型。只是目前为止，这个模型离现实世界还有段距离。[2]

元规律的通用性、元位形，再加上先例原则、宇宙自然选择假说，我们已经有四种方法解决元规律困局。需要承认，这些方法还很原始。毫不夸张地说，21 世纪宇宙学的发展方向将由元规律困局的解决方案决定。

宇宙是唯一的，只发生一次

在本书开始的几章，我质问了数学在科学中的地位。在本书结束之前，我将很快回到这一主题。因为我们应该看到，时间的真实性对于数学在物理学中的地位有着很重要的影响。

在牛顿范式中，不含时间的位形空间被描述成数学对象。物理定律可由

数学对象表示，它们的解也可由数学对象表示。这些解便是系统可能的历史。数学所对应的并不是真实的物理过程，只是物理过程的完整记录——从定义上看，这些完成了的记录独立于时间。然而，这个世界一直是一束随时间演化的过程的集合。其中只有一小部分，能被独立于时间的数学对象代表。

牛顿范式无法拓展到整个宇宙。正因如此，对应于整个宇宙历史的数学对象没有必要存在。对于宇宙整体而言，由数学对象表达的永恒的位形空间和永恒的物理定律都没有必要存在。

约翰·惠勒曾在黑板上写下公式后，退到黑板旁说："现在我开始拍手，就会有宇宙蹦跳着成为现实存在。"当然，宇宙并没有这样做。[3]霍金在《时间简史》中问道："是什么将火焰吸入了方程之中？是什么让宇宙为方程所描述？"这些问题揭示了"数学先于自然"的观点的荒谬之处。在真实的世界中，自然之后才有数学，数学没有产生事物的能力。换句话说，数学结论受到逻辑推理限制，而自然事件由时间中的因果过程产生，二者并非同一事物；逻辑推理可以对因果过程的一些方面进行建模，但它不等同于因果过程。逻辑不是因果的镜像。

逻辑和数学抓住了自然世界的某些方面，却没有抓住整个自然世界。真实宇宙的一些方面永远不能通过数学加以表现，比如，真实世界中总有一些特别的瞬间。

因此，在掌握了时间的真实性后，我们学到的最为重要的一点是，**任何单独的数学或逻辑体系都不能够完整地概括自然世界，宇宙就简简单单地在那里**。换种更好的说法，宇宙就简简单单地发生了。宇宙是唯一的。宇宙只发生一次，组成自然的每一个事件、每一个唯一的事件，只发生一次。宇宙为什么会这样？宇宙为什么不空无一物？这些问题很可能没有答案。又或许，可能的答案是，存在就意味着和其他存在的事物之间拥有相对关系，而宇宙就简单的是所有这些相对关系的集合，宇宙自身和宇宙之外的事物没有相对关系。宇宙为什么会选择存在，而不是不存在呢？这个问题超出了充足理由律的范畴。

如果宇宙学不再是一个永恒的数学定律作用在一些永恒的初始条件上，

那么宇宙学的发现又该如何表达呢？这个问题的答案决定了未来宇宙学的方向。只需稍加思索，一些可能的答案便会浮现。

前文中，我给了诸如宇宙自然选择假说、先例原则这样的例子。这些例子说明，我们在超越牛顿范式之后，可以构想能被实验验证的科学理论。科学史上，很多假说都没有数学表述。回想这些例子，对我们很有帮助。有些情况下，不用数学推理，我们也能从假说中得到结论。自然选择学说便是这样一个例子，这个理论的某些方面被一些简单的数学模型所概括。但没有一个单独的数学模型能概括自然选择作用于自然世界的全部机制。事实上，新的物种随时可能诞生，新的进化机制随时可能出现。

假说要想具有科学性，就必须预言某些观测结果。通过观测，我们便能将其证实或证伪。有时,这要求假说拥有数学表达;有时,数学表达不是必须的。数学是一种科学的语言，它是一种非常强大，也非常重要的方法。但是，数学在科学中的应用基于一种一致性之上，即数学计算的结果和实验观测的结果相一致。我们在现实世界中进行实验，而不在数学世界中进行实验。所以，二者之间的连接必须通过日常语言来表述。数学是一种伟大的工具，但掌控科学的终极语言是自然语言。

危机之中，只有时间知道答案

我们不应低估面前的挑战，宇宙学正处于危机之中。我们唯一确信的是，如果继续旧有的方法论，我们就会停滞不前。当试图将标准的牛顿范式作为宇宙学根基时,我们制造了很多悖论。这些悖论的产生使我们看清了这一点。所以,我们必须进入未知领域。我们面临诸多激进的方案。哪种方案正确？仅当我们看到，某个方向可以为我们作出能被新的观测或已有观测检验的预言时，我们才能作出决定。一些已知的事实现在看上去还匪夷所思，我们期待新的理论可以为它们提供扎实的解释。许多不同的方法都可以解决以上棘手的问题，对于这些方法，我们都应给予鼓励。

无论怎么说，选择之间的落差是巨大的。为了对比摆在我们面前的选择，这里我会一对对地罗列我们前文讨论过的截然相反的论断。这样，我们就整理了两类理论的推论：一类理论认为时间是一种假象，另一类理论认为时间是现实的核心。

时间是一种假象。真理和现实都是永恒的。

空间和几何结构都是真实的。

除了人择原理以外，自然规律是不含时间的，也是无法被解释的。

物理定律作用在宇宙的初始条件之上，它们决定了宇宙的未来。

从各个方面来看，宇宙的历史等同于某个数学对象。

宇宙在空间上是无穷大的。概率式的预言总是以无穷比无穷的形式出现，因而这些预言是有问题的。

宇宙的初始奇点是时间的起始点（由此开始，时间才有定义），且无法被解释。

我们的可观测宇宙是无数同时存在但不可被观测的宇宙集合中的一个。

平衡态是宇宙的自然状态，也是宇宙不可避免的归宿。

宇宙中被观察到的秩序和复杂性都是随机的巧合，它们在罕见的统计涨落中产生。

量子力学是终极理论，正确的量子力学诠释要承认存在无穷多个真实存在的宇宙历史。

在科学中，没有什么是确定性的。我们应该做的，就是直面这些不确定性，为不同的假设构建理性的论证。这正是我在本书中所做的。实验观测是终极的裁判。尽管如此，我们还是可以看看一个研究项目能产生多少新的假设，可以作出多少可被实验验证的预言。由此，我们可以得出一些结论。

时间是我们所感知的世界中最为真实的一部分。所有事物的真实都是关于某个瞬间的真实，这个瞬间属于一串瞬间序列。

空间是演生的，也是近似的。

自然规律随时间演化，通过它们的历史加以解释。

未来不可能被完全预测，因此，未来是部分开放的。

自然界中的许多规律都可以通过数学建模，但不是每一个自然属性都有自己的数学镜像。

宇宙在空间上是有限大的。概率就是通常的相对频率。

大爆炸其实是一次大反弹，大爆炸之前的宇宙历史可以对此加以解释。

我们的宇宙是一连串宇宙序列中的一个阶段。我们可能会在宇宙学数据中观测到此前宇宙的遗迹或化石。

只有小型亚宇宙系统能够抵达平衡态；引力约束系统将会演化为非均质状态。

宇宙存在自然的自组织过程，自组织过程受引力推动，它使得宇宙的复杂性不断增加。

量子力学是未知的宇宙学理论的近似理论。

有些研究项目基于无时宇宙模型，认为量子力学、多重宇宙是终极理论，这些研究已经持续了至少二十余年。但是，这些研究尚未对可行的实验作出过任何一个可被证伪的预言，它们至多只是推测一些新现象的存在，比如泡沫宇宙间的碰撞。如果我们足够幸运，或许我们能观测到碰撞的遗迹。然而，这些推测并不是可被观测证伪的预言，因为如果我们什么都观测不到，我们也能够轻易地解释预言的失败。推测本身不需要付出任何代价。这些研究项目面对的基本问题也没有得到解决，尽管很多聪慧、执着的科学家多年以来一直致力于此。这些困难与我们想为多重宇宙中的其中一个宇宙作出预言有关。多重宇宙中存在无穷多个宇宙，除了一个宇宙，其他所有宇宙我们都无法观测。这些困难与无穷大的宇宙中的概率定义有关。在无穷大的宇宙中，每个事件都有无数个一模一样的拷贝。这些困难也与一个事实有关：不论是理论，还是观测，都不应该强烈地限制新场景的出现。新场景中的事物或许也是真实的，但它们在我们的观测范围之外。

我们无法确定，对以上想法的考察是否会无果而终。但未来的历史很有可能将它们描述为失败的理论。它们的失败，起因于针对科学基础问题采用的错误方法，起因于它们将适用于研究宇宙局部的方法应用于整个宇宙。

如果我的概括正确，那这些失败就不是肤浅的，不可以通过发明同类理论加以修复。对于“为什么是这些定律”“为什么是这些初始条件”之类的宇宙学问题，将物理定律和初始条件作为第一性输入的理论，注定无法回答它们。理论的补救必须是激进的。它不仅要涉及新理论的发明,还要涉及新的方法论，以及由此得出的全新的理论类别。

任务虽然艰巨，但我们还可以做许多力所能及之事。第一步，可能也是最为原始的一步，便是尝试构造一个自然规律的演化假说——假说将会涉及大爆炸之前的宇宙历史，它将为可行的实验作出可被证伪的预言。宇宙自然选择假说的预言便是这样的预言；循环宇宙模型的预言也是这样的预言。现在判断这些观点正确与否还为时尚早,但是目前或近期的观测或许可以证伪这些观点。一旦被证伪，我们便可以将其抛弃。知道这一点本身令人振奋。一些简单的例子表明，如果一个理论中，我们的宇宙是一连串宇宙中的一个阶段，那么这个理论就可能被实验观测检验，因而它是科学的。

历史上，一些思想家对宇宙学进行了非常深入的思考，他们的智慧是指引我们前进的另一股力量。其中，莱布尼茨、马赫、爱因斯坦的学说给人以最大的启发。从他们的学说中，我们总结了出几条原则，这些原则是引领物理学发展至今的极佳指导。

沿着这个方向走，我们得到的最为激进的观点，便是坚信当下的真实性，以及坚信所有的真实都是关于当下的真实。从某种意义上看，这是个硕果累累的观点，我们再也不必将物理学理解为搜寻宇宙的数学镜像。现在，我们视这个梦想为形而上学的幻想。它激励了一代代的理论物理学家，现在却封锁住了物理学继续前进的道路。**数学依然是科学的女仆，但她不再是科学的女王。**

牺牲科学女王之后，我们换得的回报是一个更为民主的科学理论。很久之前，我们便抛弃了王室与平民的区别。现在，我们也要抛弃并超越，事物状态和指引它们如何随时间演化的物理定律的区别。我们再也看不到永恒的、绝对的物理定律主宰受时间约束、随时间演化的世界了。如果一切事物的真实都是关于某一瞬间的真实，那么物理定律和状态之间的差别一定是相对的。在一个冰冷沉寂的宇宙中，比如说我们的宇宙，两者间的区别开始显现，并容易分辨。但在其他一些剧烈活动的宇宙中，两者间的区别不再，两者合为一个关于世界的崭新的、完全的动态描述。这个描述是理性的，它回答了充足理由律的所有问题。

允许自然规律随着时间演化，这使得我们通过科学假说解释自然规律的机会大大增加。允许自然规律的演化貌似会削弱它们的预言能力，但事实上，它们的总体科学预言能力得到了增强。相反，如果我们将牛顿范式的观点延展到整个宇宙，理论的科学预言能力就会得到削弱。承认自然规律演化理论，承认时间存在于宇宙的最深层次，我们便能更好地理解这个充满神秘的宇宙。

这条道路能否把我们引向成功？只有时间知道答案。

未来，于时间内求索

人类文明的一切进步，上至第一个工具的发明，下至新兴的量子科技，都是自律地运用想象力的结果。

想象力，人类进化的羽翼

想象力是一种特别的“器官”，它让人类在危险和机遇的夹缝中得以生生不息；它是对时间真实性的一种适应。我们是出色的猎人、采集者、信息处理者，可这远非我们的极限：我们能够想象现有数据以外的情况。在危险到来之前，想象力就可以让我们预见危险。这就意味着，我们可以对危险进行防范。夜间，我们无法抵御老虎的攻击，当老虎扑向我们的孩子时，我们无力阻止孩子成为老虎的盘中之餐。可正因为我们能够想象这种情况，我们会提前燃起篝火，让老虎不能靠近。

知道我们能通过篝火赶走老虎，并不怎么让人惊叹。但想象一下，千百万年前第一个这么做的人。那个时候，利用一个致命威胁赶走另一个致命威胁，在旁人看来，一定是疯子的行为。火是可以被控制的。能想到这一点一定需要丰富的想象力和巨大的勇气。现代世界中，我们把火藏在整个家中，藏到墙

后的线路中，藏到炉灶中，藏到地下室的暖炉中。我们甚至意识不到火的存在——至少直到我们驾车离家后，我们才会回想自己是否关掉了烤箱。但是，如果不是千百年前我们的祖先通过充满想象力的方法利用了火，我们可能还只是其他动物的“盘中餐”。

这便是人类生活中最大的交易：在不确定性的夹缝中蓬勃发展。我们知道我们不可能控制万事万物，不可能排除随时可能发生的坏事，因而我们在机遇和危险的边界上努力发展壮大。

其他一些动物也通过进化实现了与环境之间的同步。对它们来说，意外差不多和坏事等同。意外意味着环境的改变，它们被暴露于尚未适应的危险之中。在进化漫漫长路的某个时间点上，我们的祖先进化出了名为“想象力”的能力。想象力让我们能够适应全新的环境，让我们可以将改变和意外转化为机遇，将人类的生活领域拓展到整个星球。

大约 12 000 年以前，我们开始改造环境。我们不再当四处寻机的狩猎者，我们成了农耕者。自此以后，我们的足迹不断拓展，直至一个临界点：地球上的自然系统不堪重负，反过来给我们带来许多灾害。但是，想象力是人类独有的能力。想象力把我们带到了今日的世界，也只有想象力能给我们提供新的想法，让我们在即将到来的意外中安全穿行。

想象力，人类悲剧的源头

想象力推动了人类的进化，却也导致了人类生活中的悲剧：我们可以想象我们无法逃脱的死亡。我们想要长生不死，我们需要长生不死，我们努力将死期推后。因为我们是人类，我们寻求突破，而且不只是一点点突破。这些努力的结果之一便是全方位的繁荣：文明、科学、艺术，以及那些我们认为天生就有的奇妙技术。这些努力的另一结果便是，过度制造产生了大量垃圾和废料。想要对抗指数级衰退，最可靠的便是依托指数级增长，这就引发了过度制造。那个本来只想通过进化，适应一小块狭窄、稀有土地的物种，现在已经征服了整个星球。人类的几个近亲现在濒临灭绝，生活在寥寥几块非洲丛林之中，可人类的数量却有数十亿。人类和其他灵长类间的鸿沟常常被归因于“文化”。但“文化”难道不是一个名词吗？它代表了我们无尽的想象力，代表了我们对美好生活的无尽奋斗。

我们可以想象这样一个物种。它们与世无争，从环境和社会中索求极少，本能地保持生态平衡。我们中的一些人希望人类成为那样的物种。的确，对于个人来说，更为简单的生活是个极好的建议。但是，对于人类整体而言，这并非我们的生活方式。人类的生活方式总是渴求拥有更多已有之物，总是渴求拥有已有之物以外的未有之物。生而为人就是要想象思维的禁区，一探人类的约束边界，寻求突破极限，探索、冲击、挣扎着滚过已知世界的可怕边界。

一种浪漫主义观点认为，打破人类边界、打破生态平衡只是资本主义和现代科技社会的病症。事实并非如此。作为石器时代北美的征服者，我们在整个北美大陆繁衍生息。我们扫清了所经之处几乎所有的大型哺乳动物。就人口比例而言，部落战争中死去的采猎者比例，高于 20 世纪在两次世界大战中死去的欧洲人比例。

作为一个物种，我们似乎已经站到了这个星球生态链和资源链的顶端。我们都知道，眼下的发展不可持续。不可持续性必然会到来，它是指数级增长的必然结果。我们是幸运的，我们的一生见证了人类的顶峰时刻以及随之而来的可能危机。如果我们不比过去学得更快、做得更好，那么危机必然到来。如果我们继续跳出时间思考，就永远无法克服气候变化带来的全新问题。我们不能依赖政治式解决方案，因为这些问题的由来恰恰是今日政治系统的失败。只有当我们紧随时间思考，人类才有可能在接下来的世纪中继续蓬勃发展。

遥远的过去，一个人鼓足了勇气，第一次利用可怕的火焰来保护孩子们的安全。现在，我们同样需要一个有勇气的人，他认识到我们孩子的安全取决于我们对气候改变的学习。这个人又在哪里？

2080 年，在碳氧循环中进行每一次呼吸

让我们想象一下 2080 年，想象一下那个时候，气候变化问题已经被我们

解决。那时，我们的孩子也变老了；又或许，由于先进的医疗条件，他们仍处于生命中的壮年。避开灭顶之灾的经历会在多大程度上改变他们的思想?

让我们换个更简单的问题。如果我们完全不控制二氧化碳排放，我们的孩子又会怎么样? 他们会面对全球变暖、海平面上升、干旱、作物歉收、充满北半球城市的生态难民。我们完全可以想象，他们面对我们时会说些什么。

再想象一下，我们发现了一种避开以上一切问题的方法。我们在发现这一方法的过程中学到了什么? 解除这场危机后，人类社会又会得到哪些裨益(除了避开灾难以外)? 有关气候变化的著述往往聚焦于负面观点。我们在不少著述中读到过不少有关不作为所产生的可怕后果，却读不到当解决气候问题后会带来什么好处。经常运动、饮食健康的人可以避免疾病和早死。可除此之外，他们还能收获其他健康红利。如果一个经济体可以维持地球的健康，那么我们是否也能收获类似的红利?

克服气候危机所引发的结果难以预测，因为真想要克服的话，我们要做的不仅仅是解决一个全球工程问题。即便是那些认识到危机严重性的人士，也会在似是而非的对立观点上产生分化，从而阻碍真正的进步。对于那些从经济学角度看待世界的人来说，自然就是个有待开发的资源宝库——气候变化只是一个大尺度上的农业问题，可以通过成本效益分析加以管理。对于环保主义者来说，自然世界是至关重要的、浑然天成的，只有人类的文明入侵才能将其破坏。对于他们来说，气候变化只是一个环境保护问题。以上两个观点都错失了关键，因为它们把自然和技术作为互斥的两个范畴，以至于它们在两者间的取舍中发生了冲突。但是，真正足以解决危机的方案需要淡化自然和人工之间的区别。这一方案不需要人们在自然和科技间抉择，但需要人们重新定位两者间的相对关系。

无可辩驳的科学共识告诉我们，我们正在破坏气候的稳定。但同时需要承认，气候在历史上经历过许多非常不同的阶段，存在突然性的涨落。如果气候突变发生——无论是人为的还是自然的，它都会造成可怕的后果。正因为我们可以阻止或减轻重大的气候变化，我们必须付诸行动——同样的道理，我们也必须排查可能和地球相撞的小行星。在解决气候变化危机后，我们要持续地管理气候，将它保持在有助于人类繁衍的范围内。这就意味着要将科技和自然界调控气候的机制合二为一。

一旦我们理解了自然界的气候调控机制对人类科技的作用，开始运行与气候和谐共存的科技、经济模式，我们便能在地球上超越自然和人工之间的分界。经济和气候将成为一个单一系统的组成。想要从气候危机中生存，我们必须构想并建立这样的新系统，让自然界的调控机制和我们的科技文明共生。

我们已经习惯视人类身处于自然界之外，视科技的目的就是为了驾驭自然界。但是，无论你认为是人类征服了自然，还是认为是自然拯救了人类，我们都达到了一个极限点。如果我们还坚持人类同自然界的分隔，有用的观点将再也不会产生。人类如果想作为一个物种继续生存下去，就必须要有看待自身的全新方式。在这种全新方式中，我们和我们制造的一切东西都有如碳循环、氧循环那般自然。我们从碳氧循环中产生，在碳氧循环中进行每一次呼吸。

一切都与时间有关

想要开始这项任务，我们必须理解自然和人工之间的区别到底从何而来。这个由来和时间有莫大关系。**我们必须抛弃的错误观点是：所有受时间约束的事物都是假象，只有不含时间的事物才是真实的。**

这种错误观点是一种长青哲学，最早见于亚里士多德和托勒密宇宙学的基督教诠释。如同我在第 1 章中讨论的那样，尘世是生命唯一的居所，同时也是死亡和腐败的居所。围绕尘世的是镶着不变星座的完美天体球。天体球绕着地球永远旋转着；月亮、太阳、行星也随之绕地旋转；恒星被固定在天体球的最外层，再往外便是神和天使的居所。这样的场景造就了一个流传极广的观念：神和真理在我们的头上，妖魔和虚假在我们的脚下。在学会和地球共存的过程中，我们必须摆脱这个古老想法的桎梏。

同样的层级观点也出现在自然 - 人工两分法中，尽管不同人的看法略有不同。一些人认为人工比自然重要，自然生物是没有思想、混乱的进化产物；而人工是思想的产物，所以人工产物更接近绝对的完美，也因而更接近永恒。另一些人认为自然比人工重要，自然蕴含着人工产物所没有的淳朴。

这种二分的、层级性的世界观将人工和自然隔开。我们如何才能摆脱这种观念性分级？想要避开观念性陷阱，我们必须摒弃一个观点，即任何事物都是不含时间的，或者说任何事物都可能是不含时间的。我们需要看到，包括人类和人类的科技在内的一切事物，都在一个受时间约束的系统中，都是一个不断进化的巨大系统的局部。一个没有时间的世界被一组无法超越的概率固定着。另一方面，如果时间是真实的，万事万物都是依赖时间的，那么概率的固定组合就不存在。在这样的世界中，我们可以发明全新的观点、提出全新的问题解决方案，而不会遭遇任何障碍。因此，想要超越自然和人工之间的分隔，建立一个包含二者的系统，我们必须将自己放入时间长河之中。

我们需要一种新的哲学，它能够预测自然和人工的融合，将自然科学和社会科学相契合，让人类的能动性获得应有的地位。它并不是一种相对主义哲学。在相对主义哲学中，所有我们希望正确的事物都会变得正确。要想从气候变化的挑战中存活，我们要花很大的力气定义什么才是“正确”。同时，我们必须拒绝现代主义和后现代主义的一些观点。现代主义认为，真和美都可以通过严格的标准加以确定；后现代主义认为，现实和伦理都不过是社会建筑。我们真正需要的是关系主义。关系主义认为现在制约了未来，但不决定未来，所以创新是可能的。它将超越时间、进入一个永恒完美世界，在那里，虚假希望换成一个真正的希望：人的能动性将在这个宇宙中不断扩张，我们拥有一个开放的未来。

新哲学的部分程序可以拯救宇宙学。它重拾了时间在宇宙中的中心角色，让宇宙学走出不科学的歧途。这项科学任务正是本书的焦点。可还有一点同样重要：如果一个文明社会的科学家和哲学家教育大众时间是一种幻想、未来是固定的，那么这个文明就很难通过想象力创造出政治、科技和自然过程的相互交流。在接下来的上百年中，如果我们想要可持续地蓬勃发展，这种相互交流不可或缺。

或许，时间非真的形而上学所造成的最大恶果，体现在经济学上。[1] 许多经济学家的思维中存在这样一个基本缺陷。他们认为市场作为一个系统，处在单一的平衡态中。在这个平衡态中，价格会根据供求关系自动调整，使得供求平衡。他们更进一步认为，这个平衡态最大化了所有人的满意度。甚至存在一个数学定理证明，在平衡态中，不可能在改善某些人满意度的同时，而不使任何其他人受损。[2]

如果每个市场都有且仅有一个这样的平衡点，那么明智而又道德的选择，便是让市场停留在这个点上。市场力量（制造者和消费者对价格变化的响应）本身就足以完成这个任务。这种想法的最新版本就是"有效市场假说"。这个假说认为，价格反映了所有可以获得的市场信息。如果一个市场有很多参与者，每个参与者都通过出价和报价贡献自己的知识和观点，那么长远来看，任何资产都不可能被错误估价。值得注意的是，这种推理背后有着优雅的数学模型支撑，并可以利用严格的数学证明平衡点总是存在的；也就是说，市场中总存在着一些价格选择，可以使得供需严格平衡。

这幅图景非常简单，假设仅有一个平衡点存在，那么市场总是在恢复平衡点的条件。然而，实际情况并非如此。20 世纪 70 年代起，经济学家就清楚，他们的市场模型有多个供需平衡点。到底有几个？平衡点的数目很难估计，但它们的数量肯定会随公司或消费者的数量呈指数级增长。在一个复杂的现代经济体中，许多公司制造了大量商品，许多消费者购买了大量商品。我们有很多方式设定商品价格，以保证供需平衡。[3]

由于市场力量可能在多个平衡点处达成平衡，这些平衡点不可能完全稳定。问题在于，社会到底该让市场留在哪个平衡点上？这个选择不可能通过单一的市场力量加以解释。因为供需在每一个可能的平衡点处都实现了平衡。监管、法律、文化、伦理、政治，都可能在决定市场经济如何演化的过程中扮演关键角色。

那为什么一些很有影响力的经济学家，几十年来还是将平衡点的唯一性作为论证的前提，尽管其他出色的经济学家已经证明这个假设是不对的？我相信，原因在于他们轻受制于时间的理论，重独立于时间的理论。假设只存在一个稳定的平衡点，那么市场演化动力学就不会那么有趣。无论发生什么事情，市场都能找回那个平衡点。如果市场受到干扰，那么它就会围绕平衡点上下波动，最后重回平衡点。你完全不需要知道其他一切。

如果仅有一个稳定的平衡点，那么人类能动性就没有多少用武之地（每个公司都会最大化自己的利润，每个消费者都会最大化自己的满意度），我们能做的最佳选择就是让市场自己到达那个平衡点。但如果有多个平衡点，且没有一个平衡点完全稳定，那么人类能动性就有了用武之地，它可以从众多的可能性中挑出一个平衡点，从而驾驭市场演化的动力学。在一些赞同放松管制的经济学大师看来，人类能动性的作用可以被完全忽略，他们顺从于一个虚拟而又神秘的永恒自然状态。这是一个深刻的概念性错误。它打开了魔盒，放出了错误的经济政策，引发了近年来的经济危机和经济衰退。

我们还可以换一个角度来看这个错误。让我们来看看路径依赖（path-dependent）和路径独立（path-independent）的情况。在路径依赖系统中，系统如何从一个位形演化到另一个位形，会对系统产生影响——也就是说，目前的环境并不仅仅依赖于我们所处的位置，还依赖于我们抵达的方式，而且时间在其中扮演着关键角色。在路径独立系统中，所有事物只和自己现在的位形有关，而同抵达的方式无关，时间和动力学没起到任何作用。因为任何时间，系统要么处在一个唯一的状态，要么围绕这个状态上下略微涨落。

新古典经济学派将经济学构想成一个路径独立的理论。有效市场假说是路径独立的，仅有一个稳定平衡点的市场是路径独立的。在路径独立系统中，我们无法仅仅通过交易赚钱，除非我们制造了一些有价值的东西。这类活动被称作套利。一个基本的金融理论宣称，有效市场中不存在套利的可能性。这是因为，在有效市场中，一切事物的价格不存在不一致性。你无法通过美元换日元、日元换欧元，欧元再换美元来获利。然而，许多对冲基金和投资银行都在外汇市场进行三角套利。在有效市场中，它们不可能成功；但是，它们的成功又似乎并没有困扰经济学家。

几十年前，经济学家布莱恩·阿瑟（Brian Arthur）① 开始论证经济学是路径依赖的理论。[4]当时，他是斯坦福大学最年轻的讲席教授。阿瑟发现，在经济学中报酬递减法则并不总是正确的，这成了他路径依赖说的证据。报酬递减法则认为，你的产量越大，你能从每件售出的产品中获得的收益就越少。但这未必是对的。以软件行业为例，制作和分配一个程序的拷贝几乎没什么成本，所有的成本都在于前期投入。阿瑟的工作被认为是异端——事实上，如果没有报酬递减假设，一些新古典经济学模型的数学证明就不成立。

> **20世纪90年代中期，哈佛大学经济系研究生皮娅·玛莱妮（Pia Malaney）和数学家埃里克·温斯坦（Eric Weinstein）一起，找到了一个路径依赖经济学的数学表示。在几何学和物理学中，我们可以用一种成熟的技术来研究路径依赖系统，即规范场（gauge fields）。**

规范场为我们理解自然界中所有的相互作用提供了数学基础。玛莱妮和温斯坦将这种技术应用到了经济学中，并发现，经济学是路径依赖的。事实上，我们可以用“曲率”来度量路径依赖度，曲率的计算非常简单。玛莱妮和温斯坦发现，在商品价格和消费者喜好不断变化的典型市场模型中，曲率不为零。因此，市场模型的数学空间是弯曲的，正如地球或时空几何。在毕业论文中，玛莱妮应用他们的模型提高了居民消费价格指数（CIP）。她发现，此前的经济学家错误地计算了这一指数，他们没有将路径依赖纳入其经济学模型。[5]

学院派经济学家忽略了玛莱妮和温斯坦的工作。但自此以后，市场的路径依赖性被许多物理学家重新发现，他们非常自然地将规范理论应用于市场模型。[6]我们不知道有多少对冲基金通过测量曲率，也就是古典经济学中不存在的路径依赖度，发现了套利机会，赚了大笔的钱。但毫无疑问，这样的事情正在发生。

---

① 布莱恩·阿瑟，复杂性科学奠基人、首屈一指的技术思想家、荣获“熊彼特奖”的经济学家。推荐阅读其关于技术理论体系的开山之作《技术的本质》。阿瑟通过该书创建了一套关于技术产生和进化的系统性理论，是打开“技术黑箱”的钥匙。该书中文简体字版已由湛庐文化策划、浙江人民出版社出版。——编者注

在路径依赖的市场中，时间非常重要。真实的市场随时间演化，对科技和人们喜好的变化会作出反应，不断展现新的赚钱机遇。新古典经济学理论如何处理这些其模型中本不应该存在的事实？它会把时间抽象出来。在新古典经济学模型中，作为消费者的你是一个效用函数。这是一种数学函数，会给你日常购买的商品和服务的每一种可能组合赋予一个值。这个集合非常庞大，但再大也不过是数学上的庞大。让我们继续看下去。新古典经济学的观点在于，如果某种商品和服务的总和对你而言有较高的效用，你便会更多地购买这类组合。模型可以通过你的效用函数计算出某种商品、服务组合，来最大化你的需求。接着，模型假设你会在一定预算的约束下，购买这种组合。

时间又在哪里？新古典经济学认为，那列商品、服务清单包括了你在一生中所有可能购买的商品、服务组合。同样，你的预算约束基于你一生的收入。现在，我们可以清楚地看到这个模型的荒谬之处：人们怎么知道几十年后他们需要什么、想买什么呢？又怎么知道他们一生的收入有多少呢？这个模型将意外事件——人的一生中可能会遇到无数的意外事件，一并归入商品、服务清单。也就是说，新古典经济学家认为，在每一个时间点上，在每一种可能出现的场合中，每一种可能的商品、服务组合都有一个确定的价格——即便这个时间点是几十年后。我们不仅有福特野马汽车现在的价格，还有它在2020年的所有可能价格。该模型假设，我们现在可能购买的每个商品、服务组合都在平衡点上有着完美的定价。模型同时还假设，针对每一种可能出现的意外事件，任何未来的商品、服务组合都拥有完美的定价。此外，新古典经济学家还假设，市场中有许多持不同观点的投资者。他们的报价会覆盖所有意外事件和所有头寸。但是，真实的市场告诉我们，大多数交易员只会持有少数几种头寸。[7]

为了抽象时间和意外事件，新古典经济学模型的长度达到了荒谬的程度。这恰恰显示了时间的问题是多么重要。没有时间的理论对于理论学家来说有着强大的吸引力。他们自己可能尚未认识到这一点。也许，没有时间的理论让理论学家觉得自己生活在纯粹真理构成的永恒世界之中。与之相比，有着时间和意外事件的真实世界则相形见绌。

在我们生活的世界中，大多数意外事件都无法被提前预测，无论对象是政治、发明、时尚、天气，还是气候，我们都不可能未卜先知。在现实的世界中，我们不可能将所有可能发生的意外事件放入一个抽象空间中来研究。**想要研究现实世界的经济学，想要摆脱各种神秘元素，我们需要一个新的理论框架。这个框架要承认时间的真实性，要承认未来不能被未卜先知，即便只是在原则上承认。只有在这样的理论背景下，谈我们构筑未来的全部潜能才是有意义的。**

进一步说，为了融合经济学和生态学，我们需要用同样的要素构建两个理论。这些要素包括：复杂的开放系统、随时间不断演化、路径依赖、存在多个平衡态、受反馈机制的约束。上文描述的经济学理论如此，生态学的理论框架也是如此。在生态学中，化学反应受基本生物循环的推动和约束，气候就是这个化学反应网络的总和与表达。[8]

未来之门永远向我们敞开

在尝试与未来进行建设性对话的过程中，我们面临的难题之一便是：我们现有文化中存在许多不自洽的地方。站在一个知识前沿的人，很有可能不知道站在其他知识前沿的人到底在说什么。我们常常在进行孤独的对话。大多数物理学家不知道生物学中有什么突破，更不知道社会学的前沿到底发生了什么，他们对大艺术家谈论的问题没有丝毫想法。

要想让我们的文明繁荣昌盛，我们最好基于一个共同的世界观来作出我们的决定。这么做的第一步，就是要融合自然科学和社会科学，而时间的真实性可能正是这个全新的融合性理论的基础。在这个新理论中，未来是开放的，每个尺度上都可能有新鲜事物出现，无论它们小到要用物理学基本定律来描述，还是大到要用经济学、生态学组织来描述。

过去，物理科学上的思维大跨越，总会在社会科学中获得回应。牛顿的绝对时空观极大地影响了同时代的哲学家约翰·洛克的政治学理论。在牛顿时空观中，粒子位置的定义，不相对于其他粒子，而相对于绝对空间。相应地，在洛克的政治学中，公民权利的定义，相对于一个由正义原则构成的不变的绝对背景。

广义相对论使得物理学成为时间和空间的相对关系理论。相对关系理论中的所有性质，都可以通过相对关系加以定义。社会学中是否有与之相应的回应？我认为这样的回应是存在的。我们能够从昂格尔及其他许多社会学家的著述中找到这种回应。在社会学的背景下，这些研究探索了相对关系哲学的隐含寓意。相对关系哲学指出，社会系统代理的全部属性，都起源于它们之间的相对关系以及相互作用。在一个莱布尼茨宇宙中，不存在永恒的范畴，也不存在永恒的定律。未来是开放的，因为当社会面对意料之外的问题和机遇时，它会永不停歇地发明全新的组织模式。

新的社会学理论尝试重塑民主。新民主将成为全球政治组织的模式，将引领新兴多民族、多文化社会的演化。它也必须要为应对气候变化作出必要的决定，这样人类才可能从由此引发的全球危机中生存。

这便是我所理解的新民主，从关系主义新哲学出发的民主。值得注意的是，同样的观点使我们能够理解科学的工作原理。这一点很重要，因为要应对气候变化的挑战，科学必须和政治相互接触。

民主治理和科研工作一样，都已经发展到了管理人类若干基本方面的层次。人类非常聪明，但也有特有的缺陷。我们可以在区区一生之中，学习人类在自然界中的位置，向前人学习并积累许多知识。可是我们也进化出了应急思考和应急行动的能力。这意味着我们常常会犯错、愚弄自己。为了对抗犯错的偏向，人类有了社会系统。当为后人服务时，人类社会接受了保守和叛逆之间的矛盾。未来是真正未知的，但有一件事我们非常确信：我们的后代将比我们知道得更多。通过社区和社会的工作，我们能取得远超个人的成就。然而进步需要个人承担风险，发明并测试新的想法。

科学社区以及诞生它们的民主社会，都因两个掌控它们的基本原则而取得进步。[9]

- 当基于公开证据的理性论证足以决定一个问题时，问题就必须这样决定。
- 当基于公开证据的理性论证不足以决定一个问题时，人们就必须鼓励一系列不同观点和假设的提出。只要它们的目标是发展出令人信服的公开证据，并为之作出善意的尝试。

我将这两点称作“开放未来原则”（principles of the open future）。它们突显了一个启蒙主义的新阶段，一个正在不断上升的阶段。当问题有确定的答案时，我们尊敬理性的力量；当问题没有确定的答案时，我们尊敬那些善意的不同意见者。这里，善意的人指的是社区中愿意接受以上原则的人。在这样的社区中，知识能够进步，我们能够努力地作出明智的决定，即便决定的对象是未知的未来。

即便开放未来原则得到了全方位的支持，科学似乎还是不能解决一些我们最为关心的问题。

“为什么宇宙中存在事物，而不是空无一物？”我无法想象这个问题的任何答案,更不用说有证据支持的答案了。即便是宗教也在这个问题上铩羽而归。如果答案是“神明”，那么宇宙就是从上帝开始的。换个问题，“如果时间没有开始，那么是不是所有的原因都可以归结到无穷远的过去？事物是不是没有终极的原因？”这些都是实实在在的问题，假如它们有答案，其答案可能永远处于科学疆域之外。然后，还有一些问题科学现在无法回答，但这些问题有着清晰的意义。或许未来的某一天，至少我希望是在未来的某一天，科学将进化出新的语言、概念、实验技术，并最终将它们解决。

我已经论证过，所有事物的真实都是关于瞬间序列中的一个瞬间的真实。但真实到底是什么？这些瞬间的实质是什么？又是什么将它们连在一起？

我们可能同意，宇宙并不等同或同构于一个数学对象。我也论证过，宇宙没有拷贝,因而没有事物可以和宇宙“相像”。但这么一来,宇宙到底是什么？任何比喻定义都会失败，每一个数学模型定义都不完备，然而，我们还是很想知道世界的组成。**不是“它像什么”，而是“它是什么”。世界的实质是什么？**

我们所知的物质是简单、惰性的，但我们对于物质的本质其实一无所知，我们知道的只是物质间如何相互作用。一块石头的本质是什么？我们并不知道。每一次原子的发现、原子核的发现、夸克的发现，以及此后的各种新发现，都给我们带来一个个未解之谜，一个个只会不断加深的未解之谜。

我很想知道这些问题的答案。有时，当我试图入睡时，我会开始思考石头到底是什么。我会安慰自己，在宇宙的某处，一定存在“宇宙到底是什么”的答案。但我不知道如何寻找这个答案，不知道该应用科学的方法，还是其他什么方法。凭空捏造这个问题的答案非常简单，各种形而上学的方案汗牛充栋。但是，我们希望获得真正的知识，就意味着一定存在一种验证可能答案的方法。这就将我们限制到了科学领域。或许，另有一条科学以外的路径可以让我们获得关于世界的可靠知识，然而，我大概不会走上这条道路，因为我的一生总是围绕着对科学伦理的承诺。

回到科学本身，我们无法通过它预测未来（这正是本书的题中之义）。关系主义观点也使我怀疑，科学可能无法告诉我们世界到底是什么。这是因为关系主义声称，所有的物理量都能被相对关系、相互作用测量和描述。当我们询问物质的本质或是询问世界的本质时，我们问的是它们的内在性质，也就是没有相对关系和相互作用时，它们到底是什么。[10] 站在关系主义的立场上，世界上没有什么东西是真实的，除了那些能被相对关系和相互作用定义的性质。有时，这个观点似乎可以将我说服；有时，这个观点又看似荒谬。它非常巧妙地摆脱了“事物到底是什么”的问题。但是，如果两个事物都没有任何内在性质，说两个事物有相互关系（比如相互作用）到底讲不讲得通？

或许，所有存在的事物都是相对关系。如果真是这样，是不是还有一个我们尚未拥有的洞见，可以解释为什么会是这样？或者，为什么必须是这样？

对于我来说，这些问题过于深奥了。一个拥有不同出身和气质的人可能会在这些问题上取得进展，但那个人不是我。有一件事我绝不会去做，我不会忽视“世界到底是什么”的问题，不会把它视作荒谬。一些科学的拥护者坚称，科学回答不了的问题没有意义。但我觉得他们的说法没有说服力——狭隘且无法吸引人。对科学的追求，使得我得出这样一个结论：未来是开放的，新鲜和意外的事物都将是真实存在的（the future is open and novelty is real）。正因为我拥护的是作为伦理的科学，而不是作为方法论的科学，我必须接受还存在无人想到的科学方法的可能性。

这将我们带到了一个“真正”困难的问题面前：意识问题。我收到过很多询问意识的电子邮件。对于其中的大多数，我的回答是，围绕着意识，存在许多真正的未解之谜，但它们超越了科学凭借现有知识所能处理的范围。作为一名物理学家，我无法告知他们更多。

我只和一个人讨论意识问题——他是我的密友詹姆斯·乔治（James George）。

> 詹姆斯是一位退休了的外交官，曾任加拿大驻印度、斯里兰卡高级专员，驻尼泊尔、伊朗、海湾诸国大使。有人告诉我，他是外交界的传奇。詹姆斯是莱斯特·皮尔逊（Lester B. Pearson）总理和贾斯汀·特鲁多（Justin Trudeau）总理时期加拿大外交的执行者。那个时代，加拿大向全世界宣扬了维和的理念。詹姆斯现在 90 多岁了，他在写几本论环境问题的精神基础的书籍，还在经营一个致力于环保的基金。[11] 詹姆斯经常给人明智的建议，也因此备受朋友和熟人的尊敬。一些人的生活智慧我无法企及，詹姆斯就是我认识的少数几个这样的人之一。
>
> 当詹姆斯对我说，“你告诉我的时间在物理学中的意义着实美妙，可是你没有考虑一个关键要素，那就是意识在宇宙中的作用”时，我认真倾听了。然而，我无言以对。

但至少，我大致明白他到底想说什么。让我先来解释一下我所谓的意识问题。我所说的问题，不是我们能不能用一台计算机进行编程，使其知道或反映自我的状态；也不是系统如何从化学反应网络中，进化出自主能动性。斯图亚特·考夫曼用“自主能动性”一词代称系统能从自己的利益出发作出决定。以上问题都很难，但它们是科学的、可解的问题。

我所谓的“意识问题”是指，当我用物理学和生物学描述你时，我漏了一些东西。你的大脑是一片广阔且高度内连的网络，拥有大约 1 000 亿个神经细胞。每个神经细胞本身是个复杂的系统。它通过控制化学反应链得以运行。我可以为这个描述再加上许多我想要的细节。但对于你拥有内在经验、意识流这个事实，我永远无法对其进行解释。就我个人来讲，我不知道我具有意识。以我对你神经过程的了解，我没有任何理由怀疑你有意识。

当然，最为神秘的不是我们意识的内容，而是我们具有意识这个事实。莱布尼茨曾想象把自己缩小，进入某人大脑后开始四处走动，犹如在一间磨坊内走动（现在我们可能会说“工厂”而不是“磨坊”）。如果真的是座磨坊，你可以通过一个行走其中的人的所见对这个磨坊给出完整的描述。而对于大脑，你无法做到这一点。

一种办法告诉我们，物理学描述漏掉了大脑的一些工作原理，即提出一些物理学描述无法回答的问题。你和我看到坐在临桌的一位穿红裙的女士。我们是否都经历了相同的感知（我指的是对于红色的感知）？有没有可能，你感知的红色是我感知的蓝色？我们如何对此加以分辨呢？再假设你的视觉延伸到了紫外。新的颜色看上去如何？它们的原始感觉又是如何？

当将颜色描述为光波波长或某种大脑神经刺激时，我们遗漏了一些东西，那便是感知红色这个经验的实质。哲学家为这些实质起了个名字：“感质”[①]。问题在于，当我们的眼睛吸收特定波长的光子时，为什么我们会体验到红色的感质？这便是哲学家大卫·查莫斯（David Chalmers）所说的“意识的难题”。

让我们换个问法：假设我们将你的大脑神经回路映射到芯片中，再把你的大脑上传到电脑中。那这台电脑有没有意识？它有没有感质？还有一个问题能让我们的思考更为尖锐：假设你这么做了，且你自己没受到什么伤害，那么，是不是同时有两个意识共享你的记忆，但它们的未来由此分叉？

① 感质（qualia）：可感知的特质。——编者注

感质问题或意识问题，看似无法被科学解决。因为当我们描述粒子间的所有相互作用时，我们并没有包含世界的这个方面。这个问题属于“世界到底是什么”的领域，而不属于“世界到底该如何建模或表示”的领域。

一些哲学家认为感质等同于某种神经过程。在我看来，这个观点不对。感质可能和神经过程有很强的关联，但它本身不是神经过程。神经过程可以被物理和化学来描述。但不管你有多少物理化学的细节描述，你都无法回答“感质到底是什么”，或者解释“为什么我们感知到了它们”。

我们可以研究感质和大脑之间的关系，这能让我们收获颇丰，或许可以允许我们把意识和感质的难题表达为科学问题。我对此毫无疑问。我们能在意识主体上进行实验，这将告诉我们大量与感质相关的神经活动的准确特征。这些都是科学问题，受科学方法论的控制。

感质难题使得意识成为一个真正的谜题，科学方法尚未将其破解。我不知道未来的科学有没有可能将其破解。或许，当我们了解更多生物学和脑科学方面的知识之后，我们描述生物和人类的语言会发生革命性的转变。在这一转变之后，我们或许会拥有今日无法想象的概念和语言，允许我们将意识和感质之谜表达为科学问题。

意识问题是“世界到底是什么”的一部分。我们并不知道石头或者原子、电子到底是什么，我们只能观测它们和其他事物的相互作用，从而描述它们在相对关系中的性质。或许，一切事物都有外在和内在两个层面。外在性质是那些能被科学捕捉和描述的性质——通过相互作用、相对关系加以描述；内在性质是事物的内在本质，它是一层无法用相互作用和相对关系表达的真实。无论意识到底是什么，它都是大脑内在本质的一部分。

意识的另一个特征是，意识在时间中发生。事实上，当我声称世上总存在一些时间时，我其实是在对一个事实进行一次外推。这个事实就是我所经历的世界总在时间中发生。但是，“我的经历”到底指的是什么？我可以科学地谈论它们，经历就是一次次的信息记录。依照这种方式，我无须提及意识或感质。然而，这可能只是一种逃避，因为经历的一部分正是感质的意识。因此，我对

“一切真实都是当下的真实”的信念，与我对感质真实性的信念相关联。

科学是人类的一次伟大冒险。知识的积累是任何人类故事的主线，对于那些非常有幸参与其中的人来说，科学是他们生活的核心。我们无法预测科学的未来——否则，我们也就不需要做什么研究了，我们唯一能够确定的是，将来，我们会知道更多。从原子的量子态到浩瀚的宇宙，从曲折着向我们移动的早期宇宙光子，到人的个性和人类社会，在每一个空间尺度上、在每一个复杂度层次上，科学的关键在于时间。未来之门永远向人类敞开。

李·斯莫林教授在英文原书中为读者提供了相关
文献以及对书中个别观点的不同想法，
这些文献及补充说明，对更好地理解
斯莫林教授的观点很有帮助。
感兴趣的读者，
可以扫码下载“湛庐教育”APP，
“扫一扫”本书封底条形码，获取原书参考文献。

Time
Reborn
From the Crisis in Physics
to the Future of the Universe

译者后记

在圆周理论物理研究所求学期间，我曾见到李·斯莫林教授独坐在银湖湖畔的长椅上，整整一个下午，持着笔记本凝神苦思。这份孤独感给我留下了深刻的印象，也成了我翻译《时间重生》这本书的动念。

在零星的接触过程中，斯莫林教授给我留下的另一点深刻印象是，他对科学原则的如一坚持，比如本书中反复提到的理论的可证伪性。如果某个演讲人所做的研究报告有违这些原则，斯莫林教授会当即将其打断：演讲人要么给他一个满意的答案，要么会看到教授径直离去的背影。

某种程度上，斯莫林教授确实是孤独的。在他的身上，你能够感受到玻尔兹曼、爱因斯坦等老一辈物理学家的古风。那个时代，理论物理学家常常会对理论展开两个层面上的争论：他们争论的不仅仅是理论是不是自然世界更好的描述，也会争论理论背后的哲学思想是否健全。但自量子力学诠释之争以后，物理学家们开始崇尚“闭上嘴巴，埋头苦算”的实用主义路线。如今，大部分理论物理学家更注重模型的数学自洽，所发表的文章中也多是公式和计算机模拟的结果，很少再有人在行文中大篇幅地阐述理论背后的哲学思考。“闭上嘴巴，埋头苦算”使得20世纪的物理学成果斐然，但也在繁荣背后埋下了隐忧。“埋头苦算”创造出了太多的理论模型，它们都有待未来的实验观测进行最终检验。然而，在不知何时才会出现的最终检验到来之前，“张开嘴巴”对模型进行哲

学思辨，总结科学理论的原则，或许可以帮助我们厘清头绪，鉴别理论之间的高下。这正是《时间重生》这本书的独到之处，也是这本书的可贵之处。

不过，哲学思辨相较于实验观测更容易因人而异，也更难以形成共识。本书也不例外。坦白地说，书中的部分观点尚存争议。其中一些观点，译者本人也持保留意见。举例来说，书中多次提到充足理由律应成为宇宙学模型的基础，然而，这种坚持也恰恰忽略了另一种重要的可能性——宇宙的某些性质，特别是宇宙大爆炸的性质，并不存在任何理由。仅仅因为哲学观点而将这种可能性排除出宇宙学模型之外，不免有作茧自缚之虞。

抛开部分有争议的哲学观点，全书的物理事实无疑是详实的、深刻的。斯莫林教授以“时间的真实性”为切入点，先抑后扬，别具一格地回溯了整段物理学发展史，并通过直白的语言展示了大量技术细节，特别是教授自己数十年来在量子引力领域的工作。通读本书，读者必然可以多方面地接触现代物理学前沿对于时间的认知，并形成属于自己的时间观。

在翻译本书的过程中，许多朋友给予了我支持与鼓励，在此我无法尽数。特别感谢 Sean Gryb 博士和 Nima Doroud 博士，他们不厌其烦地向我介绍形状动力学的梗概；也特别感谢姜黎莲博士、杨兆麟女士和朱家谊先生，给予我翻译上的指点与帮助。当然，本书的翻译远非尽善尽美，其中可能有不少纰漏与失误，它们都由译者本人负责。最后，我要感谢湛庐文化的编辑对我的信任与宽容。

未来，属于终身学习者

我这辈子遇到的聪明人（来自各行各业的聪明人）没有不每天阅读的——没有，一个都没有。巴菲特读书之多，我读书之多，可能会让你感到吃惊。孩子们都笑话我。他们觉得我是一本长了两条腿的书。

——查理·芒格

互联网改变了信息连接的方式；指数型技术在迅速颠覆着现有的商业世界；人工智能已经开始抢占人类的工作岗位……

未来，到底需要什么样的人才？

改变命运唯一的策略是你要变成终身学习者。未来世界将不再需要单一的技能型人才，而是需要具备完善的知识结构、极强逻辑思考力和高感知力的复合型人才。优秀的人往往通过阅读建立足够强大的抽象思维能力，获得异于众人的思考和整合能力。未来，将属于终身学习者！而阅读必定和终身学习形影不离。

很多人读书，追求的是干货，寻求的是立刻行之有效的解决方案。其实这是一种留在舒适区的阅读方法。在这个充满不确定性的年代，答案不会简单地出现在书里，因为生活根本就没有标准确切的答案，你也不能期望过去的经验能解决未来的问题。

湛庐阅读APP：与最聪明的人共同进化

有人常常把成本支出的焦点放在书价上，把读完一本书当做阅读的终结。其实不然。

时间是读者付出的最大阅读成本

怎么读是读者面临的最大阅读障碍

“读书破万卷”不仅仅在“万”，更重要的是在“破”！

现在，我们构建了全新的 “湛庐阅读”APP。它将成为你“破万卷”的新居所。在这里：

- 不用考虑读什么，你可以便捷找到纸书、有声书和各种声音产品；
- 你可以学会怎么读，你将发现集泛读、通读、精读于一体的阅读解决方案；
- 你会与作者、译者、专家、推荐人和阅读教练相遇，他们是优质思想的发源地；
- 你会与优秀的读者和终身学习者为伍，他们对阅读和学习有着持久的热情和源源不绝的内驱力。

从单一到复合，从知道到精通，从理解到创造，湛庐希望建立一个“与最聪明的人共同进化”的社区，成为人类先进思想交汇的聚集地，共同迎接未来。

与此同时，我们希望能够重新定义你的学习场景，让你随时随地收获有内容、有价值的思想，通过阅读实现终身学习。这是我们的使命和价值。

湛庐阅读APP玩转指南

湛庐阅读APP结构图：

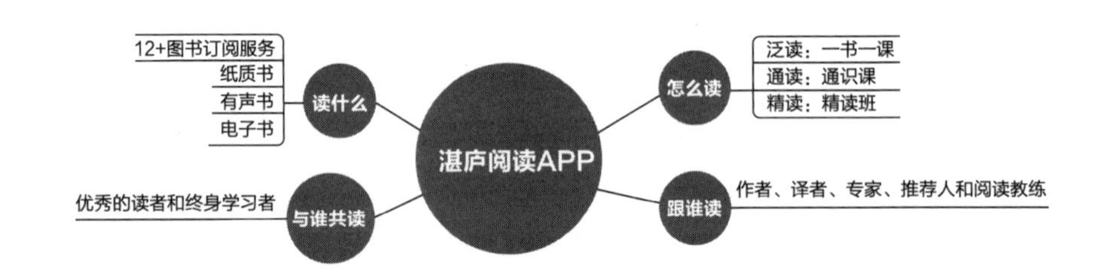

三步玩转湛庐阅读APP：

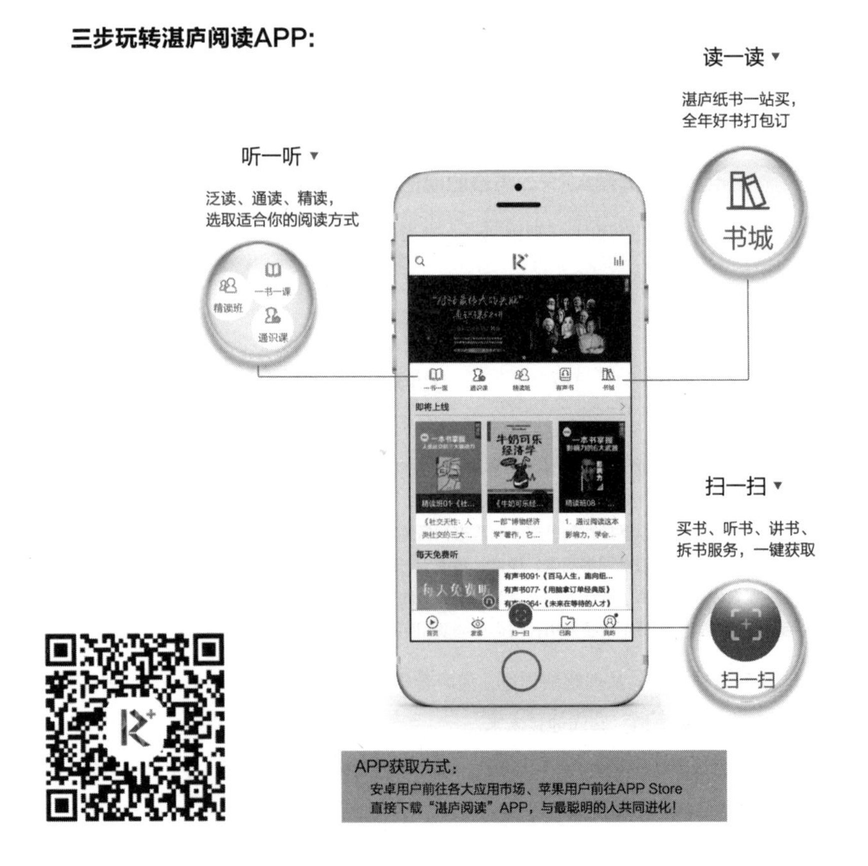

使用APP扫一扫功能，遇见书里书外更大的世界！

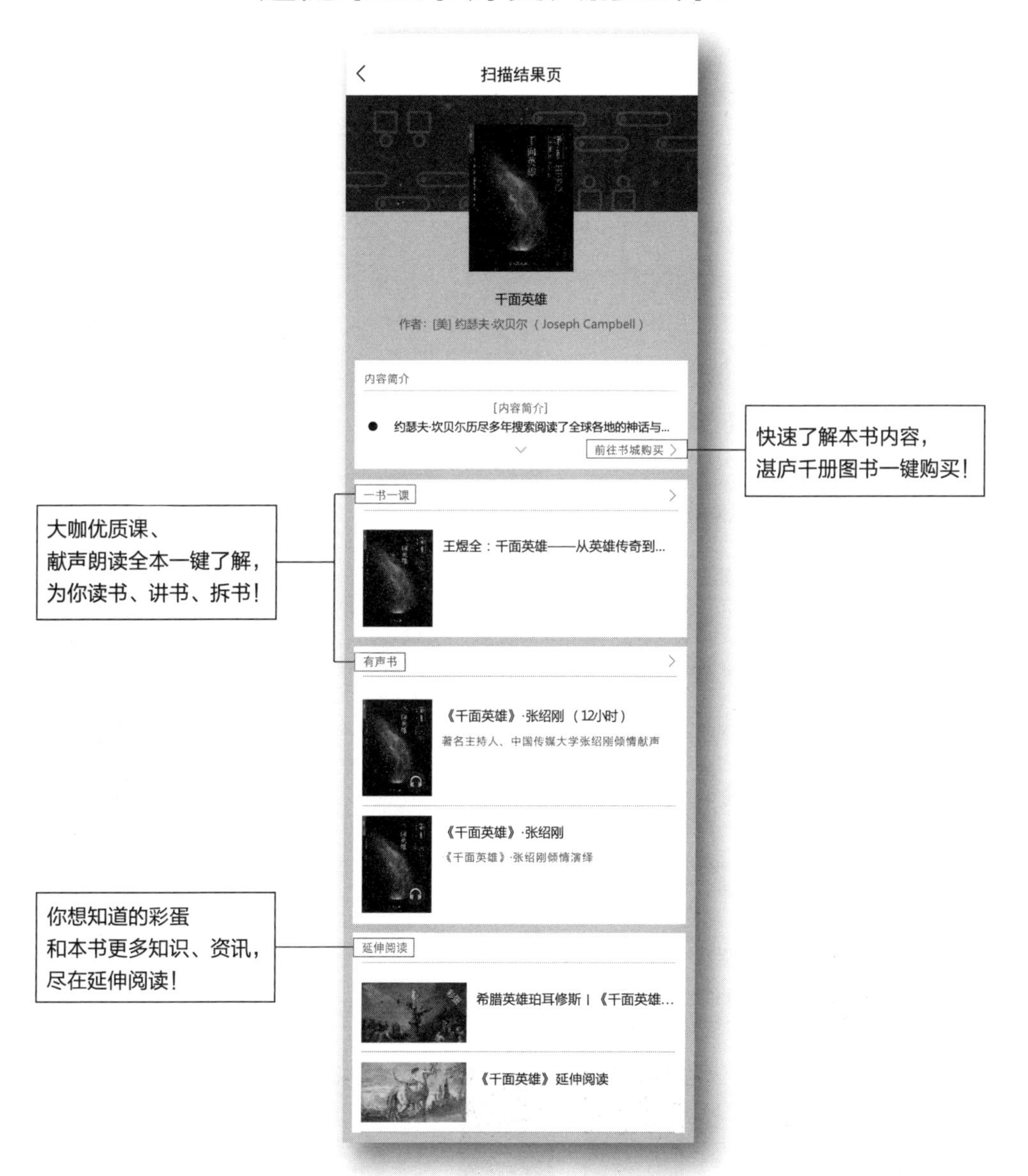

湛庐文化获奖书目

《爱哭鬼小隼》
国家图书馆"第九届文津奖"十本获奖图书之一
《新京报》2013年度童书
《中国教育报》2013年度教师推荐的10大童书
新阅读研究所"2013年度最佳童书"

《群体性孤独》
国家图书馆"第十届文津奖"十本获奖图书之一
2014"腾讯网·啖书局"TMT十大最佳图书

《用心教养》
国家新闻出版广电总局2014年度"大众喜爱的50种图书"生活与科普类TOP6

《正能量》
《新智囊》2012年经管类十大图书，京东2012好书榜年度新书

《正义之心》
《第一财经周刊》2014年度商业图书TOP10

《神话的力量》
《心理月刊》2011年度最佳图书奖

《当音乐停止之后》
《中欧商业评论》2014年度经管好书榜·经济金融类

《富足》
《哈佛商业评论》2015年最值得读的八本好书
2014"腾讯网·啖书局"TMT十大最佳图书

《稀缺》
《第一财经周刊》2014年度商业图书TOP10
《中欧商业评论》2014年度经管好书榜·企业管理类

《大爆炸式创新》
《中欧商业评论》2014年度经管好书榜·企业管理类

《技术的本质》
2014"腾讯网·啖书局"TMT十大最佳图书

《社交网络改变世界》
新华网、中国出版传媒2013年度中国影响力图书

《孵化Twitter》
2013年11月亚马逊（美国）月度最佳图书
《第一财经周刊》2014年度商业图书TOP10

《谁是谷歌想要的人才？》
《出版商务周报》2013年度风云图书·励志类上榜书籍

《卡普新生儿安抚法》《最快乐的宝宝1·0~1岁》
2013新浪"养育有道"年度论坛养育类图书推荐奖

延伸阅读

《叩响天堂之门》

◎ 理论物理学大师丽莎·兰道尔“宇宙三部曲”——一本书读懂宇宙求索的漫漫历程。

◎ 宇宙如何起源？为什么我们要耗资巨大，建造史上最大型的科学仪器——大型强子对撞机？宇宙万物的真相又如何向我们徐徐展开？

《弯曲的旅行》

◎ 理论物理学大师丽莎·兰道尔“宇宙三部曲”——一本书读懂神秘的额外维度。

◎ 我们了解宇宙吗？宇宙有哪些奥秘？宇宙隐藏着与我们想象中完全不同的维度吗？我们将怎样证实这些维度的存在？

《暗物质与恐龙》

◎ 理论物理学大师丽莎·兰道尔“宇宙三部曲”——一本书读懂暗物质以及恐龙灭绝背后的秘密。

◎ 暗物质是什么？它是如何让昔日的地球霸主毁灭的？宇宙万物又是如何在看似无关的情况下联系在一起，从而改变了世界的发展的？

《星际穿越》

◎ 天体物理学巨擘，引力波项目创始人之一，同名电影科学顾问基普·索恩巨著，媲美霍金《时间简史》。

◎ 国家天文台8位天体物理学科学家权威翻译。

◎ 国家图书馆“第十一届文津奖”获奖图书。

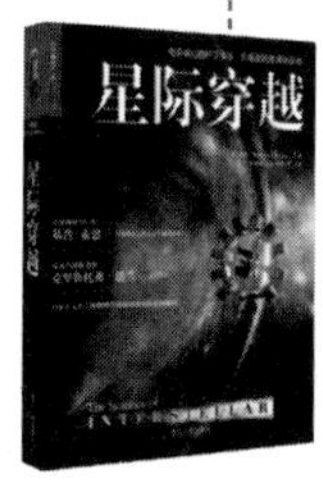

图书在版编目（CIP）数据

时间重生 /（美）斯莫林著；钟益鸣译 . —杭州：浙江人民出版社，2017.2

ISBN 978-7-213-07852-1

Ⅰ . ①时… Ⅱ . ①斯… ②钟… Ⅲ . ①时间 – 研究 Ⅳ . ① P19

中国版本图书馆 CIP 数据核字（2017）第 009416 号

浙江省版权局
著作权合同登记章
图字：11-2016-204 号

上架指导：科普读物 / 宇宙天文

本书法律顾问　北京市盈科律师事务所　崔爽律师
张雅琴律师

时间重生

［美］李·斯莫林　著
钟益鸣　译

出版发行：浙江人民出版社（杭州体育场路 347 号　邮编　310006）
市场部电话：（0571）85061682　85176516
集团网址：浙江出版联合集团　http://www.zjcb.com
责任编辑：蔡玲平　陈　源
责任校对：杨　帆
印　　刷：北京鹏润伟业印刷有限公司
开　　本：720 毫米 ×965 毫米 1/16　　印　　张：19
字　　数：272 千字　　插　　页：3
版　　次：2017 年 2 月第 1 版　　印　　次：2017 年 7 月第 2 次印刷
书　　号：ISBN 978-7-213-07852-1
定　　价：69.90 元